ま と め（数学 I）

第3章　図形と計量

CHART 三角比は**単位円**で
x 座標が $\cos$，y 座標が $\sin$

●三角比の相互関係

$$\sin^2\theta+\cos^2\theta=1$$

$$\tan\theta=\frac{\sin\theta}{\cos\theta}$$

$$1+\tan^2\theta=\frac{1}{\cos^2\theta}$$

●$180°-\theta$，$90°\pm\theta$ の三角比

$$\sin(180°-\theta)=\sin\theta$$
$$\cos(180°-\theta)=-\cos\theta$$
$$\tan(180°-\theta)=-\tan\theta$$
$$\sin(90°\pm\theta)=\cos\theta$$
$$\cos(90°\pm\theta)=\mp\sin\theta$$
$$\tan(90°\pm\theta)=\mp\frac{1}{\tan\theta}$$

（複号同順）

●正弦定理

△ABC の外接円の半径を R とすると

$$\frac{a}{\sin A}=\frac{b}{\sin B}=\frac{c}{\sin C}=2R$$

●余弦定理

$$a^2=b^2+c^2-2bc\cos A, \quad \cos A=\frac{b^2+c^2-a^2}{2bc}$$

$$b^2=c^2+a^2-2ca\cos B, \quad \cos B=\frac{c^2+a^2-b^2}{2ca}$$

$$c^2=a^2+b^2-2ab\cos C, \quad \cos C=\frac{a^2+b^2-c^2}{2ab}$$

$$\begin{pmatrix} a=c\cos B+b\cos C, & b=a\cos C+c\cos A, \\ c=b\cos A+a\cos B \end{pmatrix}$$

●三角形の面積

△ABC の面積を S とする。

▶ 2辺とその間の角

$$S=\frac{1}{2}bc\sin A=\frac{1}{2}ca\sin B=\frac{1}{2}ab\sin C$$

▶ 3辺（ヘロンの公式）

$2s=a+b+c$ とおくと

$$S=\sqrt{s(s-a)(s-b)(s-c)}$$

▶ 三角形の内接円と面積

内接円の半径を r とすると

$$S=\frac{1}{2}r(a+b+c)$$

第4章　データの分析

●データの代表値

▶ 平均値　$\bar{x}=\dfrac{1}{n}(x_1+x_2+\cdots\cdots+x_n)$

▶ 中央値（メジアン）

データを値の大きさの順に並べたとき中央の位置にくる値。データの大きさが偶数のときは，中央に並ぶ2つの値の平均値。

▶ 最頻値（モード）

データにおける最も個数の多い値。度数分布表に整理したときは，度数が最も大きい階級の階級値。

●四分位数と箱ひげ図

データの最小値，第1四分位数 Q_1，中央値，第3四分位 ……図。

JN248115

●分散と標準偏差

▶ 偏差

変量 x の各値と平均値との差

$$x_1-\bar{x}, \quad x_2-\bar{x}, \quad \cdots\cdots, \quad x_n-\bar{x}$$

▶ 分散

偏差の2乗の平均値

$$s^2=\frac{1}{n}\{(x_1-\bar{x})^2+(x_2-\bar{x})^2+\cdots\cdots+(x_n-\bar{x})^2\}$$

▶ 標準偏差

分散の正の平方根　$s=\sqrt{分散}$

▶ 分散と平均値の関係式

$$s^2=\overline{x^2}-(\bar{x})^2$$

●相関係数

・変量 x，y の標準偏差をそれぞれ s_x，s_y とし，x と y の共分散を s_{xy} とすると，相関係数 r は

$$r=\frac{s_{xy}}{s_x s_y} \quad (-1\leqq r\leqq 1)$$

・散布図の点が右上がり $\longrightarrow r>0$
散布図の点が右下がり $\longrightarrow r<0$
どちらの傾向もみられない $\longrightarrow r\fallingdotseq 0$

・2つの変量 x，y について，それぞれの平均値を $\bar{x}$，$\bar{y}$ とし，$(x-\bar{x})(y-\bar{y})$ の総和を a，$(x-\bar{x})^2$ の総和を b，$(y-\bar{y})^2$ の総和を c とするとき，相関係数 r は

$$r=\frac{a}{\sqrt{bc}} \quad (-1\leqq r\leqq 1)$$

チャート式®問題集シリーズ

35日完成！ 大学入学共通テスト対策　数学ⅠA

チャート研究所 編著

　試験勉強を始めるとき，まず「何点以上（または何割以上）とる」といった目標を決めると思います。例えば，数学の大学入学共通テスト（以下，共通テストと記す）に対しても，数学に自信があるなら8割以上を目標とするでしょうし，数学にはあまり自信がなければ，平均点程度の得点を目標とするかもしれません。

　そして，目標の点数によって勉強方法は違ってきます。高得点を目標とするなら，いろいろなタイプの問題が出題されても対応できるように，時間をかけて教科書や参考書の隅々まで目を通したり，多くの問題練習に取り組んだりして勉強する必要があるでしょう。また，6割程度の得点を目標とするのなら，基本的な問題は確実に得点する意味で，基本問題や典型問題に重点をおいて取り組むことが考えられます。

　このように，目標を決めたら，その目標を達成するための計画もきちんと立てておくことが必要になります。

　本書は，共通テスト対策問題集ですが，「数学の勉強ばかりに時間を掛けられない」，「数学は必要だけれども基礎が固まっていない」，「数学の勉強自体，気が進まない」という方々のために，無理のない計画で確実に得点できるような問題集として発行しました。試験勉強で大事なのは，「Ⅰ 目標」，「Ⅱ 計画」，「Ⅲ 実行」の3つですが，本書の特色は，この中の「Ⅰ 目標」と「Ⅱ 計画」にあります。

● 本書の目標と計画 ●

Ⅰ　目標　　**数学の共通テストで確実に得点する。**
　　　　　　……高得点を狙うというより，6割程度の得点を確実にとる。

Ⅱ　計画　　**35日の短期間で数学共通テスト対策を完了する。**
　　　　　　……数学ⅠAの範囲の中から典型的なタイプの問題を中心に採録。
　　　　　　　　1日3〜6ページ構成。詳しくは，次のページの本書の構成を参照。

　残りの「Ⅲ 実行」ですが，これは読者ご自身次第です。とにかく35日間，本書に取り組んでください。1日3〜6ページ分だけ勉強すればよいのですから，決して難しいことではありません。根気よく続けることが大事なのです。35日目の学習を終えた後には，目標が達成できるだけの学力が身についていることと信じています。

　最後になりましたが，読者の皆さんのご健闘をお祈りいたします。

本 書 の 構 成

- 数学Ⅰ，数学Aの学習内容を 35 項目にまとめ，1 日 1 項目 4 ページで構成しています。ただし，5 日目と 6 日目は内容の関係上，3 ページ構成となっています。また，31〜35 日目は，より実践的な問題に取り組むため，6 ページ構成となっています。
- 1 項目の内容は，4 ページの場合，例題 1 ページ，解答と解説 2 ページ，演習問題 1 ページです。詳しくは次の通りですが，例題のページと解答・解説のページは画像を交えて説明します。

■例題のページ

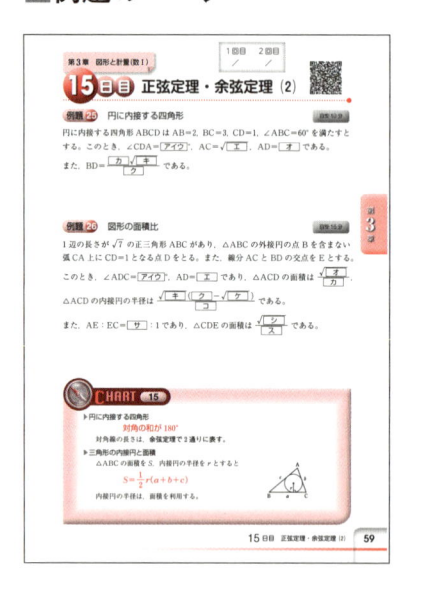

例題

- 共通テストで出題されるマークシート形式の問題を，教科書レベルの問題を中心に 1〜2 問扱っています。
- それぞれの問題には，問題の内容を示すタイトルと解答の目安時間を入れています。

CHART

- 例題を解くために必要な公式，解法のポイントを簡潔にまとめました。

【注意事項】

- 例題と演習問題の答え方については，特に断りがない限り，次の通りとします。

(1) 問題の文中の ア ， イウ などには，特に指示のない限り，数字（0〜9）または符号（−，±），文字（a〜d）が入る。ア，イ，ウ，……の 1 つ 1 つは，これらのいずれか 1 つに対応する。

(2) 分数形で解答が求められているときは，既約分数で答える。符号は分子につけ，分母につけてはならない。また，根号を含む形で解答する場合は，根号の中に現れる自然数が最小となる形で答える。

- 同一の問題文中に ア ， イウ などが 2 度以上現れる場合，2 度目以降は ア ， イウ のように細字で表記しています。

■例題の解答・解説のページ

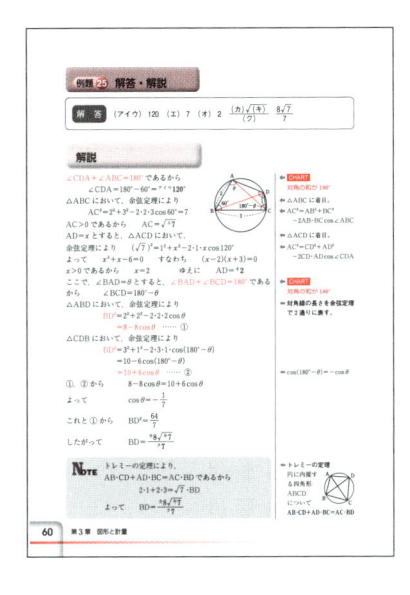

・このページでは，前のページで扱った例題の解答と解説を，原則見開き2ページで掲載しています。

解答
・例題の答の数値や文字のみを示しました。

解説
・解答のプロセスを丁寧に解説しました。また，ポイントとなる箇所を赤字で示した箇所もあります。更に，解説の右側には⬅などで，式変形や考え方を補足説明しました。

NOTE
・例題に関連した参考事項や注意事項を，必要に応じて扱いました。

■演習問題のページ

・例題の類問を1～2問扱いました。例題と同じように，問題タイトルと解答の目安時間を入れています。

■答の部	巻末に，演習問題の答の数値や文字のみを掲載しました。
■まとめ	数学Ⅰ，数学Aで出てくる公式などの基本事項を，本冊の表見返しと後見返しで扱っています。

■別冊解答 　演習問題の詳しい解説を，例題の解説ページと同じように扱いました。

問題数 　例題 56 題，　演習問題 58 題

スマートフォンやタブレットなどで取り組める **コンテンツ** を用意しました。

・1～30日目：**公式・用語集** 各項目に関連する基本公式を確認できます。画面右上の「チェック問題」から，公式の使い方を確認できる問題に挑戦できます。

・31～35日目：**解説動画** 例題を解くための方針の立て方について学習できます。問題を読んでもどこから手をつけてよいかわからない場合に，ヒントとして使うことができます。

コンテンツ一覧へ
アクセス

※Webページへのアクセスにはネットワーク接続が必要となり，通信料が発生する可能性があります。

目　次

1回目	2回目
／	／

1 日目 式 の 計 算

例題 1　展開，因数分解

目安10分

(1)　次の式を展開せよ。

$(x+2y)(3x+5y)=\boxed{ア}x^2+\boxed{イウ}xy+\boxed{エオ}y^2$

$(3x-y+4)^2=\boxed{カ}x^2+y^2-\boxed{キ}xy+\boxed{クケ}x-\boxed{コ}y+\boxed{サシ}$

(2)　次の式を因数分解せよ。

$6x^2-7xy-5y^2=(\boxed{ス}x+y)(\boxed{セ}x-\boxed{ソ}y)$

$2x^2-3y^2+5xy-4x-5y+2=(x+\boxed{タ}y-\boxed{チ})(\boxed{ツ}x-y-\boxed{テ})$

例題 2　因数分解と式の値

目安15分

x の多項式 $A=x^6-6x^5+15x^4-19x^3+12x^2-3x$ がある。

$t=x^3-3x^2+3x$ とおいて，A を t の式で表すと，

$$A=t^{\boxed{ア}}-t \text{ となる。}$$

したがって，A を因数分解すると

$$A=x(x^2-\boxed{イ}x+\boxed{ウ})(x-\boxed{エ})^3 \text{ となる。}$$

$x=1$ のとき A の値は $\boxed{オ}$ であり，$x=3$ のとき A の値は $\boxed{カキ}$ である。

また，$x=\dfrac{1}{\sqrt{2}-1}$ のとき，A の値は $\boxed{ク}+\boxed{ケ}\sqrt{2}$ である。

CHART 1　展開，因数分解

▶公式

$$(ax+b)(cx+d)=acx^2+(ad+bc)x+bd$$
$$(a+b+c)^2=a^2+b^2+c^2+2ab+2bc+2ca$$

▶2つ以上の文字を含む式の因数分解

1つの文字について整理

〔例〕　$ab+a+b+1=(b+1)a+b+1=(a+1)(b+1)$

解答	(ア) 3 (イウ) 11 (エオ) 10 (カ) 9 (キ) 6 (クケ) 24
	(コ) 8 (サシ) 16 (ス) 2 (セ) 3 (ソ) 5 (タ) 3 (チ) 1
	(ツ) 2 (テ) 2

解説

(1) $(x+2y)(3x+5y)=1\cdot3x^2+(1\cdot5y+2y\cdot3)x+2y\cdot5y$
$={}^{ア}3x^2+{}^{イウ}11xy+{}^{エオ}10y^2$

$(3x-y+4)^2=(3x)^2+(-y)^2+4^2$
$+2\cdot3x\cdot(-y)+2\cdot(-y)\cdot4+2\cdot4\cdot3x$
$={}^{カ}9x^2+y^2-{}^{キ}6xy+{}^{クケ}24x-{}^{コ}8y+{}^{サシ}16$

(2) $6x^2-7xy-5y^2=({}^{ス}2x+y)({}^{セ}3x-{}^{ソ}5y)$

$$
\begin{array}{ccc}
2 & \diagdown \quad y & \longrightarrow \quad 3y \\
3 & \diagup \quad -5y & \longrightarrow \quad -10y \\
\hline
6 & -5y^2 & -7y
\end{array}
$$

$2x^2-3y^2+5xy-4x-5y+2$
$=2x^2+(5y-4)x-(3y^2+5y-2)$
$=2x^2+(5y-4)x-(3y-1)(y+2)$ Ⓐ
$=\{2x-(y+2)\}\{x+(3y-1)\}$ Ⓑ
$=(x+{}^{タ}3y-{}^{チ}1)({}^{ツ}2x-y-{}^{テ}2)$

←$(ax+b)(cx+d)$
$=acx^2+(ad+bc)x+bd$

←$(a+b+c)^2$
$=a^2+b^2+c^2$
$+2ab+2bc+2ca$

←$acx^2+(ad+bc)x+bd$
$=(ax+b)(cx+d)$

←1つの文字 x について整理。
←たすき掛け Ⓐ
←たすき掛け Ⓑ

Ⓐ
$$
\begin{array}{ccc}
3 & \diagdown \quad -1 & \longrightarrow \quad -1 \\
1 & \diagup \quad 2 & \longrightarrow \quad 6 \\
\hline
3 & -2 & 5
\end{array}
$$

Ⓑ
$$
\begin{array}{ccc}
2 & \diagdown \quad -(y+2) & \longrightarrow \quad -y-2 \\
1 & \diagup \quad 3y-1 & \longrightarrow \quad 6y-2 \\
\hline
2 & -(3y-1)(y+2) & 5y-4
\end{array}
$$

NOTE (2)の後半は，x について整理しているが，y について整理しても同じ結果が得られる。しかし，2乗の項の係数が簡単な x について整理する方が計算が少しらくである。

例題 2 解答・解説

解答　（ア）2　（イ）3　（ウ）3　（エ）1　（オ）0　（カキ）72　（ク）8
（ケ）2

解説

$t=x^3-3x^2+3x$ から
$$t^2=(x^3-3x^2+3x)^2$$
$$=x^6+9x^4+9x^2-6x^5-18x^3+6x^4$$
$$=x^6-6x^5+15x^4-18x^3+9x^2$$

よって
$$A=x^6-6x^5+15x^4-19x^3+12x^2-3x$$
$$=(x^6-6x^5+15x^4-18x^3+9x^2)-(x^3-3x^2+3x)$$
$$=t^{\mathcal{P}2}-t=t(t-1)$$

ゆえに　$A=(x^3-3x^2+3x)(x^3-3x^2+3x-1)$
$$=x(x^2-{}^{\prime}3x+{}^{\prime}3)(x-{}^{\perp}1)^3$$

$x=1$ のとき　$A=1\cdot1\cdot0={}^{\pi}0$

$x=3$ のとき　$A=3\cdot3\cdot2^3={}^{\pi\dagger}72$

また，$x=\dfrac{1}{\sqrt{2}-1}$ のとき
$$x=\frac{\sqrt{2}+1}{(\sqrt{2}-1)(\sqrt{2}+1)}=\sqrt{2}+1$$

したがって，このとき A の値は
$$A=(\sqrt{2}+1)\{(\sqrt{2}+1)^2-3(\sqrt{2}+1)+3\}(\sqrt{2}+1-1)^3$$
$$=(\sqrt{2}+1)(2+2\sqrt{2}+1-3\sqrt{2}-3+3)(\sqrt{2})^3$$
$$=(\sqrt{2}+1)(3-\sqrt{2})\cdot2\sqrt{2}$$
$$=(2\sqrt{2}+1)\cdot2\sqrt{2}$$
$$={}^{\prime}8+{}^{\dagger}2\sqrt{2}$$

◆ $(a+b+c)^2$
$=a^2+b^2+c^2$
$\qquad+2ab+2bc+2ca$

◆ x について，さらに因数分解。

◆ 分母の有理化。
分母・分子に $\sqrt{2}+1$ を掛ける。

演 習 問 題

1 展開，因数分解

目安10分

(1) 次の式を展開せよ。

$(3x-y)(4x+7y)=\boxed{アイ}x^2+\boxed{ウエ}xy-\boxed{オ}y^2$

$(2x-3y+1)^2=\boxed{カ}x^2+\boxed{キ}y^2-\boxed{クケ}xy+\boxed{コ}x-\boxed{サ}y+\boxed{シ}$

(2) 次の式を因数分解せよ。

$3x^2-8xy+4y^2=(x-\boxed{ス}y)(\boxed{セ}x-\boxed{ソ}y)$

$3x^2-6y^2-7xy+2x-17y-5$

$\qquad =(x-\boxed{タ}y-\boxed{チ})(\boxed{ツ}x+\boxed{テ}y+\boxed{ト})$

2 因数分解と式の値

目安15分

x の多項式 $A=x^4-12x^3+34x^2+12x-35$ がある。

$t=x^2-6x$ とおくと $t^2=x^4-\boxed{アイ}x^3+\boxed{ウエ}x^2$ であり，A を t の式で表すと，

$\qquad A=t^2-\boxed{オ}t-\boxed{カキ}$ となる。

したがって，A を因数分解すると

$\qquad A=(x+\boxed{ク})(x-\boxed{ケ})(x-\boxed{コ})(x-\boxed{サ})$ となる。

ただし，$\boxed{ケ}<\boxed{コ}<\boxed{サ}$ とする。

$x=5$ のとき A の値は $\boxed{シ}$ であり，$x=6$ のとき A の値は $\boxed{スセソ}$ である。

また，$x=\dfrac{4}{3-\sqrt{5}}$ のとき A の値は $\boxed{タチツ}$ である。

2日目 実　数

例題 3　平方根と式の値　　　目安10分

$x = \dfrac{1}{2-\sqrt{3}}$, $y = \dfrac{1}{2+\sqrt{3}}$ とする。

(1) $x+y = \boxed{ア}$, $xy = \boxed{イ}$ である。

(2) $A = 5x(y-1) + 3(x+2) - 2y - 4$ について,

　$A = \boxed{ウ}\,xy - \boxed{エ}\,(x+y) + \boxed{オ}$ であるから, A の値は $\boxed{カキ}$ である。

(3) $x^2 + y^2 = (x+y)^{\boxed{ク}} - \boxed{ケ}\,xy$, $x^3 + y^3 = (x+y)^{\boxed{コ}} - \boxed{サ}\,xy(x+y)$ であるか

　ら, $x^2 + y^2 = \boxed{シス}$, $x^3 + y^3 = \boxed{セソ}$ である。

　また, $x^2 - y^2 = \boxed{タ}\sqrt{\boxed{チ}}$ である。

例題 4　整数部分，小数部分　　　目安10分

$\dfrac{11}{5-\sqrt{3}}$ の整数部分を a, 小数部分を b とする。

$a = \boxed{ア}$, $b = \dfrac{\sqrt{\boxed{イ}} - \boxed{ウ}}{\boxed{エ}}$ であるから, $\dfrac{a}{b(b+1)} = \boxed{オ}$ である。

CHART 2

▶分母の有理化

　　　　分母・分子に同じ数を掛ける

　　$\sqrt{a}\,\sqrt{a} = a$, $(\sqrt{a}+\sqrt{b})(\sqrt{a}-\sqrt{b}) = a-b$ の利用。

　　分母が $\sqrt{a}+\sqrt{b}$ なら, $\sqrt{a}-\sqrt{b}$ を分母・分子に掛ける。

▶対称式（文字を入れ替えても，もとの式と同じになる式）

　　　　基本対称式 $x+y$, xy で表す

　　$x^2 + y^2 = (x+y)^2 - 2xy$, $x^3 + y^3 = (x+y)^3 - 3xy(x+y)$ を利用する。

▶実数 x の整数部分，小数部分

　　$n \leq x < n+1$ となる整数 n を探す。

　　　　整数部分は n,　小数部分は $x - (x$ の整数部分$)$

解 答	（ア）4　（イ）1　（ウ）5　（エ）2　（オ）2　（カキ）−1　（ク）2
	（ケ）2　（コ）3　（サ）3　（シス）14　（セソ）52　（タ）8　（チ）3

解説

$$x=\frac{1}{2-\sqrt{3}}=\frac{2+\sqrt{3}}{(2-\sqrt{3})(2+\sqrt{3})}$$

$$=\frac{2+\sqrt{3}}{2^2-(\sqrt{3})^2}=2+\sqrt{3}$$

$$y=\frac{1}{2+\sqrt{3}}=\frac{2-\sqrt{3}}{(2+\sqrt{3})(2-\sqrt{3})}$$

$$=\frac{2-\sqrt{3}}{2^2-(\sqrt{3})^2}=2-\sqrt{3}$$

◆ **分母の有理化。**
分母・分子に $2+\sqrt{3}$ を
掛ける。

◆ **分母の有理化。**
分母・分子に $2-\sqrt{3}$ を
掛ける。

(1)　$x+y=(2+\sqrt{3})+(2-\sqrt{3})={}^{\mathcal{P}}\mathbf{4}$,

　　　$xy=(2+\sqrt{3})(2-\sqrt{3})=2^2-(\sqrt{3})^2={}^{\mathcal{1}}\mathbf{1}$

(2)　$A=5x(y-1)+3(x+2)-2y-4$

　　　$={}^{\mathcal{P}}\mathbf{5}xy-{}^{\perp}\mathbf{2}(x+y)+{}^{\dagger}\mathbf{2}$

　　よって，A の値は　　$A=5\cdot1-2\cdot4+2={}^{\mathcal{DP}}\mathbf{-1}$

(3)　$x^2+y^2=(x^2+2xy+y^2)-2xy=(x+y)^{{}^{\mathcal{P}}\mathbf{2}}-{}^{\mathcal{P}}\mathbf{2}xy$,

　　　$x^3+y^3=(x^3+3x^2y+3xy^2+y^3)-3x^2y-3xy^2$

　　　　　　　$=(x+y)^{{}^{\square}\mathbf{3}}-{}^{\mathcal{t}}\mathbf{3}xy(x+y)$

◆ x^2+y^2, x^3+y^3 は対称式。

　　よって　　$x^2+y^2=4^2-2\cdot1={}^{\mathcal{VX}}\mathbf{14}$,

　　　　　　　$x^3+y^3=4^3-3\cdot1\cdot4={}^{\mathcal{t}\mathcal{V}}\mathbf{52}$

　　また　　　$x-y=(2+\sqrt{3})-(2-\sqrt{3})=2\sqrt{3}$

　　ゆえに　　$x^2-y^2=(x+y)(x-y)=4\cdot2\sqrt{3}={}^{\mathcal{9}}\mathbf{8}\sqrt{{}^{\mathcal{F}}\mathbf{3}}$

〔別解〕　(1)　$x+y=\dfrac{1}{2-\sqrt{3}}+\dfrac{1}{2+\sqrt{3}}=\dfrac{(2+\sqrt{3})+(2-\sqrt{3})}{(2-\sqrt{3})(2+\sqrt{3})}$

◆ 通分すると同時に分母が
有理化される。

　　　　　　　　$=\dfrac{4}{2^2-(\sqrt{3})^2}=\dfrac{4}{4-3}={}^{\mathcal{P}}\mathbf{4}$

　　　　　$xy=\dfrac{1}{2-\sqrt{3}}\cdot\dfrac{1}{2+\sqrt{3}}=\dfrac{1}{2^2-(\sqrt{3})^2}$

　　　　　　　$=\dfrac{1}{4-3}={}^{\mathcal{1}}\mathbf{1}$

解答 (ア) 3 $\dfrac{\sqrt{(イ)}-(ウ)}{(エ)}$ $\dfrac{\sqrt{3}-1}{2}$ (オ) 6

解説

$\dfrac{11}{5-\sqrt{3}}=\dfrac{11(5+\sqrt{3})}{(5-\sqrt{3})(5+\sqrt{3})}=\dfrac{11(5+\sqrt{3})}{5^2-(\sqrt{3})^2}$

$=\dfrac{11(5+\sqrt{3})}{22}=\dfrac{5+\sqrt{3}}{2}$

$1<\sqrt{3}<2$ であるから $5+1<5+\sqrt{3}<5+2$

よって $\dfrac{6}{2}<\dfrac{5+\sqrt{3}}{2}<\dfrac{7}{2}$

ゆえに，$3<\dfrac{5+\sqrt{3}}{2}<3.5$ であるから

$$3\leqq\dfrac{5+\sqrt{3}}{2}<4$$

よって，整数部分 a は $a={}^{ア}3$

また，小数部分 b は $b=\dfrac{5+\sqrt{3}}{2}-3=\dfrac{\sqrt{{}^{イ}3}-{}^{ウ}1}{{}^{エ}2}$

ゆえに $b(b+1)=\dfrac{\sqrt{3}-1}{2}\cdot\dfrac{\sqrt{3}+1}{2}$

$=\dfrac{(\sqrt{3})^2-1^2}{4}=\dfrac{2}{4}=\dfrac{1}{2}$

よって $\dfrac{a}{b(b+1)}=3\div\dfrac{1}{2}=3\times2={}^{オ}6$

← 分母の有理化。
分母・分子に $5+\sqrt{3}$ を掛ける。

← 各辺に5を加え，各辺を2で割って $\dfrac{5+\sqrt{3}}{2}$ を作り出す。

← $3\leqq\dfrac{5+\sqrt{3}}{2}<3+1$ より，
整数部分は 3
小数部分は
$\dfrac{5+\sqrt{3}}{2}-(整数部分)$

NOTE $\sqrt{3}=1.7\cdots\cdots$ であるから $\dfrac{5+\sqrt{3}}{2}=3.3\cdots\cdots$
よって，整数部分 a は $a={}^{ア}3$
このように，平方根の近似値を覚えておくと便利である。
$\sqrt{2}=1.4\cdots\cdots,\quad\sqrt{3}=1.7\cdots\cdots,\quad\sqrt{5}=2.2\cdots\cdots,\quad\sqrt{6}=2.4\cdots\cdots,$
$\sqrt{7}=2.6\cdots\cdots,\quad\sqrt{8}=2.8\cdots\cdots,\quad\sqrt{10}=3.1\cdots\cdots$

3 平方根と式の値　　　　　　　　　　　　　　　目安10分

(1) $x=\dfrac{2-\sqrt{3}}{2+\sqrt{3}}$, $y=7+4\sqrt{3}$ のとき，$x+y=\boxed{アイ}$，$xy=\boxed{ウ}$ である。

　　よって，$x^2y+xy^2=\boxed{エオ}$，$x^2+y^2=\boxed{カキク}$ である。

(2) $x=3+2\sqrt{2}$, $y=\dfrac{1}{3+2\sqrt{2}}$ のとき，$x+y=\boxed{ケ}$，$xy=\boxed{コ}$ である。

　　よって，$x^2+y^2=\boxed{サシ}$，$x^4+y^4=\boxed{スセソタ}$ である。

4 整数部分，小数部分　　　　　　　　　　　　　目安15分

(1) $\dfrac{1}{3-\sqrt{5}}$ の整数部分を a，小数部分を b とするとき，$a=\boxed{ア}$,

　　$b=\dfrac{\sqrt{\boxed{イ}}-\boxed{ウ}}{\boxed{エ}}$ である。

　　さらに，$a^2-2a^2b+2ab-4ab^2+b^2-2b^3=(a+b)^{\boxed{オ}}(\boxed{カ}-\boxed{キ}b)$ であるか

　　ら，$a^2-2a^2b+2ab-4ab^2+b^2-2b^3$ の値は $\dfrac{\boxed{ク}+\sqrt{\boxed{ケ}}}{\boxed{コ}}$ である。

(2) $\alpha=\dfrac{1}{4-\sqrt{13}}$ の分母を有理化すると，$\alpha=\dfrac{\boxed{サ}+\sqrt{\boxed{シス}}}{3}$ であるから，

　　$m<\alpha<m+1$ を満たす整数 m は $\boxed{セ}$ である。

　　また，$\alpha-m=n$ とすると，$m^2+3mn=\boxed{ソ}\sqrt{\boxed{タチ}}$ である。

3 日目 不 等 式

例題 5 1次不等式の解

目安15分

不等式 $2(x+1) > \dfrac{3+5x}{2}$ の解は $x <$ ［ ア ］ であり，$|x-3| \leq 2$ の解は

［ イ ］ $\leq x \leq$ ［ ウ ］ である。

また，$\begin{cases} 2x-5 \geq 1 \\ 6-x \leq 1 \end{cases}$ の解は $x \geq$ ［ エ ］ であり，$2 < 4x-1 < 3x$ の解は

$\dfrac{［ オ ］}{［ カ ］} < x <$ ［ キ ］ である。

例題 6 不等式の整数解

目安15分

不等式 $\left| x - \dfrac{1}{3} \right| < \dfrac{13}{3}$ を満たす整数 x は ［ ア ］ 個ある。

また，$a > 0$ のとき，不等式 $\left| x - \dfrac{1}{3} \right| < a$ を満たす整数 x が5個であるような a の

値の範囲は $\dfrac{［ イ ］}{［ ウ ］} < a \leq \dfrac{［ エ ］}{［ オ ］}$ である。

CHART 3 不等式

▶不等式の解 **数直線を利用**

▶1次不等式の解法

　$ax > b$ などの形に変形し，両辺を a で割る。

　$a > 0$ のとき不等号の向きはそのまま，$a < 0$ のとき不等号の向きが変わる。

▶絶対値を含む不等式

　A が正の定数のとき

　$|X| < A \Longleftrightarrow -A < X < A$ 　　　$|X| > A \Longleftrightarrow X < -A,\ A < X$

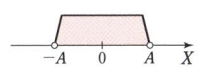 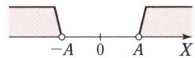

▶連立不等式の解法 **数直線を利用**

　$A < B < C$ の形の不等式　　$A < B$ かつ $B < C$

解答 （ア）1 （イ）1 （ウ）5 （エ）5 $\dfrac{(オ)}{(カ)}$ $\dfrac{3}{4}$ （キ）1

解説

$2(x+1)>\dfrac{3+5x}{2}$ から　　$4(x+1)>3+5x$

すなわち　　　　$4x+4>3+5x$

よって　　　　　$-x>-1$

ゆえに　　　　　$x<{}^{ア}1$ ← 不等号の向きが変わる。

$|x-3|\leqq2$ から　　$-2\leqq x-3\leqq2$ ← $|X|\leqq A \Longleftrightarrow -A\leqq X\leqq A$

すなわち　　　　$-2\leqq x-3$ かつ $x-3\leqq2$ ← 各辺に 3 を加えて

よって　　　　　$1\leqq x$ かつ $x\leqq5$ 　　$-2+3\leqq x-3+3\leqq2+3$

ゆえに　　　　　${}^{イ}1\leqq x\leqq{}^{ウ}5$ 　　としてもよい。

$2x-5\geqq1$ から　　$2x\geqq6$

　よって　　　　　$x\geqq3$

$6-x\leqq1$ から　　$-x\leqq-5$

　よって　　　　　$x\geqq5$

$x\geqq3$ かつ $x\geqq5$ から　　$x\geqq{}^{エ}5$

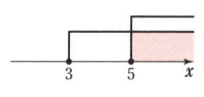

← **CHART** 数直線を利用

$2<4x-1<3x$ から

　　　$2<4x-1$ かつ $4x-1<3x$ ← $A<B<C$ $\Longleftrightarrow A<B$ かつ $B<C$

　$2<4x-1$ から　　$-4x<-3$ 　　よって　　$x>\dfrac{3}{4}$

　$4x-1<3x$ から　　$x<1$

$x>\dfrac{3}{4}$ かつ $x<1$ から

　　　$\dfrac{{}^{オ}3}{{}^{カ}4}<x<{}^{キ}1$

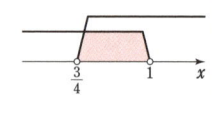

← **CHART** 数直線を利用

例題 ❻ 解答・解説

解　答　(ア) 8　$\dfrac{(イ)}{(ウ)}$　$\dfrac{7}{3}$　$\dfrac{(エ)}{(オ)}$　$\dfrac{8}{3}$

解説

$\left|x-\dfrac{1}{3}\right|<\dfrac{13}{3}$ から　$-\dfrac{13}{3}<x-\dfrac{1}{3}<\dfrac{13}{3}$

$\Leftarrow |X|<A \iff -A<X<A$

各辺に $\dfrac{1}{3}$ を加えて　$-4<x<\dfrac{14}{3}$

これを満たす整数 x は

$$-3,\ -2,\ -1,\ 0,\ 1,\ 2,\ 3,\ 4$$

の ア8 個ある。

$\Leftarrow -4$ は含まないことに注意。

また，$\left|x-\dfrac{1}{3}\right|<a$ から　$-a<x-\dfrac{1}{3}<a$

各辺に $\dfrac{1}{3}$ を加えて　$\dfrac{1}{3}-a<x<\dfrac{1}{3}+a$

これを満たす整数 x が 5 個であるのは，右の数直線のようになるときである。

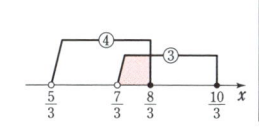

よって　$-3\leqq\dfrac{1}{3}-a<-2$　……①

かつ　$2<\dfrac{1}{3}+a\leqq3$　……②

①から　$-3-\dfrac{1}{3}\leqq-a<-2-\dfrac{1}{3}$

ゆえに　$\dfrac{7}{3}<a\leqq\dfrac{10}{3}$　……③

②から　$2-\dfrac{1}{3}<a\leqq3-\dfrac{1}{3}$

よって　$\dfrac{5}{3}<a\leqq\dfrac{8}{3}$　……④

③かつ④から　$\dfrac{^{イ}7}{^{ウ}3}<a\leqq\dfrac{^{エ}8}{^{オ}3}$

$\Leftarrow -a+\dfrac{1}{3}<x<a+\dfrac{1}{3}$ としないのがポイント。$\dfrac{1}{3}$ を中心に両側に a ずつ伸びている。$\dfrac{1}{3}$ は 0 と 1 の間にあり，0 に近いから，$\dfrac{1}{3}$ の左側に 3 つ $(0,\ -1,\ -2)$，右側に 2 つ $(1,\ 2)$ 整数を含むことになる。

$\Leftarrow$ **CHART**　数直線を利用

5 1次不等式の解

不等式 $3x-3 \leqq 2(2x-1)$ の解は $x \geqq \boxed{アイ}$, $|2x-1|>1$ の解は

$x < \boxed{ウ}$, $\boxed{エ} < x$ である。

また, $\begin{cases} 5(x+1) < -(x+7) \\ 2x+5 > 3x-5 \end{cases}$ の解は $x < \boxed{オカ}$, $2x-1 < 5x-3 < 1$ の解は

$\dfrac{\boxed{キ}}{\boxed{ク}} < x < \dfrac{\boxed{ケ}}{\boxed{コ}}$ である。

6 不等式の整数解

k を実数の定数とする。

2つの不等式 $|x-1| \leqq 2$ …… ①, $5x+3k > 2(x+2k+1)$ …… ② がある。

(1) 不等式 ① の解は $\boxed{アイ} \leqq x \leqq \boxed{ウ}$ である。

(2) ①, ② をともに満たす実数 x が存在するような k の値の範囲は $k < \boxed{エ}$ である。

(3) ① を満たす実数 x が, すべて ② を満たすような k の値の範囲は $k < \boxed{オカ}$ である。

(4) ①, ② をともに満たす整数 x がちょうど 2 個存在するような k の値の範囲は $\boxed{キ} \leqq k < \boxed{ク}$ である。

4 日目 方程式・不等式

例題 7　絶対値を含む1次不等式　　　　　　目安15分

2つの不等式 $3|x|-|x-2|\leqq8$ …… ①, $2x+7\geqq0$ …… ② について考える。

(1)　$x<0$ のとき　　　　$3|x|-|x-2|=\boxed{アイ}\,x-\boxed{ウ}$ である。

　　　$0\leqq x<2$ のとき　　$3|x|-|x-2|=\boxed{エ}\,x-\boxed{オ}$ である。

　　　$2\leqq x$ のとき　　　$3|x|-|x-2|=\boxed{カ}\,x+\boxed{キ}$ である。

(2)　① の解を求めると，$\boxed{クケ}\leqq x\leqq\boxed{コ}$ である。

(3)　①，② をともに満たす x のうち，整数であるものの個数は $\boxed{サ}$ 個である。

例題 8　絶対値を含む2次方程式　　　　　　目安15分

方程式 $x^2+3|x-1|+5|x-3|-15=0$ …… ① を考える。

(1)　$x<1$ のとき　　　　① を整理すると　$x^2-\boxed{ア}\,x+\boxed{イ}=0$

　　　$1\leqq x<3$ のとき　　① を整理すると　$x^2-\boxed{ウ}\,x-\boxed{エ}=0$

　　　$3\leqq x$ のとき　　　① を整理すると　$x^2+\boxed{オ}\,x-\boxed{カキ}=0$

となる。

　　　よって，方程式 ① の解を求めると $x=\boxed{ク}-\sqrt{\boxed{ケコ}},\ \boxed{サ}$ である。

(2)　方程式 ① の解を $\alpha,\ \beta\ (\alpha>\beta)$ とすると，$m\leqq\dfrac{|\alpha|}{|\beta|}<m+1$ を満たす自然数 m の値は $m=\boxed{シ}$ である。

CHART 4

▶絶対値　**場合に分ける**

　　$A\geqq0$ のとき　$|A|=A$，　　$A<0$ のとき　$|A|=-A$

　　場合に分けたら，その解が場合分けの条件を満たすかどうかを確認。

▶不等式の整数解　**数直線を利用**

解 答　（アイ）-2　（ウ）2　（エ）4　（オ）2　（カ）2　（キ）2
（クケ）-5　（コ）3　（サ）7

解説

(1)　$x<0$ のとき
$$3|x|-|x-2|=3(-x)+(x-2)={}^{アイ}\mathbf{-2}x-{}^{ウ}\mathbf{2}$$
　　　$0\leqq x<2$ のとき
$$3|x|-|x-2|=3x+(x-2)={}^{エ}\mathbf{4}x-{}^{オ}\mathbf{2}$$
　　　$2\leqq x$ のとき
$$3|x|-|x-2|=3x-(x-2)={}^{カ}\mathbf{2}x+{}^{キ}\mathbf{2}$$

← $x<0$，$x-2<0$

← $x\geqq0$，$x-2<0$

← $x>0$，$x-2\geqq0$

(2)　$x<0$ のとき，① は　　$-2x-2\leqq8$
　　　　よって　　$x\geqq-5$
　　　$x<0$ であるから　　$-5\leqq x<0$　……　③
　　　$0\leqq x<2$ のとき，① は　　$4x-2\leqq8$
　　　　よって　　$x\leqq\dfrac{5}{2}$
　　　$0\leqq x<2$ であるから　　$0\leqq x<2$　……　④
　　　$2\leqq x$ のとき，① は　　$2x+2\leqq8$
　　　　よって　　$x\leqq3$
　　　$2\leqq x$ であるから　　$2\leqq x\leqq3$　……　⑤
　　　③，④，⑤ から，① の解は
$$^{クケ}\mathbf{-5}\leqq x\leqq{}^{コ}\mathbf{3}$$

← 場合分けの条件を確認。

← 場合分けの条件を確認。

← 場合分けの条件を確認。

← ① の解は ③，④，⑤ を
　合わせた範囲になる。

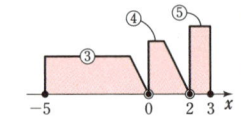

(3)　② を解くと　　$x\geqq-\dfrac{7}{2}$
　　　よって，①，② をともに満たす x
　　　の値の範囲は
$$-\dfrac{7}{2}\leqq x\leqq3$$
　　　これを満たす x のうち，整数であるものの個数は
$$-3,\ -2,\ -1,\ 0,\ 1,\ 2,\ 3$$
　　　の $^{サ}\mathbf{7}$ 個である。

← 共通範囲。

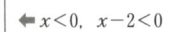 ← **CHART**　数直線を利用

解答　(ア) 8　(イ) 3　(ウ) 2　(エ) 3　(オ) 8　(カキ) 33
(ク) $-\sqrt{\text{(ケコ)}}$　$4-\sqrt{13}$　(サ) 3　(シ) 7

解説

(1)　$x<1$ のとき
$$x^2-3(x-1)-5(x-3)-15=0$$
整理すると　　$x^2-{}^{\text{ア}}8x+{}^{\text{イ}}3=0$
よって　　　　$x=4\pm\sqrt{13}$
$x<1$ であるから　　$x=4-\sqrt{13}$

$1\leqq x<3$ のとき
$$x^2+3(x-1)-5(x-3)-15=0$$
整理すると　　$x^2-{}^{\text{ウ}}2x-{}^{\text{エ}}3=0$
すなわち　　$(x+1)(x-3)=0$
よって　　　　$x=-1,\ 3$
$1\leqq x<3$ であるから，これを満たす解はない。

$3\leqq x$ のとき
$$x^2+3(x-1)+5(x-3)-15=0$$
整理すると　　$x^2+{}^{\text{オ}}8x-{}^{\text{カキ}}33=0$
すなわち　　$(x+11)(x-3)=0$
よって　　　　$x=-11,\ 3$
$3\leqq x$ であるから　　$x=3$
以上から，方程式 ① の解は
$$x={}^{\text{ク}}4-\sqrt{{}^{\text{ケコ}}13},\ {}^{\text{サ}}3$$

(2)　(1)から　　$\alpha=3,\ \beta=4-\sqrt{13}$
$\alpha>0,\ \beta>0$ から　　$|\alpha|=\alpha=3,\ |\beta|=\beta=4-\sqrt{13}$
よって　　$\dfrac{|\alpha|}{|\beta|}=\dfrac{3}{4-\sqrt{13}}=\dfrac{3(4+\sqrt{13})}{(4-\sqrt{13})(4+\sqrt{13})}$
$$=4+\sqrt{13}$$
$3<\sqrt{13}<4$ から　　$7<4+\sqrt{13}<8$
ゆえに，求める m の値は　　$m={}^{\text{シ}}7$

← $x-1<0,\ x-3<0$
←場合分けの条件を確認。
← $x-1\geqq0,\ x-3<0$
←場合分けの条件を確認。
← $x-1>0,\ x-3\geqq0$
←場合分けの条件を確認。
←分母の有理化。
← m は $\dfrac{|\alpha|}{|\beta|}$ の整数部分。

演 習 問 題

7　絶対値を含む1次不等式　目安15分

連立不等式 $\begin{cases} |x|+2|x-4| \geqq 7 \\ |(\sqrt{7}-3)x+\sqrt{7}|<3 \end{cases}$ …… ① について考えよう。

不等式 $|x|+2|x-4| \geqq 7$ の解は $x \leqq \boxed{ア}$, $\boxed{イ} \leqq x$ である。

また，不等式 $|(\sqrt{7}-3)x+\sqrt{7}|<3$ の解は $\boxed{ウエ}<x<\boxed{オ}+\boxed{カ}\sqrt{\boxed{キ}}$ である。

したがって，連立不等式 ① を満たす整数 x は $\boxed{クケ}$ 個ある。

8　絶対値を含む2次方程式　目安15分

方程式 $x^2+5|x|+|x-3|-10=0$ …… ① を考える。

(1)　$x<0$ のとき　　①を整理すると　$x^2-\boxed{ア}x-\boxed{イ}=0$

　　　$0 \leqq x<3$ のとき　①を整理すると　$x^2+\boxed{ウ}x-\boxed{エ}=0$

　　　$3 \leqq x$ のとき　　①を整理すると　$x^2+\boxed{オ}x-\boxed{カキ}=0$

　　となる。

(2)　方程式 ① の解は $x=\boxed{クケ}$, $\boxed{コサ}+\sqrt{\boxed{シス}}$ である。

5 日目 集合と命題 (1)

例題 9　集合　　　　　　　　　　　　　　目安15分

集合 A, B, C を $A=\{n\,|\,n$ は 4 で割り切れる自然数$\}$,

$B=\{n\,|\,n$ は 6 で割り切れる自然数$\}$, $C=\{n\,|\,n$ は 10 で割り切れる自然数$\}$ とする。

(1)　$A\cap B=\{n\,|\,n$ は $\boxed{アイ}$ で割り切れる自然数$\}$ である。

(2)　次の $\boxed{ウ}$ と $\boxed{エ}$ に当てはまるものを，下の ①〜③ のうちから 1 つずつ
選べ。

　　$D=\{n\,|\,n$ は 5 で割り切れる自然数$\}$, $E=\{n\,|\,n$ は 42 で割り切れる自然数$\}$ とす
ると $D\supset\boxed{ウ}$, $E\subset\boxed{エ}$ である。

　　　　　　　① A　　　　　② B　　　　　③ C

(3)　次の $\boxed{オ}$〜$\boxed{キ}$ に当てはまるものを，下の ①〜⑧ のうちから 1 つずつ選
べ。

　　$F=\{n\,|\,n$ は $\boxed{アイ}$ で割り切れないが 10 で割り切れる自然数$\}$ とする。

　　自然数全体の集合を全体集合 U とし，その部分集合 H の補集合を $\overline{H}$ とすると
き，F は 3 つの集合 $\boxed{オ}$, $\boxed{カ}$, $\boxed{キ}$ の和集合である。

　　ただし，$\boxed{オ}$〜$\boxed{キ}$ の解答の順序は問わない。

① $A\cap B\cap C$　　　　② $\overline{A}\cap B\cap C$

③ $A\cap \overline{B}\cap C$　　　　④ $A\cap B\cap \overline{C}$

⑤ $\overline{A}\cap \overline{B}\cap C$　　　　⑥ $A\cap \overline{B}\cap \overline{C}$

⑦ $\overline{A}\cap B\cap \overline{C}$　　　　⑧ $\overline{A}\cap \overline{B}\cap \overline{C}$

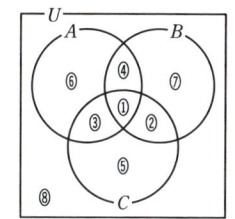

CHART 5　集合

集合の問題　ベン図を作る
　　$A\subset B \iff$「$x\in A$ ならば $x\in B$」
　　$A=B \iff$「$A\subset B$ かつ $B\subset A$」

解説

(1)　$A \cap B$ の要素は，4 で割り切れる自然数，かつ，6 で割り切れる自然数である。

すなわち，4 と 6 の公倍数である。

4 と 6 の最小公倍数は 12 であるから

$$A \cap B = \{n \mid n \text{ は}^{\text{アイ}}\mathbf{12}\text{ で割り切れる自然数}\}$$

◀ $A \cap B$ ……共通部分

(2)　D の要素は 5 で割り切れる自然数である。

また，10 の倍数は 5 で割り切れ，4 の倍数，6 の倍数は 5 で割り切れるとは限らない。

よって，D の要素には，C のすべての要素が含まれるから

$$D \supset C \quad \text{すなわち}\quad {}^{\text{ウ}}③$$

◀ $x \in C$ ならば $x \in D$ が示された。

また，E の要素は 42 で割り切れる自然数であるから，E の要素は 6 で割り切れ，4，10 で割り切れるとは限らない。

ゆえに，E のすべての要素は B の要素でもあるから

$$E \subset B \quad \text{すなわち}\quad {}^{\text{エ}}②$$

◀ $x \in E$ ならば $x \in B$ が示された。

(3)　F の要素は 12 で割り切れないが，10 で割り切れる自然数である。

よって，(1) から F は C のうち $A \cap B$ でないものであり，右の図の赤い部分が表す集合である。

◀ 12 で割り切れる自然数の集合は　$A \cap B$　よって，F は　$(\overline{A \cap B}) \cap C$

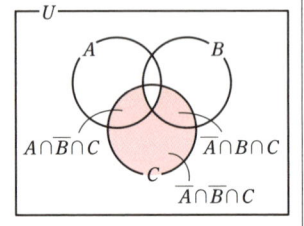

ゆえに，F は

$$\overline{A} \cap B \cap C, \quad A \cap \overline{B} \cap C, \quad \overline{A} \cap \overline{B} \cap C$$

の和集合である。

すなわち　${}^{\text{オ, カ, キ}}②，③，⑤$

9 集合

目安15分

自然数全体の集合を全体集合 U とし，その部分集合 A，B を

$A=\{n \mid n$ は 6 で割り切れる自然数$\}$

$B=\{n \mid n$ は 8 で割り切れる自然数$\}$　　とする。

(1) 次の　ア　〜　エ　に当てはまるものを，下の ⓪ 〜 ⑦ のうちから 1 つずつ選べ。

$C=\{n \mid n$ は 6 または 8 で割り切れる自然数$\}$

$D=\{n \mid n$ は 6 の倍数のうち 8 で割り切れない自然数$\}$

$E=\{n \mid n$ は 24 で割り切れる自然数$\}$

$F=\{n \mid n$ は 24 で割り切れない自然数$\}$

とする。全体集合 U の部分集合 X の補集合を $\overline{X}$ で表すとき，

$C=$　ア　，$D=$　イ　，$E=$　ウ　，$F=$　エ　である。

⓪　$A \cup B$　　　① $A \cup \overline{B}$　　　② $\overline{A} \cup B$　　　③ $\overline{A} \cup \overline{B}$

④　$A \cap B$　　　⑤ $A \cap \overline{B}$　　　⑥ $\overline{A} \cap B$　　　⑦ $\overline{A} \cap \overline{B}$

(2) $G=\{n \mid n$ は 4 で割り切れる自然数$\}$ とすると，A，B，G の関係を表す図は　オ　である。　オ　に当てはまるものを，次の ⓪ 〜 ③ のうちから 1 つ選べ。

⓪　　　　　　　　　①　　　　　　　　　②　　　　　　　　　③

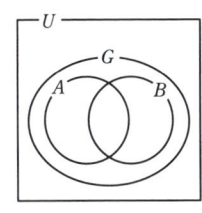 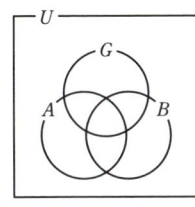 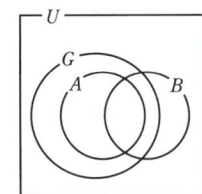 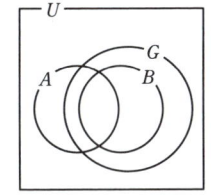

6 日目 集合と命題 (2)

例題 10　必要条件，十分条件　　　　　　　目安15分

次の ア ～ ウ に当てはまるものを，下の ⓪ ～ ③ のうちから 1 つずつ選べ。
ただし，文字はすべて実数であるとする。

(1)　$a>0$ かつ $b>0$ であることは，$a+b>0$ かつ $ab>0$ であるための ア 。

(2)　$xy(y-1)=0$ であることは，$x=y(y-1)=0$ であるための イ 。

(3)　$x^2y^2+(y-1)^2=0$ であることは，$x=y(y-1)=0$ であるための ウ 。

⓪　必要十分条件である

①　必要条件ではあるが，十分条件ではない

②　十分条件ではあるが，必要条件ではない

③　必要条件でも十分条件でもない

CHART 6　命題と条件

▶命題の真偽

1 **真をいうなら証明**

2 **偽をいうなら反例**

まずは反例がないかどうか調べてみる。反例が見つからないようであれば，
命題が真であることの証明を検討するとよい。

▶条件の見分け方

1 **まず $p \Longrightarrow q$ の形に書く**

2 **(十分) $\Longrightarrow$ (必要)**

▶必要条件，十分条件の判定

$p \Longrightarrow q$，$q \Longrightarrow p$ の真偽を調べる

$p \Longrightarrow q$ が真 であるとき p が十分条件，q が必要条件。
条件を 同値な条件 におき換えて考えるのも有効。

（方程式，不等式を解くなど）

例題 10 解答・解説

解答 (ア) ⓪ (イ) ① (ウ) ②

解説

(1) 「$a>0$ かつ $b>0$ ならば $a+b>0$ かつ $ab>0$」は真である。 ← $p \Longrightarrow q$
「$a+b>0$ かつ $ab>0$ ならば $a>0$ かつ $b>0$」について ← $q \Longrightarrow p$
$ab>0$ から ($a>0$ かつ $b>0$) または ($a<0$ かつ $b<0$)
$a+b>0$ であるから $a>0$ かつ $b>0$
よって，真である。
ゆえに，ᵃ⓪ 必要十分条件である。 ← $p \Longrightarrow q$, $q \Longrightarrow p$ ともに真。

(2) $xy(y-1)=0 \Longleftrightarrow x=0$ または $y=0$ または $y=1$ ← 同値な条件におき換える。
$x=y(y-1)=0 \Longleftrightarrow x=0$ かつ ($y=0$ または $y=1$)
よって，「$xy(y-1)=0$ ならば $x=y(y-1)=0$」は偽，
（反例：$x=1$，$y=0$） ← 反例があれば偽。
「$x=y(y-1)=0$ ならば $xy(y-1)=0$」は真である。
ゆえに，ᶦ① 必要条件ではあるが，十分条件ではない。 ← $q \Longrightarrow p$ のみが真。

(3) $x^2y^2+(y-1)^2=0 \Longleftrightarrow xy=0$ かつ $y=1$ ← 同値な条件におき換える。
$y=1$ であるから，結局 $x=0$ かつ $y=1$ と同値である。 $xy=0$ に $y=1$ を代入。
← $x=0$，$y=1$ のとき
よって，「$x^2y^2+(y-1)^2=0$ ならば $x=y(y-1)=0$」は真， $x=y(y-1)=0$
「$x=y(y-1)=0$ ならば $x^2y^2+(y-1)^2=0$」は偽
である。 （反例：$x=y=0$） ← 反例があれば偽。
ゆえに，ᵘ② 十分条件ではあるが，必要条件ではない。 ← $p \Longrightarrow q$ のみが真。

NOTE 実数の平方について，次のことが成り立つ。
a が実数のとき $a^2 \geqq 0$ 等号は $a=0$ のとき成り立つ。
これを利用すると，命題「$A^2+B^2=0$ ならば $A=B=0$」は真であることがいえる。また，命題「$A=B=0$ ならば $A^2+B^2=0$」は明らかに真である。よって，次の重要な関係が成り立つ。
実数 A，B に対して $A^2+B^2=0 \Longleftrightarrow A=B=0$

10 必要条件，十分条件

次の $\boxed{\ ア\ }$ 〜 $\boxed{\ エ\ }$ に当てはまるものを，下の ⓪ 〜 ③ のうちから1つずつ選べ。
ただし，同じものを繰り返し選んでもよい。

自然数 m, n について，条件 p, q, r を次のように定める。

p : $m+n$ は3の倍数

q : n は6の倍数

r : m は3の倍数で，かつ n は6の倍数

また，条件 p の否定を $\bar{p}$，条件 r の否定を $\bar{r}$ で表す。このとき

p は r であるための $\boxed{\ ア\ }$ 。

$\bar{p}$ は $\bar{r}$ であるための $\boxed{\ イ\ }$ 。

「p かつ q」は r であるための $\boxed{\ ウ\ }$ 。

「p または q」は r であるための $\boxed{\ エ\ }$ 。

⓪ 必要十分条件である

① 必要条件であるが，十分条件でない

② 十分条件であるが，必要条件でない

③ 必要条件でも十分条件でもない

7 日目 2次関数とグラフ (1)

例題 11 2次関数の基本問題　　　　　　　　　　　目安15分

(1) 2次関数 $y=2x^2+10x+7$ のグラフの軸の方程式は $x=\dfrac{\boxed{アイ}}{\boxed{ウ}}$, 頂点の座標は $\left(\dfrac{\boxed{エオ}}{\boxed{カ}},\ \dfrac{\boxed{キクケ}}{\boxed{コ}}\right)$ である。

(2) 放物線 $y=-2x^2+8x+1$ を x 軸方向に 1, y 軸方向に -3 だけ平行移動すると $y=\boxed{サシ}x^2+\boxed{スセ}x-\boxed{ソタ}$ となる。これをさらに x 軸に関して対称に移動すると $y=\boxed{チ}x^2-\boxed{ツテ}x+\boxed{トナ}$ となる。

(3) 2次関数 $y=3x^2-2x+4$ は $x=\dfrac{\boxed{ニ}}{\boxed{ヌ}}$ のとき,最小値 $\dfrac{\boxed{ネノ}}{\boxed{ハ}}$ をとる。

(4) 2次方程式 $2x^2+x-5=0$ の解は $x=\dfrac{\boxed{ヒフ}\pm\sqrt{\boxed{ヘホ}}}{\boxed{マ}}$ である。

CHART 7　　2次関数のグラフ

まず平方完成して　$y=a(x-p)^2+q$ の形に直す

軸は直線 $x=p$,　　頂点は点 $(p,\ q)$

▶ 2次関数 $y=f(x)$ のグラフの移動

　① x 軸方向に p, y 軸方向に q の平行移動

$$y=f(x) \longrightarrow y-q=f(x-p)$$

　② 対称移動　　x 軸： $y=f(x) \longrightarrow -y=f(x)$

　　　　　　　　y 軸： $y=f(x) \longrightarrow y=f(-x)$

　　　　　　　　原点： $y=f(x) \longrightarrow -y=f(-x)$

▶ 2次方程式の解法

　　　　　① 因数分解　　② 解の公式

　解の公式　2次方程式 $ax^2+bx+c=0$ の解は

$$x=\frac{-b\pm\sqrt{b^2-4ac}}{2a}$$

$$\left(b=2b'\ のとき\quad x=\frac{-b'\pm\sqrt{b'^2-ac}}{a}\right)$$

解 答

$$\frac{(アイ)}{(ウ)} \frac{-5}{2} \quad \frac{(エオ)}{(カ)} \frac{-5}{2} \quad \frac{(キクケ)}{(コ)} \frac{-11}{2} \quad (サシ) \ -2$$

(スセ) 12 (ソタ) 12 (チ) 2 (ツテ) 12 (トナ) 12

$$\frac{(ニ)}{(ヌ)} \frac{1}{3} \quad \frac{(ネノ)}{(ハ)} \frac{11}{3} \quad \frac{(ヒフ)\pm\sqrt{(ヘホ)}}{(マ)} \frac{-1\pm\sqrt{41}}{4}$$

解説

(1) $\quad 2x^2+10x+7=2(x^2+5x)+7$

$$=2\left\{x^2+5x+\left(\frac{5}{2}\right)^2-\left(\frac{5}{2}\right)^2\right\}+7$$

$$=2\left\{x^2+5x+\left(\frac{5}{2}\right)^2\right\}-2\cdot\left(\frac{5}{2}\right)^2+7$$

$$=2\left(x+\frac{5}{2}\right)^2-\frac{11}{2}$$

よって $\quad y=2\left(x+\frac{5}{2}\right)^2-\frac{11}{2}$

ゆえに,軸の方程式は $\quad x=\dfrac{\overset{アイ}{-5}}{\underset{ウ}{2}}$,

頂点の座標は $\quad \left(\dfrac{\overset{エオ}{-5}}{\underset{カ}{2}}, \ \dfrac{\overset{キクケ}{-11}}{\underset{コ}{2}}\right)$

← x^2, x の項を x^2 の係数 2 でくくる。

← $\left|\dfrac{x\text{の係数}}{2}\right|^2=\left(\dfrac{5}{2}\right)^2$ を 加えて引く。

← 引いた分を { } の外に 出すとき, x^2 の係数を掛 けるのを忘れずに!

← **CHART** まず平方完成

← $y=a(x-p)^2+q$
 軸は直線 $x=p$,
 頂点は点 $(p, \ q)$

NOTE 頂点の座標を求めるには,様々な方法がある。

① 放物線 $y=ax^2+bx+c$ の頂点の座標は,

$$y=ax^2+bx+c=a\left(x+\frac{b}{2a}\right)^2-\frac{b^2-4ac}{4a} \text{ から, } \left(-\frac{b}{2a}, \ -\frac{b^2-4ac}{4a}\right) \text{ である。}$$

これを利用して求める。

② ① の x 座標のみを記憶しておいて,それを用いて平方完成したり,答の 確認に利用する。

③ 2 次関数の式に $x=-\dfrac{b}{2a}$ を代入して,y 座標を求める。

どのような方法で計算してもよいが,自分に合った方法で,**素早く確実に** 計算 できるようにしておくことが重要である。

(2) x 軸方向に 1，y 軸方向に -3 だけ平行移動した放物線の方程式は

$$y-(-3)=-2(x-1)^2+8(x-1)+1$$

すなわち $y=\overset{サシ}{-2}x^2+\overset{スセ}{12}x-\overset{ソタ}{12}$

これを x 軸に関して対称に移動した放物線の方程式は

$$-y=-2x^2+12x-12$$

すなわち $y=\overset{チ}{2}x^2-\overset{ツテ}{12}x+\overset{トナ}{12}$

〔別解〕 $y=-2x^2+8x+1$ を変形すると

$$y=-2(x-2)^2+9$$

放物線の頂点の座標は $(2, 9)$

頂点を x 軸方向に 1，y 軸方向に -3 だけ平行移動すると

$(2+1, 9-3)$ すなわち $(3, 6)$

よって，求める放物線の方程式は

$$y=-2(x-3)^2+6$$

すなわち $y=\overset{サシ}{-2}x^2+\overset{スセ}{12}x-\overset{ソタ}{12}$

これを x 軸に関して対称に移動すると，頂点は $(3, -6)$ となり，放物線の凹凸が逆になる。

すなわち，x^2 の係数の符号が変わる。

ゆえに，その方程式は

$$y=2(x-3)^2-6$$

よって $y=\overset{チ}{2}x^2-\overset{ツテ}{12}x+\overset{トナ}{12}$

> **N**OTE 〔別解〕の解法は，頂点の座標が先に計算されているとき，特に有効である。

(3) $y=3x^2-2x+4$ を変形すると

$$y=3\left(x-\frac{1}{3}\right)^2+\frac{11}{3}$$

よって，2次関数のグラフは右のようになる。

ゆえに，$x=\dfrac{\overset{ニ}{1}}{\overset{ヌ}{3}}$ のとき最小値 $\dfrac{\overset{ネノ}{11}}{\overset{ハ}{3}}$ をとる。

(4) 解の公式から

$$x=\frac{-1\pm\sqrt{1^2-4\cdot2\cdot(-5)}}{2\cdot2}=\frac{\overset{ヒフ}{-1}\pm\sqrt{\overset{ヘホ}{41}}}{\overset{マ}{4}}$$

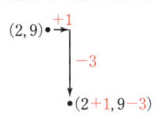

$\Leftarrow$ $y-(-3)=f(x-1)$
　$f(x-1)$ は $f(x)$ の x に
　$x-1$ を代入したもの。

$\Leftarrow$ x 軸対称
　$\longrightarrow -y=f(x)$

$\Leftarrow$ **CHART** まず平方完成

$\Leftarrow$ 頂点の座標に着目。

$\Leftarrow$ **CHART** まず平方完成

$\Leftarrow$ 頂点で最小となる。

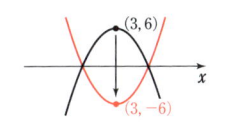

$\Leftarrow$ $x=\dfrac{-b\pm\sqrt{b^2-4ac}}{2a}$

演習問題

11 2次関数の基本問題 目安15分

(1) 2次関数 $y=-\dfrac{3}{2}x^2+x-1$ のグラフの軸の方程式は $x=\dfrac{\boxed{ア}}{\boxed{イ}}$, 頂点の座標は $\left(\dfrac{\boxed{ウ}}{\boxed{エ}},\ \dfrac{\boxed{オカ}}{\boxed{キ}}\right)$ である。

(2) 放物線 $y=-2x^2+x+4$ を x 軸方向に -1, y 軸方向に -2 だけ平行移動すると $y=\boxed{クケ}x^2-\boxed{コ}x+\boxed{サ}$ となる。これをさらに y 軸に関して対称に移動すると $y=\boxed{シス}x^2+\boxed{セ}x+\boxed{ソ}$ となる。

(3) 2次関数 $y=-x^2-2x+1$ は $x=\boxed{タチ}$ のとき, 最大値 $\boxed{ツ}$ をとる。

(4) 2次方程式 $2x^2-5x-7=0$ の解は $x=\boxed{テト}$, $\dfrac{\boxed{ナ}}{\boxed{ニ}}$ である。

また, 2次方程式 $x^2-8x+9=0$ の解は $x=\boxed{ヌ}\pm\sqrt{\boxed{ネ}}$ である。

12 2次関数のグラフの移動 目安15分

a を定数とし, 2次関数 $y=2x^2-12ax+6a+6$ のグラフを G とする。

G の頂点の座標を a を用いて表すと $(\boxed{ア}a,\ \boxed{イウエ}a^2+\boxed{オ}a+\boxed{カ})$ である。

また, 2次関数 $y=2x^2-4x+8$ のグラフを H とする。

H を x 軸方向に -2, y 軸方向に k だけ平行移動すると, G に重なるのは $a=\dfrac{\boxed{キク}}{\boxed{ケ}}$, $k=\boxed{コサ}$ のときである。

このとき, G の頂点の座標は $(\boxed{シス},\ \boxed{セ})$ であり, G の頂点と H の頂点を通る直線の方程式は $y=\boxed{ソ}x+\boxed{タ}$ である。

8 日目 2次関数とグラフ (2)

例題 12　定義域に制限がある場合の最大・最小　　目安15分

2次関数 $y = -4x^2 + 8x + 5$ …… ① について考える。

① において，$y \geqq 0$ となる x の値の範囲は $\dfrac{\boxed{アイ}}{\boxed{ウ}} \leqq x \leqq \dfrac{\boxed{エ}}{\boxed{オ}}$ である。

また，① のグラフを y 軸に関して対称移動した後，x 軸方向に a，y 軸方向に $a+1$ だけ平行移動したグラフを G とする。このとき，G を表す2次関数は
$y = \boxed{カキ} x^2 + \boxed{ク}(a - \boxed{ケ})x - \boxed{コ} a^2 + \boxed{サ} a + \boxed{シ}$ …… ② である。
$x = -1$ と $x = 3$ に対応する2次関数 ② の値が等しくなるのは $a = \boxed{ス}$ のときである。さらに，$a = \boxed{ス}$ のとき，2次関数 ② の $-1 \leqq x \leqq 3$ における最大値は $\boxed{セソ}$，最小値は $\boxed{タチ}$ である。

例題 13　図形と最大・最小　　目安15分

2次関数 $y = x^2 + 2x - 8$ のグラフを C とする。
C と x 軸の2つの交点を左から A，B とすると，2点 A，B の座標は
A($\boxed{アイ}$, 0)，B($\boxed{ウ}$, 0) である。
線分 AB 上に点 P をとり，$\angle P = 90°$ の直角三角形 APQ を作る。ただし，点 Q は C 上にあるものとする。点 P の座標を $(t, 0)$ とすると，直角三角形の2辺 AP，PQ の長さの和 l は $l = \boxed{エ} t^2 - t + \boxed{オカ}$ と表される。よって，l は $t = \dfrac{\boxed{キク}}{\boxed{ケ}}$ のとき最大値 $\dfrac{\boxed{コサ}}{\boxed{シ}}$ をとる。

CHART　8　　2次関数の最大・最小

▶**定義域に制限がある場合**

　　グラフ利用　　頂点と端点に注目

　　まず平方完成してグラフをかき，頂点と両端の y 座標を比較する。

▶**文章題の解法**

　　　題意を式に表しやすいように変数を選ぶ

　　とりうる値の範囲を求めておくことも忘れずに。

第2章

解 答　$\dfrac{(アイ)}{(ウ)}$　$\dfrac{-1}{2}$　$\dfrac{(エ)}{(オ)}$　$\dfrac{5}{2}$　（カキ）-4　（ク）8　（ケ）1　（コ）4
（サ）9　（シ）6　（ス）2　（セソ）12　（タチ）-4

解説

$y \geqq 0$ とすると　　$-4x^2+8x+5 \geqq 0$ 　　　　　　　　　$\Leftarrow 4x^2-8x-5 \leqq 0$

よって　　　　　　$(2x+1)(2x-5) \leqq 0$

ゆえに　　　　　$\dfrac{{}^{アイ}-1}{{}^{ウ}2} \leqq x \leqq \dfrac{{}^{エ}5}{{}^{オ}2}$

① のグラフを y 軸に関して対称移動すると　　　　　　　　　$\Leftarrow y$ 軸対称

$$y=-4(-x)^2+8(-x)+5$$　　　　　　　　　　　　　　　　　$\longrightarrow y=f(-x)$

すなわち　　$y=-4x^2-8x+5$

さらに，これを x 軸方向に a，y 軸方向に $a+1$ だけ平行移動す

ると　　　　$y-(a+1)=-4(x-a)^2-8(x-a)+5$ 　　　　　　　$\Leftarrow y-q=f(x-p)$

すなわち

$$y={}^{カキ}-4x^2+{}^{ク}8(a-{}^{ケ}1)x-{}^{コ}4a^2+{}^{サ}9a+{}^{シ}6 \ \cdots\cdots ②$$

$x=-1$ と $x=3$ に対応する 2 次関数 ② の値が等しいとき　　　　　$\Leftarrow f(-1)=f(3)$

$$-4 \cdot (-1)^2+8(a-1) \cdot (-1)-4a^2+9a+6$$
$$=-4 \cdot 3^2+8(a-1) \cdot 3-4a^2+9a+6$$

整理すると　　$32(a-1)=32$　　　よって　　　$a={}^{ス}2 \ \cdots\cdots ③$

③ を ② に代入すると

$$y=-4x^2+8x+8$$
$$=-4(x-1)^2+12$$

ゆえに，右の図から，$a=2$ のとき

$-1 \leqq x \leqq 3$ において，2 次関数 ② は

　$x=1$　　　のとき最大値 ${}^{セソ}12$，

　$x=-1$，3 のとき最小値 ${}^{タチ}-4$

をとる。

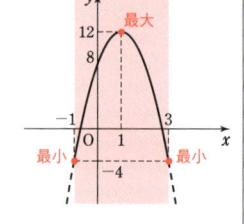

$\Leftarrow$ CHART　まず平方完成

$\Leftarrow$ CHART
グラフ利用
頂点と端点に注目

〔別解〕（**ス**）の a の値は以下のように求めてもよい。

　$x=-1$ と $x=3$ に対応する 2 次関数 ② の値が等しいとき，

　放物線の対称性から，軸の方程式は　　$x=1$　　　　　　　　　$\Leftarrow x=\dfrac{-1+3}{2}$

　　よって　　$-\dfrac{8(a-1)}{2 \cdot (-4)}=1$　　　これを解くと　　　$a={}^{ス}2$

解答　（アイ）-4　（ウ）2　（エ）$-$　（オカ）12　$\dfrac{（キク）}{（ケ）}$　$\dfrac{-1}{2}$　$\dfrac{（コサ）}{（シ）}$　$\dfrac{49}{4}$

解説

$x^2+2x-8=0$ とすると

$$(x+4)(x-2)=0$$

よって　$x=-4,\ 2$

ゆえに，2 点 A，B の座標は

$$A(^{アイ}\mathbf{-4},\ 0),\ B(^{ウ}\mathbf{2},\ 0)$$

点 $P(t,\ 0)$ は線分 AB 上にあるから

$$-4<t<2$$

また，点 Q の座標は

$$(t,\ t^2+2t-8)$$

よって

$$l=AP+PQ$$
$$=\{t-(-4)\}+\{0-(t^2+2t-8)\}$$
$$=^{エ}\mathbf{-}t^2-t+^{オカ}\mathbf{12}$$
$$=-\left(t+\frac{1}{2}\right)^2+\frac{49}{4}$$

ゆえに，$-4<t<2$ において，l は

$$t=\frac{^{キク}\mathbf{-1}}{^{ケ}\mathbf{2}}\ のとき最大値\ \frac{^{コサ}\mathbf{49}}{^{シ}\mathbf{4}}$$

をとる。

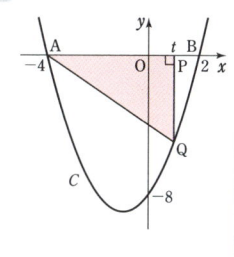

← C と x 軸の交点の x 座標を求める。

← 点 P は点 A，B 上にはない。

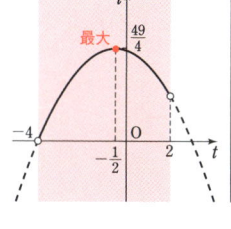

← **CHART**　まず平方完成

← **CHART**
グラフ利用
頂点と端点に注目

13 定義域に制限がある場合の最大・最小　　目安 15 分

2 次関数 $y=x^2-2x$ …… ① について考える。

a を定数とし，① のグラフを x 軸に関して対称移動した後，x 軸方向に a，y 軸方向に $4a$ だけ平行移動したグラフを G とする。

このとき，G を表す 2 次関数は $y=-x^2+\boxed{ア}(a+\boxed{イ})x-a^2+\boxed{ウ}a$ である。よって，G と y 軸の交点の y 座標は，$a=\boxed{エ}$ のとき最大値 $\boxed{オ}$ をとる。

$a=\boxed{エ}$ のとき，G と x 軸の交点の x 座標は $\boxed{カ}\pm\sqrt{\boxed{キ}}$ である。

$\boxed{カ}-\sqrt{\boxed{キ}}\leqq x\leqq\boxed{カ}+\sqrt{\boxed{キ}}$ における 2 次関数 ① の最大値は

$\boxed{ク}+\boxed{ケ}\sqrt{\boxed{コ}}$，最小値は $\boxed{サシ}$ である。

14 図形と最大・最小　　目安 15 分

a は $0<a<2$ を満たす定数とする。$0<t\leqq a$ のとき，O を原点とする座標平面上に 2 点 P$(t,\ 0)$，Q$(0,\ 2-t)$ をとる。次に，点 P を通る傾き 1 の直線上の点で，その x 座標が a であるような点 R をとる。点 Q，R を通る直線の傾きは

$\dfrac{a-\boxed{ア}}{a}$ である。線分 QR 上の点でその x 座標が $\dfrac{t}{2}$ であるものを T とすれば，

T の y 座標は $\boxed{イ}-\dfrac{a+\boxed{ウ}}{\boxed{エ}a}t$ である。

y 軸上に点 H$\left(0,\ \boxed{イ}-\dfrac{a+\boxed{ウ}}{\boxed{エ}a}t\right)$ をとる。

台形 OPTH の面積を S とすれば $S=\dfrac{\boxed{オ}}{\boxed{カ}}t\left(\boxed{イ}-\dfrac{a+\boxed{ウ}}{\boxed{エ}a}t\right)$ である。

$a=1$ とする。$0<t\leqq 1$ において，S は $t=\dfrac{\boxed{キ}}{\boxed{ク}}$ で最大値 $\dfrac{\boxed{ケ}}{\boxed{コ}}$ をとり，また

$S\geqq\dfrac{15}{32}$ を満たす t の値の範囲は $\dfrac{\boxed{サ}}{\boxed{シ}}\leqq t\leqq\dfrac{\boxed{ス}}{\boxed{セ}}$ である。

9 日目 2次関数とグラフ (3)

例題 14　係数に文字を含む2次関数の最大・最小

目安15分

x の2次関数 $y=x^2-2ax+1$ の $0 \leqq x \leqq 2$ における最小値は

$a<0$ のとき　　　　　$\boxed{ア}$,

$0 \leqq a \leqq 2$ のとき　　$\boxed{イ}\,a^{\boxed{ウ}}+\boxed{エ}$,

$2<a$ のとき　　　　　$\boxed{オ}-\boxed{カ}\,a$

である。

第2章

例題 15　定義域に文字を含む2次関数の最大・最小

目安15分

x の2次関数 $y=x^2-4x+5$ の $0 \leqq x \leqq 2a\ (a \geqq 0)$ における最大値は

$0 \leqq a \leqq \boxed{ア}$ のとき　　　$\boxed{イ}$,

$\boxed{ア}<a$ のとき　　　　$\boxed{ウ}\,a^2-\boxed{エ}\,a+\boxed{オ}$

である。

CHART 9　2次関数の最大・最小

グラフ利用　頂点と端点に注目

▶文字がある場合

軸と区間の位置関係で場合分け

グラフが下に凸のとき, 場合分けの方針は

最大値 …… 軸が　区間の　**中央より左, 中央, 中央より右**

最小値 …… 軸が　区間の　**左外, 内, 右外**

とすればよい。グラフが上に凸のときは, 最大と最小が入れ替わる。

解 答 （ア）1 （イ）－ （ウ）2 （エ）1 （オ）5 （カ）4

解説

$$y=x^2-2ax+1$$
$$=x^2-2ax+a^2-a^2+1$$
$$=(x-a)^2-a^2+1$$

◀ CHART まず平方完成

よって，軸は直線 $x=a$ である。

[1] $a<0$ のとき

グラフは右のようになるから，
$x=0$ で最小となり，
最小値は
$$0^2-2a\cdot0+1={}^{\text{ア}}1$$

◀ CHART グラフ利用
◀ 軸が**区間の左外**にある。

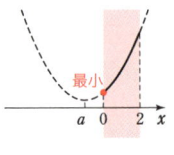

[2] $0\leqq a\leqq2$ のとき

グラフは右のようになるから，
$x=a$ で最小となり，
最小値は，頂点の y 座標で
$$^{\text{イ}}-a^{\text{ウ}2}+{}^{\text{エ}}1$$

◀ 軸が**区間内**にある。

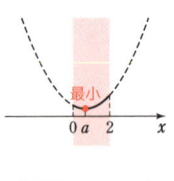

[3] $2<a$ のとき

グラフは右のようになるから，
$x=2$ で最小となり，
最小値は
$$2^2-2a\cdot2+1={}^{\text{オ}}5-{}^{\text{カ}}4a$$

◀ 軸が**区間の右外**にある。

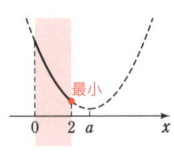

> **N**OTE 最小値となるのは，**頂点**か**区間の端**，いずれかの y 座標である。すなわち，
> $y=f(x)=x^2-2ax+1$ とすると，
> $$f(a)=-a^2+1,\ f(0)=1,\ f(2)=5-4a$$
> のいずれかが最小値であり，**空欄の形から**グラフをかかずとも求めることができる。ただし，a の場合分けの境界も求める必要があるときは，**軸と区間の位置関係を考えなければならない**ので，注意が必要である。

解　答　（ア）2　（イ）5　（ウ）4　（エ）8　（オ）5

解説

$$y = x^2 - 4x + 5$$
$$= (x-2)^2 + 1$$

よって，軸は直線 $x = 2$ である。

区間 $0 \leqq x \leqq 2a$ の中央は　a

[1]　$0 \leqq a \leqq {}^{\mathcal{P}}\mathbf{2}$ のとき

　グラフは右のようになるから，

　$x = 0$ のとき最大となり，

　最大値は

　　$0^2 - 4 \cdot 0 + 5 = {}^{\mathcal{I}}\mathbf{5}$

[2]　$2 < a$ のとき

　グラフは右のようになるから，

　$x = 2a$ のとき最大となり，

　最大値は

　　$(2a)^2 - 4 \cdot 2a + 5$

　　　　$= {}^{\mathcal{\dot{\mathcal{P}}}}\mathbf{4}a^2 - {}^{\mathcal{I}}\mathbf{8}a + {}^{\mathcal{\mathcal{\dot{\mathcal{T}}}}}\mathbf{5}$

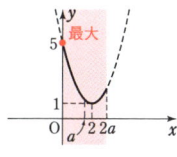

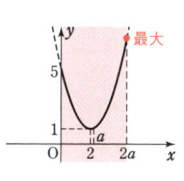

◆ CHART　まず平方完成

◆ CHART　グラフ利用

◆ 軸が **区間の中央**，または **中央より右** にある。
　$a \leqq 2$ かつ $a \geqq 0$
　$\longrightarrow 0 \leqq a \leqq 2$
　$a = 2$ のときは，$x = 0$, 4 で最大値 5 をとる。

◆ 軸が **区間の中央より左** にある。

NOTE　区間 $0 \leqq x \leqq 2a$ における最小値は，次のようになる。

[1]　$2a < 2$ すなわち $0 \leqq a < 1$ のとき

　グラフは右のようになる　から，$x = 2a$ のとき最小　となり，最小値は

　　$4a^2 - 8a + 5$

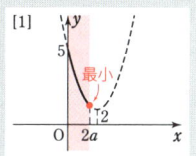

◆ 軸が **区間の右外** にある。

[2]　$2a \geqq 2$ すなわち $a \geqq 1$ のとき

　グラフは右のようになる　から，$x = 2$ のとき最小と　なり，最小値は　1

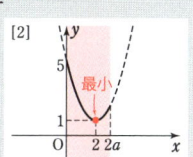

◆ 軸が **区間内** にある。

演 習 問 題

15 係数に文字を含む 2 次関数の最大・最小

目安 15 分

2 次関数 $y=x^2+2(a-1)x$ …… ① のグラフを C とする。

C は頂点の座標が ($\boxed{ア}a+\boxed{イ}$, $\boxed{ウ}(a-\boxed{エ})^2$) の放物線である。

2 次関数 ① の $-1 \leq x \leq 1$ における最小値について考える。

最小値が $\boxed{ウ}(a-\boxed{エ})^2$ となる a の範囲は $\boxed{オ} \leq a \leq \boxed{カ}$ である。

また，$a > \boxed{カ}$ ならば，最小値は $\boxed{キク}a+\boxed{ケ}$

$\qquad a < \boxed{オ}$ ならば，最小値は $\boxed{コ}a-\boxed{サ}$ である。

この最小値を a の関数と考えたとき，それが最大となるのは $a=\boxed{シ}$ のときである。

16 定義域に文字を含む 2 次関数の最大・最小

目安 15 分

x の 2 次関数 $y=-x^2+8x+10$ の $a \leq x \leq a+3$ における最大値を M，最小値を m とする。

(1) $M=26$ となる a の範囲は $\boxed{ア} \leq a \leq \boxed{イ}$ である。また，$a < \boxed{ア}$ のとき，$M=-a^2+\boxed{ウ}a+\boxed{エオ}$ である。

(2) $x=a$ と $x=a+3$ のときの y の値が一致するのは $a=\dfrac{\boxed{カ}}{\boxed{キ}}$ のときで，この

とき $m=\dfrac{\boxed{クケ}}{\boxed{コ}}$ である。また，$a > \dfrac{\boxed{カ}}{\boxed{キ}}$ のとき $m=-a^2+\boxed{サ}a+\boxed{シス}$ である。

10 日目 2次関数とグラフ (4)

例題 16 放物線が x 軸から切り取る線分の長さ　　目安15分

x の2次関数 $y=x^2+2px+3p^2-4p-6$ のグラフが x 軸と異なる2点で交わるときの実数 p の値の範囲は $\boxed{\text{アイ}}<p<\boxed{\text{ウ}}$ である。

また，このグラフが x 軸から切り取る線分の長さが4となるとき，

$p=\boxed{\text{エ}}\pm\sqrt{\boxed{\text{オ}}}$ である。

例題 17 放物線と x 軸の共有点の位置　　目安15分

放物線 $y=x^2-ax+a^2-3a$ が x 軸と異なる2つの共有点をもつときの定数 a の値の範囲は $\boxed{\text{ア}}<a<\boxed{\text{イ}}$ である。

また，その2つの共有点の x 座標がともに正であるときの a の値の範囲は

$\boxed{\text{ウ}}<a<\boxed{\text{エ}}$ である。

CHART 10

▶放物線が x 軸と A$(\alpha,\ 0)$, B$(\beta,\ 0)$ $(\alpha<\beta)$ で交わる

$\longrightarrow$ **AB$=\beta-\alpha$**

「グラフが x 軸から切り取る線分の長さ」とは，グラフが x 軸と異なる2点 A，B で交わるときの線分 AB の長さのことである。

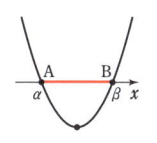

▶放物線と x 軸の共有点の位置　　**グラフ利用**

　1. 判別式　2. 軸の位置　3. 区間の端の y 座標　に着目

$D>0 \iff$ 異なる2点で交わる

$D=0 \iff$ 1点で接する ⎱ $D\geqq0 \iff$ 共有点をもつ

$D<0 \iff$ 共有点をもたない

解　答　（アイ）-1　（ウ）3　（エ）$\pm\sqrt{（オ）}$　$1\pm\sqrt{2}$

解説

$x^2+2px+3p^2-4p-6=0$ の判別式を D とすると

$$\frac{D}{4}=p^2-(3p^2-4p-6)=-2p^2+4p+6$$

　　$\Leftarrow$ $b=2b'$ のとき

　　$\dfrac{D}{4}=b'^2-ac$

x 軸と異なる 2 点で交わるから　　　$D>0$

すなわち　　　　　$-2p^2+4p+6>0$

　　$\Leftarrow 2(p^2-2p-3)<0$

よって　　　　　　$2(p+1)(p-3)<0$

ゆえに　　　　　$_{アイ}\!-\!1<p<_{ウ}3$

また，$x^2+2px+3p^2-4p-6=0$ を解くと

　　$\Leftarrow$ 交点の x 座標は 2 次方程式の解。

$x=-p\pm\sqrt{-2p^2+4p+6}$ であるから，x 軸との交点の座標は

　　$(-p-\sqrt{-2p^2+4p+6}, \ 0), \ (-p+\sqrt{-2p^2+4p+6}, \ 0)$

よって，グラフが x 軸から切り取る線分の長さは

$-p+\sqrt{-2p^2+4p+6}-(-p-\sqrt{-2p^2+4p+6})$

$=2\sqrt{-2p^2+4p+6}$

　　$\Leftarrow \alpha=-p-\sqrt{-2p^2+4p+6}$

　　$\beta=-p+\sqrt{-2p^2+4p+6}$

　　として，線分の長さは

　　$\beta-\alpha$

これが 4 に等しいから　　　$2\sqrt{-2p^2+4p+6}=4$

両辺を 2 乗して　　　　　　$4(-2p^2+4p+6)=16$

すなわち　　　　　$p^2-2p-1=0$

ゆえに　　　　　$p=_{エ}1\pm\sqrt{_{オ}2}$

これは $-1<p<3$ を満たす。

Note　大学入学共通テストでは，限られた計算スペースで素早い計算が必要とされる。この問題の後半で，交点の座標に現れる $-p+\sqrt{-2p^2+4p+6}$ などの同じような値を，何回も書くのは時間のロスとなり，また途中での転記ミスも怖い。

ここでは，$\sqrt{}$ の中の式は $\dfrac{D}{4}$ であるから，$-p+\sqrt{-2p^2+4p+6}$ の代わり

に $-p+\sqrt{\dfrac{D}{4}}$ と書けば，切り取る線分の長さは

$-p+\sqrt{\dfrac{D}{4}}-\left(-p-\sqrt{\dfrac{D}{4}}\right)=2\sqrt{\dfrac{D}{4}}$ とすっきり書け，時間もかからない。

解　答　（ア）0　（イ）4　（ウ）3　（エ）4

解説

$x^2-ax+a^2-3a=0$ の判別式を D とすると，異なる2つの共有点をもつとき　　$D>0$

すなわち　　　　$D=(-a)^2-4\cdot1\cdot(a^2-3a)>0$

よって　　　　　$-3a(a-4)>0$

ゆえに　　　　　$a(a-4)<0$

したがって　　ア$0<a<$イ4

また，$f(x)=x^2-ax+a^2-3a$ とすると

$$f(x)=x^2-ax+\left(\frac{a}{2}\right)^2-\left(\frac{a}{2}\right)^2+a^2-3a$$

$$=\left(x-\frac{a}{2}\right)^2+\frac{3}{4}a^2-3a$$

← CHART　まず平方完成

よって，軸の方程式は　　$x=\dfrac{a}{2}$

2つの共有点の x 座標がともに正であるための条件は，右の図から

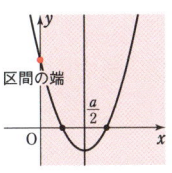

← CHART　グラフ利用

　$D>0$ かつ $\dfrac{a}{2}>0$ かつ $f(0)>0$

← 1. 判別式　2. 軸の位置
3. 区間の端の y 座標
　に着目

$D>0$ から　　　　$0<a<4$　……①

$\dfrac{a}{2}>0$ から　　　$a>0$　……②

$f(0)>0$ から　　$a^2-3a>0$　すなわち　　$a(a-3)>0$

ゆえに　　　　　$a<0,\ 3<a$　……③

①かつ②かつ③から

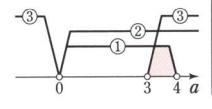

　　　　ウ$3<a<$エ4

← CHART　数直線を利用
①，②，③の共通範囲を
求める。

演 習 問 題

17 放物線が x 軸から切り取る線分の長さ

目安 15 分

2 次関数 $y=\dfrac{9}{4}x^2+ax+b$ のグラフを C とし，C が 2 点 $(0,\ 4)$ と $(2,\ k)$ を通る

とする。このとき，$a=\dfrac{k-\boxed{\text{アイ}}}{\boxed{\text{ウ}}}$，$b=\boxed{\text{エ}}$ である。

グラフ C が x 軸と 2 点 A，B で交わり，線分 AB の長さが 2 以上となる k の値の範囲は $k\leqq\boxed{\text{オカ}}$，$\boxed{\text{キク}}\leqq k$ である。

18 放物線と x 軸の共有点の位置

目安 15 分

a を定数とし，2 次関数 $y=2x^2-ax+a-1$ のグラフを C とする。

(1) グラフ C の頂点の座標は $\left(\dfrac{a}{\boxed{\text{ア}}},\ \dfrac{\boxed{\text{イ}}a^2+\boxed{\text{ウ}}a-8}{\boxed{\text{エ}}}\right)$ である。

(2) グラフ C が，x 軸の $-1<x<1$ の部分と，異なる 2 点で交わるための a の値の範囲は $-\dfrac{\boxed{\text{オ}}}{\boxed{\text{カ}}}<a<\boxed{\text{キ}}-\boxed{\text{ク}}\sqrt{2}$ である。

11日目 2 次 方 程 式

例題 18　2次方程式の解

目安10分

x の 2 次方程式 $9x^2+6x+k+3=0$ が異なる 2 つの実数解をもつとき，k の値の範囲は $k<\boxed{アイ}$ である。また，この 2 次方程式が重解をもつとき，その重解は $x=\dfrac{\boxed{ウエ}}{\boxed{オ}}$ である。

例題 19　2次方程式の解と式の値

目安15分

2 次方程式 $2x^2-7x+1=0$ の解を $\alpha,\ \beta\ (\alpha>\beta)$ とする。

このとき，$\alpha=\dfrac{\boxed{ア}+\sqrt{\boxed{イウ}}}{\boxed{エ}}$，$\beta=\dfrac{\boxed{ア}-\sqrt{\boxed{イウ}}}{\boxed{エ}}$ である。

また，$\alpha+\beta=\dfrac{\boxed{オ}}{\boxed{カ}}$，$\alpha\beta=\dfrac{\boxed{キ}}{\boxed{ク}}$ であるから

$$\alpha^2+\beta^2=\dfrac{\boxed{ケコ}}{\boxed{サ}},\quad \dfrac{1}{\alpha^2}+\dfrac{1}{\beta^2}=\boxed{シス}\ \text{である。}$$

次に，α の整数部分を a，小数部分を b とすると

$$a+8\Big(b^2+\dfrac{1}{b^2}\Big)=\boxed{セソ}\ \text{である。}$$

CHART 11　2次方程式

2 次方程式 $ax^2+bx+c=0$ の実数解の個数と判別式 $D=b^2-4ac$ の符号の関係

異なる 2 つの実数解をもつ $\Longleftrightarrow D>0$ ⎫ 実数解をもつ
重解をもつ $\Longleftrightarrow D=0$ ⎭ $\Longleftrightarrow D\geqq0$
実数解をもたない $\Longleftrightarrow D<0$

$b=2b'$ のとき，$\dfrac{D}{4}=b'^2-ac$ の符号について，同様に考える。

解答 （アイ）-2　$\dfrac{（ウエ）}{（オ）}$　$\dfrac{-1}{3}$

解説

2次方程式の判別式を D とすると

$$\frac{D}{4}=3^2-9(k+3)=-9k-18$$

異なる2つの実数解をもつとき　　$D>0$

すなわち　　　　　$-9k-18>0$

よって　　　　　　$k<{}^{アイ}-2$

また，重解をもつとき　$D=0$

すなわち　　　　　$-9k-18=0$

よって　　　　　　$k=-2$

このとき，方程式は

$$9x^2+6x+1=0\quad すなわち\quad (3x+1)^2=0$$

よって，重解は　　$x=\dfrac{{}^{ウエ}-1}{{}^{オ}3}$

◆ $b=2b'$ のとき
$$\dfrac{D}{4}=b'^2-ac$$

◆ $-9k>18$ から　$k<-2$

◆ 重解をもつから，
$(\ \ )^2=0$ の形に因数分解
される。

NOTE　2次方程式 $ax^2+bx+c=0$ が重解をもつとき，その重解は

$$x=-\frac{b}{2a}$$

〔証明〕　$ax^2+bx+c=0$ の解は　　　$x=\dfrac{-b\pm\sqrt{b^2-4ac}}{2a}$　……　①

$ax^2+bx+c=0$ の判別式を D とすると　　$D=b^2-4ac$

重解をもつとき $D=0$ であるから　　　　$b^2-4ac=0$

これを ① に代入すると　　$x=-\dfrac{b}{2a}$

この問題では，$9x^2+6x+k+3=0$ が重解をもつとき，k の値を求めなくても重解を $x=-\dfrac{6}{2\cdot9}=\dfrac{{}^{ウエ}-1}{{}^{オ}3}$ と求めることができる。

解答　$\dfrac{(ア)+\sqrt{(イウ)}}{(エ)}$　$\dfrac{7+\sqrt{41}}{4}$　$\dfrac{(オ)}{(カ)}$　$\dfrac{7}{2}$　$\dfrac{(キ)}{(ク)}$　$\dfrac{1}{2}$　$\dfrac{(ケコ)}{(サ)}$　$\dfrac{45}{4}$

（シス）45　（セソ）69

解説

$2x^2-7x+1=0$ から

$$x=\frac{-(-7)\pm\sqrt{(-7)^2-4\cdot2\cdot1}}{2\cdot2}=\frac{{}^{ア}7\pm\sqrt{{}^{イウ}41}}{{}^{エ}4}$$

◀ 解の公式。

$\alpha>\beta$ であるから　$\alpha=\dfrac{7+\sqrt{41}}{4}$,　$\beta=\dfrac{7-\sqrt{41}}{4}$

このとき　$\alpha+\beta=\dfrac{7+\sqrt{41}}{4}+\dfrac{7-\sqrt{41}}{4}=\dfrac{{}^{オ}7}{{}^{カ}2}$

$\alpha\beta=\dfrac{7+\sqrt{41}}{4}\cdot\dfrac{7-\sqrt{41}}{4}=\dfrac{7^2-(\sqrt{41})^2}{4^2}=\dfrac{{}^{キ}1}{{}^{ク}2}$

よって　$\alpha^2+\beta^2=(\alpha+\beta)^2-2\alpha\beta=\left(\dfrac{7}{2}\right)^2-2\cdot\dfrac{1}{2}=\dfrac{{}^{ケコ}45}{{}^{サ}4}$

◀ **CHART** 対称式
基本対称式で表す

$\dfrac{1}{\alpha^2}+\dfrac{1}{\beta^2}=\dfrac{\alpha^2+\beta^2}{\alpha^2\beta^2}=\dfrac{\dfrac{45}{4}}{\left(\dfrac{1}{2}\right)^2}={}^{シス}45$

◀ 通分。

また，$6<\sqrt{41}<7$ から　$\dfrac{13}{4}<\dfrac{7+\sqrt{41}}{4}<\dfrac{7}{2}$

ゆえに　$3\leqq\dfrac{7+\sqrt{41}}{4}<4$

◀ 各辺に 7 を加え，各辺を 4 で割って $\dfrac{7+\sqrt{41}}{4}$ を作り出す。

よって　$a=3$,　$b=\dfrac{7+\sqrt{41}}{4}-3=\dfrac{-5+\sqrt{41}}{4}$

また　$\dfrac{1}{b}=\dfrac{4}{\sqrt{41}-5}=\dfrac{4(\sqrt{41}+5)}{(\sqrt{41}-5)(\sqrt{41}+5)}=\dfrac{5+\sqrt{41}}{4}$

◀ 分母の有理化。

ゆえに　$b^2+\dfrac{1}{b^2}=\left(b+\dfrac{1}{b}\right)^2-2$

◀ $x^2+y^2=(x+y)^2-2xy$

$$=\left(\dfrac{-5+\sqrt{41}}{4}+\dfrac{5+\sqrt{41}}{4}\right)^2-2$$

$$=\dfrac{41}{4}-2=\dfrac{33}{4}$$

したがって　$a+8\left(b^2+\dfrac{1}{b^2}\right)=3+8\cdot\dfrac{33}{4}={}^{セソ}69$

19 2次方程式の解

2次方程式 $(a-1)x^2-(2a-1)x+a-2=0$ …… ① について考える。

(1) $a=4$ のとき，① の解は $x=\dfrac{\boxed{ア}}{\boxed{イ}}$，$\boxed{ウ}$ である。

(2) 2次方程式 ① の実数解の個数は

$$a<\dfrac{\boxed{エ}}{\boxed{オ}} \text{ のとき } \boxed{カ} \text{ 個,}$$

$$a=\dfrac{\boxed{エ}}{\boxed{オ}} \text{ のとき } \boxed{キ} \text{ 個,}$$

$$\dfrac{\boxed{エ}}{\boxed{オ}}<a<\boxed{ク}, \boxed{ク}<a \text{ のとき } \boxed{ケ} \text{ 個}$$

である。

(3) 2次方程式 ① の実数解が1個のとき，その解は $x=\boxed{コサ}$ である。

20 2次方程式の解と式の値，大小比較

2次方程式 $2x^2-6x+1=0$ の解を α, β $(\alpha<\beta)$ とする。

(1) $\alpha=\dfrac{\boxed{ア}-\sqrt{\boxed{イ}}}{2}$，$\beta=\dfrac{\boxed{ア}+\sqrt{\boxed{イ}}}{2}$ である。

不等式 $\alpha<x<\beta$ を満たす整数 x の個数は $\boxed{ウ}$ 個である。

(2) $2\alpha^2+1=\boxed{エ}\alpha$ であるから，$\alpha+\dfrac{1}{2\alpha}=\boxed{オ}$ である。

したがって，$\alpha^2+\dfrac{1}{4\alpha^2}=\boxed{カ}$ である。

(3) 次の ⓪ ～ ③ の数のうち最も小さいものは $\boxed{キ}$ である。

⓪ $\dfrac{\boxed{ア}-\sqrt{\boxed{イ}}}{2}$　　　① $\dfrac{\boxed{ア}+\sqrt{\boxed{イ}}}{2}$

② $\dfrac{1}{\boxed{エ}}$　　　③ $\dfrac{1}{\boxed{オ}}$

12 日目 2 次 不 等 式

例題 20　2次不等式の解

目安15分

(1)　2つの2次不等式 $6x^2+x-15>0$ ……① , $x^2+8x-1<0$ ……② がある。

①の解は $x<\dfrac{\boxed{アイ}}{\boxed{ウ}}$, $\dfrac{\boxed{エ}}{\boxed{オ}}<x$ であり，②の解は

$\boxed{カキ}-\sqrt{\boxed{クケ}}<x<\boxed{カキ}+\sqrt{\boxed{クケ}}$ であるから，①，②を同時に満たす整数 x の値は $\boxed{コ}$ 個ある。

(2)　2次不等式 $x^2-x+3>0$ の解は $\boxed{サ}$ 。ただし，$\boxed{サ}$ は以下の⓪，①から正しいものを選べ。

　　⓪　ない　　　　　　　　　　①　すべての実数

例題 21　係数に文字を含む2次不等式

目安15分

$a\neq1$ として，次の2つの2次不等式を考える。

$$x^2+x-6<0 \quad ……① , \quad x^2-(a+3)x-2a(a-3)>0 \quad ……②$$

(1)　2次不等式②の解は

$a>\boxed{ア}$ のとき　$x<\boxed{イ}a+\boxed{ウ}$, $\boxed{エ}a<x$　であり，

$a<\boxed{ア}$ のとき　$x<\boxed{エ}a$, $\boxed{イ}a+\boxed{ウ}<x$　である。

(2)　①と②を同時に満たす x が存在しないのは，$a\leq\dfrac{\boxed{オカ}}{\boxed{キ}}$ または $\boxed{ク}\leq a$ のときである。

CHART 12　2次不等式

まず =0 の2次方程式を解く

$a>0$ の2次方程式 $ax^2+bx+c=0$ が異なる2つの実数解 α, β $(\alpha<\beta)$ をもつとき

　　$ax^2+bx+c>0$ $(\geqq0)$ の解は　$x<\alpha$, $\beta<x$ $(x\leqq\alpha,\ \beta\leqq x)$
　　$ax^2+bx+c<0$ $(\leqq0)$ の解は　$\alpha<x<\beta$ $(\alpha\leqq x\leqq\beta)$

不等式の左辺が因数分解できるとき

　　$(x-\alpha)(x-\beta)>0$ $(\geqq0)$ の解は　$x<\alpha$, $\beta<x$ $(x\leqq\alpha,\ \beta\leqq x)$
　　$(x-\alpha)(x-\beta)<0$ $(\leqq0)$ の解は　$\alpha<x<\beta$ $(\alpha\leqq x\leqq\beta)$

グラフでイメージをつかむ

例題 **20** 解答・解説

解 答	$\dfrac{(アイ)}{(ウ)}$ $\dfrac{-5}{3}$ $\dfrac{(エ)}{(オ)}$ $\dfrac{3}{2}$ $(カキ)-\sqrt{(クケ)}$ $-4-\sqrt{17}$ $(コ)$ 7 $(サ)$ ①

解説

(1) $6x^2+x-15>0$ から $(2x-3)(3x+5)>0$

よって，① の解は $x<\dfrac{^{アイ}-5}{^{ウ}3}$, $\dfrac{^{エ}3}{^{オ}2}<x$

$x^2+8x-1<0$ について，方程式 $x^2+8x-1=0$ を解くと
$x=-4\pm\sqrt{17}$

よって，② の解は
$^{カキ}-4-\sqrt{^{クケ}17}<x<-4+\sqrt{17}$

①，② を同時に満たす x は，右の
数直線から
$-4-\sqrt{17}<x<-\dfrac{5}{3}$

したがって，整数であるものは
-8, -7, ……, -3, -2 の $^{コ}7$ 個

〔参考〕 $6x^2+x-15>0$
の解は，放物線
$y=6x^2+x-15$ が x 軸
の上側にある x の値の
範囲である。

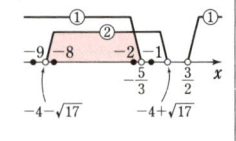

(2) $x^2-x+3=\left(x-\dfrac{1}{2}\right)^2+\dfrac{11}{4}$ である
から，$y=x^2-x+3$ のグラフは右の
ようになり，常に $y>0$ である。
よって，$x^2-x+3>0$ の解は
すべての実数　すなわち ^{サ}①

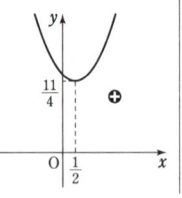

← 左辺を因数分解。
← $(x-\alpha)(x-\beta)>0$ の解は $x<\alpha$, $\beta<x$
← $(x-\alpha)(x-\beta)<0$ の解は $\alpha<x<\beta$
$[\alpha=-4-\sqrt{17},$ $\beta=-4+\sqrt{17}$ とすると，$x^2+8x-1=(x-\alpha)(x-\beta)]$
← **CHART** 数直線を利用
← $4<\sqrt{17}<5$ から $-9<-4-\sqrt{17}<-8$
← **CHART** グラフでイメージをつかむ
← **CHART** グラフでイメージをつかむ
← グラフが x 軸と2交点をもたないときは必ずグラフをかく。

NOTE (2)では，実際は頂点の座標を求める必要はなく，「グラフが x 軸の上側にある」ことのみがわかればよい。具体的には，2次の係数1が正であることと，方程式 $x^2-x+3=0$ の判別式 D について $D=(-1)^2-4\cdot1\cdot3=-11<0$ を確かめればよい。

解　答　(ア) 1　(イ) －　(ウ) 3　(エ) 2　$\dfrac{(オカ)}{(キ)}$ $\dfrac{-3}{2}$　(ク) 6

解説

(1)　② から　　$(x-2a)\{x+(a-3)\}>0$

  [1]　$-a+3<2a$ すなわち $a>{}^{ア}1$ のとき

    ② の解は　　$x<{}^{イ}-a+{}^{ウ}3,\ {}^{エ}2a<x$

  [2]　$2a<-a+3$ すなわち $a<1$ のとき

    ② の解は　　$x<2a,\ -a+3<x$

(2)　① から　　$(x+3)(x-2)<0$　すなわち　$-3<x<2$

  よって，①，② を同時に満たす x が存在しないのは，次の 2 つの場合である。

  [1]　$a>1$ のとき

    右の数直線から

      $-a+3\leqq-3$ かつ $2\leqq2a$

    すなわち　$a\geqq6$ かつ $a\geqq1$

    よって　　$a\geqq6$

    $a\geqq6$ かつ $a>1$ から　　$a\geqq6$

  [2]　$a<1$ のとき

    右の数直線から

      $2a\leqq-3$ かつ $2\leqq-a+3$

    すなわち　$a\leqq-\dfrac{3}{2}$ かつ $a\leqq1$

    よって　　$a\leqq-\dfrac{3}{2}$

    $a\leqq-\dfrac{3}{2}$ かつ $a<1$ から　　$a\leqq-\dfrac{3}{2}$

  [1], [2] から　　$a\leqq\dfrac{{}^{オカ}-3}{{}^{キ}2}$ または ${}^{ク}6\leqq a$

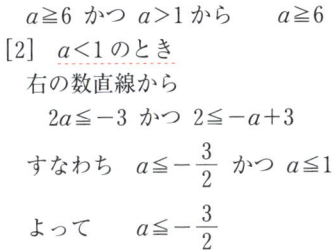

⬅ $(x-\alpha)(x-\beta)>0\ (\alpha<\beta)$ の解は

    $x<\alpha,\ \beta<x$

よって，α と β ($2a$ と $-a+3$) の **大小で場合分け** する。

$2a=-a+3$ のときは $a=1$ であるが問題文から $a\neq1$ である。

⬅ (1)の場合分けを利用する。

CHART　数直線を利用

⬅ 出てきた解 $a\geqq6$ と **場合分けの条件** $a>1$ の **共通部分** を考える。

⬅ [1], [2] を合わせた範囲。

演 習 問 題

21 2次不等式の解

目安15分

(1) 2つの2次不等式 $x^2-x-12<0$ …… ①, $x^2-6x+1\geqq0$ …… ② がある。

①の解は $\boxed{アイ}<x<\boxed{ウ}$ であり, ②の解は

$$x\leqq\boxed{エ}-\boxed{オ}\sqrt{\boxed{カ}}, \quad \boxed{エ}+\boxed{オ}\sqrt{\boxed{カ}}\leqq x$$

であるから, ①, ②を同時に満たす整数 x の値は $\boxed{キ}$ 個あり, そのうち最小のものは $\boxed{クケ}$ である。

(2) 2次方程式 $-x^2+6x-9=0$ の解は $x=\boxed{コ}$ であるから, 2次不等式 $-x^2+6x-9\geqq0$ の解は $\boxed{サ}$。ただし, $\boxed{サ}$ は, 以下の ⓪ ～ ③ から正しいものを選べ。

     ⓪ ない   ① すべての実数   ② $x=\boxed{コ}$

     ③ $x=\boxed{コ}$ 以外のすべての実数

22 係数に文字を含む2次不等式

目安20分

a は正の定数とする。2次不等式 $x^2-(2a+3)x+a^2+3a<0$ …… ①, $x^2+3x-4a^2+6a<0$ …… ② について, ①の解は $a<x<a+\boxed{ア}$ であり, ② は $a\neq\dfrac{\boxed{イ}}{\boxed{ウ}}$ のとき解をもつ。

さらに, a が整数のとき, ①, ②を同時に満たす x が存在するのは $a>\boxed{エ}$ のときである。また, ①, ②を同時に満たす整数 x がただ1つ存在するのは, $a=\boxed{オ}$ のときであり, そのときの整数 x の値は $x=\boxed{カ}$ である。

1回目	2回目
／	／

13日目 図形と計量

例題 22　図形と計量の基本問題

目安20分

(1) $0° \leqq \beta \leqq 180°$ とする。$\tan\beta = -2$ のとき，

$\cos\beta = \dfrac{\boxed{\text{ア}}\sqrt{\boxed{\text{イ}}}}{\boxed{\text{ウ}}}$，$\sin\beta = \dfrac{\boxed{\text{エ}}\sqrt{\boxed{\text{オ}}}}{\boxed{\text{カ}}}$ である。

(2) △ABC において，$AB = 4\sqrt{3}$，$\angle A = 75°$，$\angle B = 45°$ とする。このとき，

$AC = \boxed{\text{キ}}\sqrt{\boxed{\text{ク}}}$，外接円の半径 R は $\boxed{\text{ケ}}$ である。

(3) △ABC において，$AB = 2$，$CA = 3\sqrt{2}$，$\angle A = 45°$ のとき，$BC = \sqrt{\boxed{\text{コサ}}}$ で

ある。また，$\cos\angle ABC = \dfrac{\boxed{\text{シ}}\sqrt{\boxed{\text{スセ}}}}{\boxed{\text{ソタ}}}$ であるから，$\angle ABC$ は $\boxed{\text{チ}}$ である。

ただし，$\boxed{\text{チ}}$ は，以下の⓪～②から正しいものを選べ。

   ⓪　鋭角 ①　直角 ②　鈍角

(4) △ABC において，$BC = 4$，$CA = 5$，$AB = 6$ である。このとき，

$\sin A = \dfrac{\sqrt{\boxed{\text{ツ}}}}{\boxed{\text{テ}}}$ であり，△ABC の面積は $\dfrac{\boxed{\text{トナ}}\sqrt{\boxed{\text{ニ}}}}{\boxed{\text{ヌ}}}$ である。

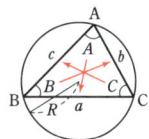
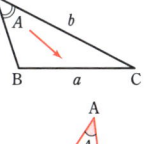
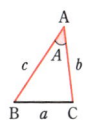

CHART 13

▶三角比の相互関係

$$\sin^2\theta + \cos^2\theta = 1, \quad \tan\theta = \frac{\sin\theta}{\cos\theta}, \quad 1 + \tan^2\theta = \frac{1}{\cos^2\theta}$$

▶正弦定理

$$\frac{a}{\sin A} = \frac{b}{\sin B} = \frac{c}{\sin C} = 2R$$

（R は外接円の半径）

▶余弦定理　$a^2 = b^2 + c^2 - 2bc\cos A,$

$$\cos A = \frac{b^2 + c^2 - a^2}{2bc}$$

（他の角についても同様）

▶ △ABC の面積　$S = \dfrac{1}{2}bc\sin A$

（他の角についても同様）

解答

$$\dfrac{(ア)\sqrt{(イ)}}{(ウ)} \quad \dfrac{-\sqrt{5}}{5} \quad \dfrac{(エ)\sqrt{(オ)}}{(カ)} \quad \dfrac{2\sqrt{5}}{5} \quad (キ)\sqrt{(ク)} \quad 4\sqrt{2}$$

$$(ケ) \quad 4 \quad \sqrt{(コサ)} \quad \sqrt{10} \quad \dfrac{(シ)\sqrt{(スセ)}}{(ソタ)} \quad \dfrac{-\sqrt{10}}{10} \quad (チ) \quad ②$$

$$\dfrac{\sqrt{(ツ)}}{(テ)} \quad \dfrac{\sqrt{7}}{4} \quad \dfrac{(トナ)\sqrt{(ニ)}}{(ヌ)} \quad \dfrac{15\sqrt{7}}{4}$$

解説

(1) $\dfrac{1}{\cos^2\beta}=1+\tan^2\beta=1+(-2)^2=5$ から $\cos^2\beta=\dfrac{1}{5}$

$\tan\beta<0$ より，$90°<\beta<180°$ であるから $\cos\beta<0$

よって $\cos\beta=-\dfrac{1}{\sqrt{5}}=\dfrac{{}^{ア}-\sqrt{{}^{イ}5}}{{}^{ウ}5}$

また $\sin\beta=\tan\beta\cos\beta=-2\times\left(-\dfrac{\sqrt{5}}{5}\right)=\dfrac{{}^{エ}2\sqrt{{}^{オ}5}}{{}^{カ}5}$

$\Leftarrow 1+\tan^2\beta=\dfrac{1}{\cos^2\beta}$

$\Leftarrow 90°<\beta<180°$ のとき $\tan\beta<0,\ \cos\beta<0$

$\Leftarrow \tan\beta=\dfrac{\sin\beta}{\cos\beta}$ から $\sin\beta=\tan\beta\cos\beta$

Note 大学入学共通テストでは，途中式を書く必要がないので，次のような方法も有効である。

直角三角形を利用する方法

三角比の絶対値を **直角三角形の 2 辺の比** と考えると，残りの辺の比は三平方の定理により求められるので，すべての三角比の絶対値は求められる。あとは符号に注意を払えばよい（解答編 p.22 参照）。

(2) $\angle C=180°-(75°+45°)=60°$

よって，正弦定理により

$$\dfrac{AC}{\sin45°}=\dfrac{4\sqrt{3}}{\sin60°}$$

ゆえに $AC=4\sqrt{3}\div\dfrac{\sqrt{3}}{2}\times\dfrac{\sqrt{2}}{2}$

$={}^{キ}4\sqrt{{}^{ク}2}$

また $2R=\dfrac{4\sqrt{3}}{\sin60°}=4\sqrt{3}\div\dfrac{\sqrt{3}}{2}=8$

よって $R=\dfrac{8}{2}={}^{ケ}4$

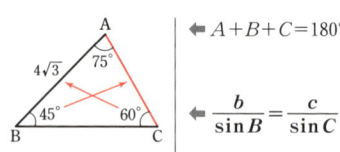

$\Leftarrow A+B+C=180°$

$\Leftarrow \dfrac{b}{\sin B}=\dfrac{c}{\sin C}$

$\Leftarrow 2R=\dfrac{c}{\sin C}$

(3) 余弦定理により
$$BC^2=(3\sqrt{2})^2+2^2-2\cdot3\sqrt{2}\cdot2\cos45°$$
$$=18+4-12\sqrt{2}\cdot\frac{1}{\sqrt{2}}=10$$

← $a^2=b^2+c^2-2bc\cos A$

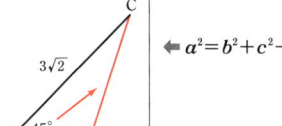

BC>0 であるから
$$BC=\sqrt{\fbox{コサ}10}$$

また
$$\cos\angle ABC=\frac{2^2+(\sqrt{10})^2-(3\sqrt{2})^2}{2\cdot2\cdot\sqrt{10}}$$

← $\cos B=\dfrac{c^2+a^2-b^2}{2ca}$

$$=-\frac{1}{\sqrt{10}}$$
$$=\frac{\fbox{シ}-\sqrt{\fbox{スセ}10}}{\fbox{ソタ}10}$$

$\cos\angle ABC<0$ であるから，$\angle ABC$ は鈍角。
よって　$\fbox{チ}②$

← $90°<\theta<180°$ のとき
$\cos\theta<0$

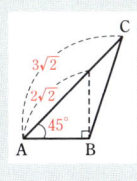
(4) 余弦定理により
$$\cos A=\frac{5^2+6^2-4^2}{2\cdot5\cdot6}=\frac{3}{4}$$

← $\cos A=\dfrac{b^2+c^2-a^2}{2bc}$

ここで
$$\sin^2A=1-\cos^2A$$
$$=1-\left(\frac{3}{4}\right)^2=\frac{7}{16}$$

← $\sin^2A+\cos^2A=1$
符号にも注意。

$0°<A<180°$ であるから　$\sin A>0$

よって　$\sin A=\dfrac{\sqrt{\fbox{ツ}7}}{\fbox{テ}4}$

ゆえに，$\triangle ABC$ の面積は
$$\frac{1}{2}\cdot5\cdot6\sin A=\frac{1}{2}\cdot5\cdot6\cdot\frac{\sqrt{7}}{4}=\frac{\fbox{トナ}15\sqrt{\fbox{ニ}7}}{\fbox{ヌ}4}$$

← $S=\dfrac{1}{2}bc\sin A$
面積は **2辺と間の角から求める** と覚える。

演 習 問 題

23 三角比の相互関係

目安10分

(1) $0° \leqq \alpha \leqq 180°$ で $\sin\alpha = \dfrac{2}{3}$ のとき，

$$\cos\alpha = \dfrac{\sqrt{\boxed{ア}}}{\boxed{イ}}, \quad \tan\alpha = \dfrac{\boxed{ウ}\sqrt{\boxed{エ}}}{\boxed{オ}}$$

または $\cos\alpha = \dfrac{\boxed{カ}\sqrt{\boxed{キ}}}{\boxed{ク}}, \quad \tan\alpha = \dfrac{\boxed{ケコ}\sqrt{\boxed{サ}}}{\boxed{シ}}$ である。

(2) $0° \leqq \beta \leqq 180°$ とする。$\tan\beta = \dfrac{3}{2}$ のとき，$\cos\beta = \dfrac{\boxed{ス}\sqrt{\boxed{セソ}}}{\boxed{タチ}}$，

$\sin\beta = \dfrac{\boxed{ツ}\sqrt{\boxed{テト}}}{\boxed{ナニ}}$ である。

24 正弦定理・余弦定理の基本問題

目安10分

(1) $\triangle ABC$ において，$CA = 2\sqrt{2}$，$\angle B = 45°$，$\angle C = 105°$ とする。
　このとき，$BC = \boxed{ア}$，外接円の半径 R は $\boxed{イ}$ である。

(2) $\triangle ABC$ において，$AB = 7$，$BC = 8$，$\cos\angle ABC = \dfrac{11}{14}$ のとき，$CA = \boxed{ウ}$ で

ある。また，$\cos\angle BCA = \dfrac{\boxed{エ}}{\boxed{オ}}$ であるから，$\angle BCA = \boxed{カキ}°$ である。

(3) $\triangle ABC$ において，$AB = 2\sqrt{2}$，$BC = \sqrt{5}$，$CA = 3$ である。
　このとき，$\sin C = \dfrac{\boxed{ク}\sqrt{\boxed{ケ}}}{\boxed{コ}}$ であり，$\triangle ABC$ の面積は $\boxed{サ}$ である。

14 日目 正弦定理・余弦定理 (1)

例題 23　正弦定理・余弦定理の利用 (1)　　　　目安15分

$\triangle ABC$ において，$AB=3$，$BC=4$，$\tan A=2\sqrt{3}$ である。

このとき，$\cos A=\dfrac{\sqrt{\boxed{\text{アイ}}}}{\boxed{\text{ウエ}}}$，$AC=\sqrt{\boxed{\text{オカ}}}$ であるから $\angle B=\boxed{\text{キク}}^\circ$ であり，

$\triangle ABC$ の外接円の半径を R_1 とすると $R_1=\dfrac{\sqrt{\boxed{\text{ケコ}}}}{\boxed{\text{サ}}}$ である。

また，辺 BC の中点を M とすると $AM=\sqrt{\boxed{\text{シ}}}$ であり，$\triangle ABM$ の外接円の半

径を R_2 とすると $R_2=\dfrac{\sqrt{\boxed{\text{スセ}}}}{\boxed{\text{ソ}}}$ である。

例題 24　正弦定理・余弦定理の利用 (2)　　　　目安15分

$\triangle ABC$ において，$AB=2$，$AC=2\sqrt{3}$，$\cos A=-\dfrac{\sqrt{3}}{3}$ である。

このとき，$BC=\boxed{\text{ア}}\sqrt{\boxed{\text{イ}}}$，$\sin B=\dfrac{\sqrt{\boxed{\text{ウ}}}}{\boxed{\text{エ}}}$ である。

さらに，点 D は辺 BC 上にあり，$\cos\angle BAD=\dfrac{2\sqrt{2}}{3}$ である。

このとき，$AB=\dfrac{2\sqrt{2}}{3}AD+\dfrac{\sqrt{\boxed{\text{オ}}}}{\boxed{\text{カ}}}BD$ であり，また，正弦定理により

$AD=\sqrt{\boxed{\text{キ}}}BD$ となる。

CHART 14　正弦定理・余弦定理

正弦定理・余弦定理を
どの三角形に適用するか を考える

三角形の1辺の長さと2角の大きさ　　　⟶ 正弦定理
2辺の長さとその間の角の大きさ　⟶ 余弦定理
3辺の長さ　　　　　　　　　　　　⟶ 余弦定理

解　答	$\dfrac{\sqrt{(アイ)}}{(ウエ)}$　$\dfrac{\sqrt{13}}{13}$　$\sqrt{(オカ)}$　$\sqrt{13}$　$(キク)$　60　$\dfrac{\sqrt{(ケコ)}}{(サ)}$　$\dfrac{\sqrt{39}}{3}$
	$\sqrt{(シ)}$　$\sqrt{7}$　$\dfrac{\sqrt{(スセ)}}{(ソ)}$　$\dfrac{\sqrt{21}}{3}$

解説

$$\cos^2 A=\frac{1}{1+\tan^2 A}=\frac{1}{13}$$

$\tan A>0$ であるから　　$0°<A<90°$

よって　　$\cos A=\dfrac{1}{\sqrt{13}}=\dfrac{\sqrt{\text{アイ}\,13}}{\text{ウエ}\,13}$

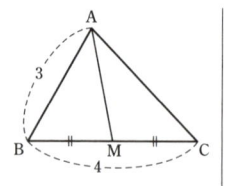

$\triangle ABC$ において，余弦定理により

$$\text{BC}^2=\text{AB}^2+\text{AC}^2-2\text{AB}\cdot\text{AC}\cos A$$

ゆえに　　$4^2=3^2+\text{AC}^2-2\cdot3\cdot\text{AC}\cdot\dfrac{1}{\sqrt{13}}$

よって　　$\sqrt{13}\,\text{AC}^2-6\text{AC}-7\sqrt{13}=0$

すなわち　$(\text{AC}-\sqrt{13})(\sqrt{13}\,\text{AC}+7)=0$

$\text{AC}>0$ であるから　　$\text{AC}=\sqrt{\text{オカ}\,13}$

$$\cos B=\frac{\text{AB}^2+\text{BC}^2-\text{AC}^2}{2\text{AB}\cdot\text{BC}}=\frac{3^2+4^2-(\sqrt{13})^2}{2\cdot3\cdot4}=\frac{1}{2}$$

ゆえに　　$B=\text{キク}\,60°$

$\triangle ABC$ において，正弦定理により　　$\dfrac{\text{AC}}{\sin B}=2R_1$

よって　　$R_1=\dfrac{\sqrt{13}}{2\cdot\dfrac{\sqrt{3}}{2}}=\dfrac{\sqrt{\text{ケコ}\,39}}{\text{サ}\,3}$

また，$\triangle ABM$ において，余弦定理により

$$\text{AM}^2=\text{AB}^2+\text{BM}^2-2\text{AB}\cdot\text{BM}\cos B$$

$$=3^2+2^2-2\cdot3\cdot2\cdot\frac{1}{2}=7$$

$\text{AM}>0$ であるから　　$\text{AM}=\sqrt{\text{シ}\,7}$

$\triangle ABM$ において，正弦定理により　　$\dfrac{\text{AM}}{\sin B}=2R_2$

ゆえに　　$R_2=\dfrac{\sqrt{7}}{2\cdot\dfrac{\sqrt{3}}{2}}=\dfrac{\sqrt{\text{スセ}\,21}}{\text{ソ}\,3}$

◆$0°<A<180°$

◆$0°<A<90°$ のとき
　　$\cos A>0$

◆$\text{AC}=x$ とすると
　　$\sqrt{13}\,x^2-6x-7\sqrt{13}=0$

$$
\begin{array}{c|c|c}
\dfrac{1}{\sqrt{13}} & \times\ -\sqrt{13} & \longrightarrow\ -13 \\
\sqrt{13} & 7 & \longrightarrow\ 7 \\
\hline
\sqrt{13} & -7\sqrt{13} & -6
\end{array}
$$

◆$R_1=\dfrac{\text{AC}}{2\sin B}$

◆(参考)　**中線定理**
　$\text{AB}^2+\text{AC}^2=2(\text{AM}^2+\text{BM}^2)$
　から求めることもできる。

解 答　$(ア)\sqrt{(イ)}$　$2\sqrt{6}$　$\dfrac{\sqrt{(ウ)}}{(エ)}$　$\dfrac{\sqrt{3}}{3}$　$\dfrac{\sqrt{(オ)}}{(カ)}$　$\dfrac{\sqrt{6}}{3}$　$\sqrt{(キ)}$　$\sqrt{3}$

解説

$\triangle ABC$ において，余弦定理により

$$BC^2=2^2+(2\sqrt{3})^2-2\cdot2\cdot2\sqrt{3}\cdot\left(-\frac{\sqrt{3}}{3}\right)=24$$

$\Leftarrow BC^2=AB^2+AC^2$
$\quad -2AB\cdot AC\cos A$

$BC>0$ であるから　　$BC=\sqrt{24}={}^{ア}2\sqrt{{}^{イ}6}$

$\triangle ABC$ において，正弦定理により　　$\dfrac{BC}{\sin A}=\dfrac{AC}{\sin B}$

$\Leftarrow \dfrac{2\sqrt{6}}{\sin A}=\dfrac{2\sqrt{3}}{\sin B}$

よって　　$\sin B=\dfrac{1}{\sqrt{2}}\sin A$　……　①

ここで　　$\sin A=\sqrt{1-\cos^2 A}=\sqrt{1-\left(-\dfrac{\sqrt{3}}{3}\right)^2}=\dfrac{\sqrt{6}}{3}$

$\Leftarrow \sin A>0$

これを ① に代入して　　$\sin B=\dfrac{1}{\sqrt{2}}\cdot\dfrac{\sqrt{6}}{3}=\dfrac{\sqrt{{}^{ウ}3}}{{}^{エ}3}$　……　②

点 D から辺 AB に下ろした垂線を
DH とすると

　　$AB=AH+BH$

　　　　$=AD\cos\angle BAD+BD\cos B$

ここで，$\cos A<0$ であることから，
$\angle A$ は鈍角であり，$\angle B$ は鋭角である。

$\Leftarrow$ **第 1 余弦定理** という。

$\Leftarrow 90°<A<180°$ のとき
$\quad\cos A<0$

よって，② から　　$\cos B=\sqrt{1-\left(\dfrac{\sqrt{3}}{3}\right)^2}=\dfrac{\sqrt{6}}{3}$

$\Leftarrow \cos B>0$

ゆえに　　$AB=\dfrac{2\sqrt{2}}{3}AD+\dfrac{\sqrt{{}^{オ}6}}{{}^{カ}3}BD$

$\Leftarrow AB=AD\cos\angle BAD$
$\qquad +BD\cos B$

また，$\triangle ABD$ において，正弦定理により

$$\frac{AD}{\sin B}=\frac{BD}{\sin\angle BAD}\quad……\ ③$$

ここで　　$\sin\angle BAD=\sqrt{1-\left(\dfrac{2\sqrt{2}}{3}\right)^2}=\dfrac{1}{3}$

$\Leftarrow \cos\angle BAD=\dfrac{2\sqrt{2}}{3}$

よって，③ から

$$AD=\frac{BD}{\sin\angle BAD}\cdot\sin B=3\cdot\frac{\sqrt{3}}{3}BD=\sqrt{{}^{キ}3}\,BD$$

第 **3** 章

演 習 問 題

25 正弦定理・余弦定理の利用 (1) 目安 15 分

三角形 ABC において，AB$=2$，BC$=3$，$\tan A = 3\sqrt{3}$ である。

このとき，$\cos A = \dfrac{\sqrt{\boxed{\text{ア}}}}{\boxed{\text{イウ}}}$，AC$=\sqrt{\boxed{\text{エ}}}$ であるから，$B=\boxed{\text{オカ}}^\circ$ であり，

三角形 ABC の外接円の半径を R_1 とすると $R_1 = \dfrac{\sqrt{\boxed{\text{キク}}}}{\boxed{\text{ケ}}}$ である。

さらに，辺 AC 上に点 D を $\angle ABD = 30^\circ$ となるようにとると

AD$=\dfrac{\boxed{\text{コ}}\sqrt{\boxed{\text{サ}}}}{\boxed{\text{シ}}}$ であり，三角形 ABD の外接円の半径を R_2 とすると

$\dfrac{R_1}{R_2} = \dfrac{\boxed{\text{ス}}\sqrt{\boxed{\text{セ}}}}{\boxed{\text{ソ}}}$ である。

26 正弦定理・余弦定理の利用 (2) 目安 20 分

$\triangle ABC$ において，AB$=2$，BC$=\sqrt{19}$，AC$=3$ とし，$\angle CAB$ の二等分線と辺 BC との交点を D とする。このとき，$\angle CAB = \boxed{\text{アイウ}}^\circ$ であり，

BD$=\dfrac{\boxed{\text{エ}}\sqrt{\boxed{\text{オカ}}}}{\boxed{\text{キ}}}$，CD$=\dfrac{\boxed{\text{ク}}\sqrt{\boxed{\text{ケコ}}}}{\boxed{\text{サ}}}$ である。

AD の延長と $\triangle ABC$ の外接円 O との交点のうち A と異なる方を E とする。このとき，$\angle BEC = \boxed{\text{シス}}^\circ$ である。これより BE$=\sqrt{\boxed{\text{セソ}}}$，DE$=\dfrac{\boxed{\text{タチ}}}{\boxed{\text{ツ}}}$ である。

また，$\triangle BED$ の外接円の中心を O′ とすると O′B$=\dfrac{\boxed{\text{テト}}\sqrt{\boxed{\text{ナ}}}}{\boxed{\text{ニヌ}}}$ であり，

$\tan \angle EBO' = \dfrac{\sqrt{\boxed{\text{ネ}}}}{\boxed{\text{ノハ}}}$ である。

1回目	2回目
／	／

15日目 正弦定理・余弦定理 (2)

例題 25　円に内接する四角形

目安10分

円に内接する四角形 ABCD は AB=2，BC=3，CD=1，∠ABC=60° を満たすとする。このとき，∠CDA=□アイウ□°，AC=$\sqrt{\boxed{エ}}$，AD=□オ□ である。

また，BD=$\dfrac{\boxed{カ}\sqrt{\boxed{キ}}}{\boxed{ク}}$ である。

例題 26　図形の面積比

目安15分

1辺の長さが $\sqrt{7}$ の正三角形 ABC があり，△ABC の外接円の点Bを含まない弧 CA 上に CD=1 となる点Dをとる。また，線分 AC と BD の交点をEとする。

このとき，∠ADC=□アイウ□°，AD=□エ□ であり，△ACD の面積は $\dfrac{\sqrt{\boxed{オ}}}{\boxed{カ}}$，

△ACD の内接円の半径は $\dfrac{\sqrt{\boxed{キ}}\left(\boxed{ク}-\sqrt{\boxed{ケ}}\right)}{\boxed{コ}}$ である。

また，AE：EC=□サ□：1であり，△CDE の面積は $\dfrac{\sqrt{\boxed{シ}}}{\boxed{ス}}$ である。

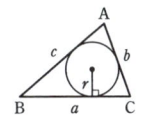

CHART 15

▶円に内接する四角形

対角の和が 180°

対角線の長さは，**余弦定理で2通り**に表す。

▶三角形の内接円と面積

△ABC の面積を S，内接円の半径を r とすると

$$S=\dfrac{1}{2}r(a+b+c)$$

内接円の半径は，面積を利用する。

解　答　（アイウ）120　（エ）7　（オ）2　$\dfrac{(カ)\sqrt{(キ)}}{(ク)}$　$\dfrac{8\sqrt{7}}{7}$

解説

$\angle\mathrm{CDA}+\angle\mathrm{ABC}=180°$ であるから
$$\angle\mathrm{CDA}=180°-60°={}^{アイウ}\mathbf{120}°$$
△ABC において，余弦定理により
$$\mathrm{AC}^2=2^2+3^2-2\cdot2\cdot3\cos60°=7$$
$\mathrm{AC}>0$ であるから　　$\mathrm{AC}=\sqrt{{}^{エ}\mathbf{7}}$
$\mathrm{AD}=x$ とすると，△ACD において，
余弦定理により　　$(\sqrt{7})^2=1^2+x^2-2\cdot1\cdot x\cos120°$
よって　　$x^2+x-6=0$　　すなわち　　$(x-2)(x+3)=0$
$x>0$ であるから　　$x=2$　　ゆえに　　$\mathrm{AD}={}^{オ}\mathbf{2}$
ここで，$\angle\mathrm{BAD}=\theta$ とすると，$\angle\mathrm{BAD}+\angle\mathrm{BCD}=180°$ である
から　　$\angle\mathrm{BCD}=180°-\theta$
△ABD において，余弦定理により
$$\mathrm{BD}^2=2^2+2^2-2\cdot2\cdot2\cos\theta$$
$$=8-8\cos\theta　\cdots\cdots ①$$
△CDB において，余弦定理により
$$\mathrm{BD}^2=3^2+1^2-2\cdot3\cdot1\cdot\cos(180°-\theta)$$
$$=10-6\cos(180°-\theta)$$
$$=10+6\cos\theta　\cdots\cdots ②$$
①，② から　　$8-8\cos\theta=10+6\cos\theta$
よって　　$\cos\theta=-\dfrac{1}{7}$
これと ① から　　$\mathrm{BD}^2=\dfrac{64}{7}$
したがって　　$\mathrm{BD}=\dfrac{{}^{カ}\mathbf{8}\sqrt{{}^{キ}\mathbf{7}}}{{}^{ク}\mathbf{7}}$

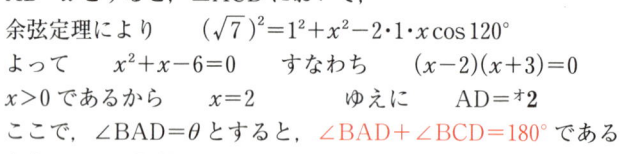

> **N**OTE　トレミーの定理により，
> $\mathrm{AB}\cdot\mathrm{CD}+\mathrm{AD}\cdot\mathrm{BC}=\mathrm{AC}\cdot\mathrm{BD}$ であるから
> $$2\cdot1+2\cdot3=\sqrt{7}\cdot\mathrm{BD}$$
> よって　　$\mathrm{BD}=\dfrac{{}^{カ}\mathbf{8}\sqrt{{}^{キ}\mathbf{7}}}{{}^{ク}\mathbf{7}}$

← **CHART**
対角の和が $180°$

← △ABC に着目。

← $\mathrm{AC}^2=\mathrm{AB}^2+\mathrm{BC}^2$ $-2\mathrm{AB}\cdot\mathrm{BC}\cos\angle\mathrm{ABC}$

← △ACD に着目。

← $\mathrm{AC}^2=\mathrm{CD}^2+\mathrm{AD}^2$ $-2\mathrm{CD}\cdot\mathrm{AD}\cos\angle\mathrm{CDA}$

← **CHART**
対角の和が $180°$

← 対角線の長さを余弦定理で 2 通りに表す。

← $\cos(180°-\theta)=-\cos\theta$

← トレミーの定理
円に内接する四角形 ABCD について
$\mathrm{AB}\cdot\mathrm{CD}+\mathrm{AD}\cdot\mathrm{BC}=\mathrm{AC}\cdot\mathrm{BD}$

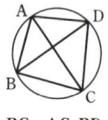

解 答

(アイウ) 120　(エ) 2　$\dfrac{\sqrt{(オ)}}{(カ)}$　$\dfrac{\sqrt{3}}{2}$

$\dfrac{\sqrt{(キ)}((ク)-\sqrt{(ケ)})}{(コ)}$　$\dfrac{\sqrt{3}(3-\sqrt{7})}{2}$　(サ) 2　$\dfrac{\sqrt{(シ)}}{(ス)}$　$\dfrac{\sqrt{3}}{6}$

解説

∠ADC＋∠ABC＝180° であるから

　　∠ADC＝180°－60°＝^{アイウ}**120**°

△ACD において，余弦定理により

$$(\sqrt{7})^2 = AD^2 + 1^2 - 2 \cdot AD \cdot 1 \cdot \left(-\dfrac{1}{2}\right)$$

整理して　AD²＋AD－6＝0

ゆえに　(AD－2)(AD＋3)＝0

AD＞0 であるから　　AD＝^{エ}**2**

よって　　$\triangle ACD = \dfrac{1}{2}AD \cdot CD\sin 120°$

$$= \dfrac{1}{2} \cdot 2 \cdot 1 \cdot \dfrac{\sqrt{3}}{2} = \dfrac{\sqrt{^{オ}3}}{^{カ}2} \quad \cdots\cdots ①$$

内接円の半径を r とすると

$$\triangle ACD = \dfrac{1}{2}(AC+CD+AD)r$$

$$= \dfrac{1}{2}(\sqrt{7}+1+2)r = \dfrac{3+\sqrt{7}}{2}r \quad \cdots\cdots ②$$

①，② から　$\dfrac{3+\sqrt{7}}{2}r = \dfrac{\sqrt{3}}{2}$

ゆえに　　$r = \dfrac{\sqrt{3}}{3+\sqrt{7}} = \dfrac{\sqrt{^{キ}3}(^{ク}3-\sqrt{^{ケ}7})}{^{コ}2}$

また，∠ADB＝∠ACB＝60°，∠BDC＝∠BAC＝60° であるから，線分 BD は ∠ADC の二等分線である。

よって　　AE：EC＝AD：CD＝^{サ}**2**：1

したがって　　$\triangle CDE = \dfrac{EC}{AC}\triangle ACD$

$$= \dfrac{1}{2+1} \cdot \dfrac{\sqrt{3}}{2} = \dfrac{\sqrt{^{シ}3}}{^{ス}6}$$

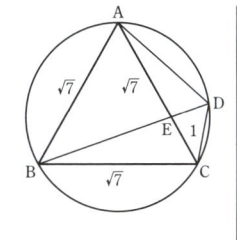

◆ **CHART**
対角の和が 180°

◆ △ACD に着目。

◆ AC²＝AD²＋CD²
　　　－2AD・CDcos120°

◆ **△ACD の面積を 2 通りに表す。**

◆ 分母の有理化。

◆ 円周角の定理。

◆ △CDE と △ACD は高さが等しい。

第**3**章

演 習 問 題

27 円に内接する四角形

四角形 ABCD は，円 O に内接し，$2AB = BC$，$CD = 2$，$DA = 1$，$\cos\angle ABC = \dfrac{5}{8}$ を満たしている。

このとき，$\cos\angle ADC = \dfrac{\boxed{アイ}}{\boxed{ウ}}$，$AC = \dfrac{\sqrt{\boxed{エオ}}}{\boxed{カ}}$ である。

また，$AB = \sqrt{\boxed{キ}}$ であり，$BD = \dfrac{4}{5}\sqrt{\boxed{クケ}}$ である。

28 図形の面積比

$\triangle ABC$ において，$AB = 3$，$BC = \sqrt{7}$，$CA = 1$ とし，$\angle CAB$ の二等分線と辺 BC との交点を D とする。

このとき，$\angle CAB = \boxed{アイ}\,°$ であり，$BD = \dfrac{\boxed{ウ}\sqrt{\boxed{エ}}}{\boxed{オ}}$，$CD = \dfrac{\sqrt{\boxed{カ}}}{\boxed{キ}}$ である。AD の延長と $\triangle ABC$ の外接円 O との交点のうち A と異なる方を E とする。このとき，$\angle DAB$ と等しい角は，次の ⓪ 〜 ④ のうち $\boxed{ク}$ と $\boxed{ケ}$ である。ただし，$\boxed{ク}$ と $\boxed{ケ}$ の解答の順序は問わない。

   ⓪　$\angle DBE$　　①　$\angle DEC$　　②　$\angle BED$　　③　$\angle DCE$　　④　$\angle CDE$

よって，$BE = \dfrac{\sqrt{\boxed{コサ}}}{\boxed{シ}}$ である。また，$\triangle OBE$ の外接円を O′ とすると，円 O と円 O′ の面積の比は $\boxed{ス} : 1$ である。

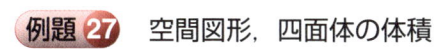

16 日目 正弦定理・余弦定理 (3)

例題 27 空間図形，四面体の体積 目安15分

1辺の長さが2である立方体 ABCD-EFGH の辺 AB の中点を M とする。線分 MG の長さは $\boxed{\text{ア}}$ ，∠DGM＝$\boxed{\text{イウ}}$° であるから △DGM の面積は $\boxed{\text{エ}}$ である。また，四面体 CDMG を考えると，その体積は $\dfrac{\boxed{\text{オ}}}{\boxed{\text{カ}}}$ となり，頂点 C から平面 DGM へ下ろした垂線 CP の長さは $\dfrac{\boxed{\text{キ}}}{\boxed{\text{ク}}}$ である。

例題 28 回転してできる立体の体積 目安15分

1辺の長さが6である正四面体 OABC を考える。
辺 AB の中点を M，辺 BC を 2：1 に内分する点を N，∠OMN＝θ とする。

$$OM＝\boxed{\text{ア}}\sqrt{\boxed{\text{イ}}}，\quad ON＝\boxed{\text{ウ}}\sqrt{\boxed{\text{エ}}}，$$

$$MN＝\sqrt{\boxed{\text{オカ}}}，\quad \cos\theta＝\frac{\boxed{\text{キ}}}{\sqrt{\boxed{\text{クケ}}}}$$

であるから，△OMN の面積は $\dfrac{\boxed{\text{コ}}\sqrt{\boxed{\text{サシ}}}}{\boxed{\text{ス}}}$ である。

また，△OMN を直線 MN を軸として1回転してできる立体の体積は，$\dfrac{\boxed{\text{セソタ}}\sqrt{\boxed{\text{チツ}}}}{\boxed{\text{テト}}}\pi$ である。

CHART 16 空間図形

平面図形を取り出す 断面図も有効

▶錐体（四面体，円錐など）の体積

$$\frac{1}{3}×（底面積）×（高さ）$$

垂線の長さは四面体の高さと考え，体積を利用。

第3章

解答　（ア）3　（イウ）45　（エ）3　$\dfrac{(オ)}{(カ)}$ $\dfrac{4}{3}$　$\dfrac{(キ)}{(ク)}$ $\dfrac{4}{3}$

解説

辺 EF の中点を N とすると，
△NFG において，三平方の定理により
$$NG=\sqrt{FG^2+NF^2}$$
$$=\sqrt{2^2+1^2}=\sqrt{5}$$
△MNG において，三平方の定理により
$$MG=\sqrt{NG^2+MN^2}$$
$$=\sqrt{(\sqrt{5})^2+2^2}={}^{ア}3$$
△DGM において
$$MD=NG=\sqrt{5}\,,$$
$$DG=\sqrt{2^2+2^2}=2\sqrt{2}$$
であるから，余弦定理により
$$\cos\angle DGM=\frac{3^2+(2\sqrt{2})^2-(\sqrt{5})^2}{2\cdot3\cdot2\sqrt{2}}=\frac{1}{\sqrt{2}}$$
よって　　∠DGM$={}^{イウ}45°$
ゆえに，△DGM の面積 S は
$$S=\frac{1}{2}\cdot3\cdot2\sqrt{2}\sin45°=\frac{1}{2}\cdot3\cdot2\sqrt{2}\cdot\frac{1}{\sqrt{2}}={}^{エ}3$$
また，四面体 CDMG の体積 V は，△CDM を底面とすると
$$V=\frac{1}{3}\cdot\triangle CDM\cdot CG=\frac{1}{3}\cdot\left(\frac{1}{2}\cdot2\cdot2\right)\cdot2={}^{\frac{オ4}{カ3}}$$
この四面体の体積を，△DGM を底面として考えると
$$V=\frac{1}{3}\cdot S\cdot CP\qquad よって\qquad\frac{4}{3}=\frac{1}{3}\cdot3\cdot CP$$
ゆえに　　$CP={}^{\frac{キ4}{ク3}}$

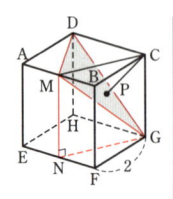

$\Leftarrow$ 三平方の
　定理
　$a^2=b^2+c^2$

$\Leftarrow$ △MNG を取り出す。

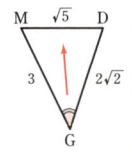

$\Leftarrow$ △DGM を取り出す。取
り出した図形を別に図に
かくと，よりわかりやす
い。

$\Leftarrow$ $\cos\angle DGM$
$=\dfrac{MG^2+DG^2-MD^2}{2MG\cdot DG}$

$\Leftarrow S=\dfrac{1}{2}MG\cdot DG\sin\angle DGM$

$\Leftarrow \dfrac{1}{3}\times$（底面積）×（高さ）

$\Leftarrow$ **CP を高さと考える。**体
積は同じ。
$\dfrac{1}{3}\times$（底面積）×（高さ）

解答

(ア)$\sqrt{}$(イ)　$3\sqrt{3}$　(ウ)$\sqrt{}$(エ)　$2\sqrt{7}$　$\sqrt{}$(オカ)　$\sqrt{13}$

$\dfrac{(キ)}{\sqrt{(クケ)}}$　$\dfrac{2}{\sqrt{39}}$　$\dfrac{(コ)\sqrt{(サシ)}}{(ス)}$　$\dfrac{3\sqrt{35}}{2}$

$\dfrac{(セソタ)\sqrt{(チツ)}}{(テト)}$　$\dfrac{105\sqrt{13}}{13}$

解説

$$OM = OA\sin 60° = 6\cdot\frac{\sqrt{3}}{2} = {}^{ア}3\sqrt{{}^{イ}3}$$

$\triangle OBN$ において，余弦定理により

$$ON^2 = 6^2 + 4^2 - 2\cdot 6\cdot 4\cdot\frac{1}{2} = 28$$

$ON > 0$ であるから

$$ON = {}^{ウ}2\sqrt{{}^{エ}7}$$

$\triangle BMN$ において，余弦定理により

$$MN^2 = 3^2 + 4^2 - 2\cdot 3\cdot 4\cdot\frac{1}{2} = 13$$

$MN > 0$ であるから　　$MN = \sqrt{{}^{オカ}13}$

$\triangle OMN$ において，余弦定理により

$$\cos\theta = \frac{(3\sqrt{3})^2 + (\sqrt{13})^2 - (2\sqrt{7})^2}{2\cdot 3\sqrt{3}\cdot\sqrt{13}} = \frac{{}^{キ}2}{\sqrt{{}^{クケ}39}}$$

よって　　$\sin\theta = \sqrt{1 - \cos^2\theta} = \dfrac{\sqrt{35}}{\sqrt{39}}$

ゆえに　　$\triangle OMN = \dfrac{1}{2}\cdot 3\sqrt{3}\cdot\sqrt{13}\cdot\dfrac{\sqrt{35}}{\sqrt{39}} = \dfrac{{}^{コ}3\sqrt{{}^{サシ}35}}{{}^{ス}2}$

点 O から線分 MN に垂線 OH を下ろすと，回転体の体積は

$$\frac{1}{3}\pi OH^2\cdot MH + \frac{1}{3}\pi OH^2\cdot NH$$

$$= \frac{1}{3}\pi OH^2(MH + NH)$$

$$= \frac{1}{3}\pi OH^2\cdot MN = \frac{1}{3}\pi(3\sqrt{3}\sin\theta)^2\sqrt{13}$$

$$= \frac{{}^{セソタ}105\sqrt{{}^{チツ}13}}{{}^{テト}13}\pi$$

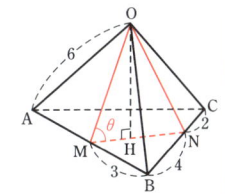

$\Leftarrow ON^2 = OB^2 + BN^2 - 2OB\cdot BN\cos 60°$

$\Leftarrow MN^2 = BM^2 + BN^2 - 2BM\cdot BN\cos 60°$

$\Leftarrow \cos\theta = \dfrac{OM^2 + MN^2 - ON^2}{2OM\cdot MN}$

$\Leftarrow \triangle OMN = \dfrac{1}{2}OM\cdot MN\sin\theta$

$\Leftarrow \dfrac{1}{3}\times(底面積)\times(高さ)$

第3章

演 習 問 題

29 空間図形，四面体の体積

目安 15 分

右の図のような直方体 ABCD-EFGH において，
AE$=\sqrt{10}$，AF$=8$，AH$=10$ とする。

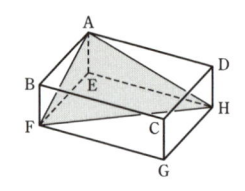

このとき，FH$=\boxed{アイ}$ であり，$\cos\angle\mathrm{FAH}=\dfrac{\boxed{ウ}}{\boxed{エ}}$ で

ある。また，三角形 AFH の面積は $\boxed{オカ}\sqrt{\boxed{キ}}$ であ

る。したがって，点 E から三角形 AFH に下ろした垂線

の長さは $\dfrac{\boxed{ク}\sqrt{\boxed{ケコ}}}{\boxed{サ}}$ である。

30 回転してできる立体の体積

目安 15 分

1 辺の長さが 4 である正四面体 OABC を考える。点 D を線分 AB の中点とし，
点 E を線分 BC 上に BE$=3$ となるようにとる。

このとき，OD$=\boxed{ア}\sqrt{\boxed{イ}}$，OE$=\sqrt{\boxed{ウエ}}$，DE$=\sqrt{\boxed{オ}}$ である。

また，$\angle\mathrm{ODE}=\theta$ とおくと $\cos\theta=\dfrac{\sqrt{\boxed{カキ}}}{\boxed{クケ}}$ である。

よって，$\triangle\mathrm{ODE}$ の面積は $\dfrac{\boxed{コ}\sqrt{\boxed{サ}}}{\boxed{シ}}$ であり，$\triangle\mathrm{ODE}$ を直線 OD を軸として

1 回転してできる立体の体積は $\dfrac{\boxed{スセ}\sqrt{\boxed{ソ}}}{\boxed{タ}}\pi$ である。

1回目	2回目
／	／

17 日目 データの分析 (1)

※本章では，小数の形で解答する場合，指定された桁数の1つ下の桁を四捨五入し，解答すること。途中で割り切れた場合は，指定された桁まで0を記入すること。
また，データの数値はすべて正確な値であり，四捨五入されていないものとする。

例題 29　データの分析の基本問題

目安15分

(1)　次のデータは，ある運動部に所属する10人の身長 (cm) を調べた結果である。

170, 173, 174, 163, 166, 171, 173, 179, 169, 172

このデータの平均値は $\boxed{アイウ}.\boxed{エ}$ cm，中央値は $\boxed{オカキ}.\boxed{ク}$ cm，最頻値は $\boxed{ケコサ}$ cm である。

(2)　右のデータの箱ひげ図が右下のようになるとき，$a=\boxed{シス}$，$b=\boxed{セソ}$，$c=\boxed{タチ}$ である。　　15, 35, 22, 45, 7, 52, 32

また，データの四分位範囲は $\boxed{ツテ}$ である。

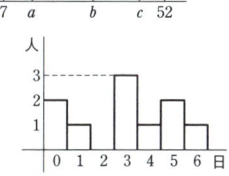

(3)　右のヒストグラムは，10人の生徒に対して，1週間のうち何日部活動を行っているかを調べたものである。このデータの分散は $\boxed{ト}.\boxed{ナ}$，標準偏差は $\boxed{ニ}.\boxed{ヌ}$ である。

第4章

CHART 17

▶**データの代表値**

平均値 $\overline{x}$　データの値が x_1, x_2, ……, x_n のとき　$\overline{x}=\dfrac{1}{n}(x_1+x_2+\cdots\cdots+x_n)$

中央値　データを大きさの順に並べたときの中央の値。
　　　　　データが偶数個の場合は，中央の2つの値の平均値。

最頻値　データにおいて，最も個数の多い値。

▶**四分位数と四分位範囲**

第1四分位数 Q_1 は下組の中央値。
第2四分位数 Q_2 は全体の中央値。
第3四分位数 Q_3 は上組の中央値。

データの個数が奇数の場合

○○○ ○ ○○○
下組　Q_2　上組

四分位範囲　Q_3-Q_1　　**四分位偏差**　$\dfrac{Q_3-Q_1}{2}$

▶**分散と標準偏差**

分散 s^2　①　$s^2=\dfrac{1}{n}\{(x_1-\overline{x})^2+(x_2-\overline{x})^2+\cdots\cdots+(x_n-\overline{x})^2\}$

　　　　②　$s^2=\overline{x^2}-(\overline{x})^2$

標準偏差 s　$s=\sqrt{分散}$

<table>
<tr><td rowspan="3">解答</td><td colspan="2">（アイウ）.（エ）171.0　（オカキ）.（ク）171.5　（ケコサ）173</td></tr>
<tr><td>（シス）15　（セソ）32　（タチ）45　（ツテ）30　（ト）.（ナ）4.0</td></tr>
<tr><td>（ニ）.（ヌ）2.0</td></tr>
</table>

解説

(1) 平均値は

$$\frac{1}{10}(170+173+174+163+166+171+173+179+169+172)$$

$$=\frac{1710}{10}={}^{アイウ}\mathbf{171}.{}^{エ}\mathbf{0}\ (\mathrm{cm})$$

　データを，値が小さい方から順に並べると

　163，166，169，170，171，172，173，173，174，179

よって，中央値は　　$\dfrac{171+172}{2}={}^{オカキ}\mathbf{171}.{}^{ク}\mathbf{5}\ (\mathrm{cm})$，

　　　　　最頻値は　　${}^{ケコサ}\mathbf{173}\ \mathrm{cm}$

(2) データを小さい順に並べると

　　　　　7，15，22，32，35，45，52

よって　　$a=Q_1={}^{シス}\mathbf{15}$，

　　　　　$b=Q_2={}^{セソ}\mathbf{32}$，

　　　　　$c=Q_3={}^{タチ}\mathbf{45}$

また，四分位範囲は　　$Q_3-Q_1=45-15={}^{ツテ}\mathbf{30}$

← $\dfrac{データの総和}{データの大きさ}$

← データが偶数個の場合は，中央の2つの値の平均値が中央値となる。

← 最頻値は最も個数の多い値。

← Q_1 は下組の中央値。

← Q_2 は全体の中央値。

← Q_3 は上組の中央値。

NOTE　データ全体の特徴を表す数値をデータの代表値という。代表値としては，平均値・中央値・最頻値がよく用いられるが，代表値は分数ではなく，小数で表すことが多い。
また，箱ひげ図は，p.70 演習問題のもののように，90° 回転して縦に表示することもある。

(3) 平均値は

$$\frac{1}{10}(0\times2+1\times1+2\times0+3\times3+4\times1+5\times2+6\times1)$$

$$=\frac{30}{10}=3$$

よって，分散は

$$\frac{1}{10}\{(0-3)^2\times2+(1-3)^2\times1+(2-3)^2\times0+(3-3)^2\times3$$

$$+(4-3)^2\times1+(5-3)^2\times2+(6-3)^2\times1\}$$

$$=\frac{40}{10}={}^{ト}4.{}^{ナ}0$$

標準偏差は　$\sqrt{4.0}={}^{ニ}2.{}^{ヌ}0$

〔別解〕　**分散の求め方**

$$\frac{1}{10}(0^2\times2+1^2\times1+2^2\times0+3^2\times3+4^2\times1+5^2\times2+6^2\times1)$$

$$=\frac{130}{10}=13$$

よって，分散は　　$13-3^2={}^{ト}4.{}^{ナ}0$

（右側）

$\Leftarrow \overline{x}=\dfrac{1}{n}(x_1+x_2+\cdots+x_n)$

10 人のデータは
0, 0, 1, 3, 3, 3, 4, 5, 5, 6

$\Leftarrow s^2=\dfrac{1}{n}\{(x_1-\overline{x})^2 \\ \qquad +\cdots+(x_n-\overline{x})^2\}$

$\Leftarrow s=\sqrt{分散}$

$\Leftarrow s^2=\overline{x^2}-(\overline{x})^2$

第 **4** 章

NOTE　$p.67$ の分散の公式 ② は，公式 ① から求められる。

$$s^2=\frac{1}{n}\{(x_1-\overline{x})^2+(x_2-\overline{x})^2+\cdots\cdots+(x_n-\overline{x})^2\}$$

$$=\frac{1}{n}\{(x_1{}^2+x_2{}^2+\cdots\cdots+x_n{}^2)-2\overline{x}(x_1+x_2+\cdots\cdots+x_n)+n(\overline{x})^2\}$$

$$=\frac{1}{n}(x_1{}^2+x_2{}^2+\cdots\cdots+x_n{}^2)-2\overline{x}\cdot\frac{1}{n}(x_1+x_2+\cdots\cdots+x_n)+(\overline{x})^2$$

$$=\overline{x^2}-(\overline{x})^2$$

なお，公式 ①，② の使い分けについて，一概にはいえないが，

　　　　平均値が整数のときは ①，整数でないときは ②

を利用すると，計算がらくになることが多い。

また，一般に，分散・標準偏差が大きいほどデータの散らばりの度合いが大き
く，分散・標準偏差が小さいほどデータの値が平均値の周りに集中する傾向に
ある。

31 データの分析の基本問題 `目安15分`

(1) 次のデータは，あるソフトボールチームの 15 試合の得点である。

$$7,\ 3,\ 0,\ 1,\ 4,\ 1,\ 7,\ 6,\ 5,\ 6,\ 6,\ 2,\ 4,\ 6,\ 5$$

このデータの平均値は ア . イ 点，中央値は ウ . エ 点，最頻値は オ 点である。

(2) 次のデータは，13 の都市におけるある月の降雨量 0 mm の日数である。

$$8,\ 22,\ 12,\ 15,\ 4,\ 25,\ 15,\ 18,\ 5,\ 10,\ 23,\ 13,\ 8$$

このデータを表す箱ひげ図として，適切なものは カ である。また，四分位偏差は キ . ク である。

カ に当てはまるものを，次の ⓪ ～ ③ のうちから 1 つ選べ。

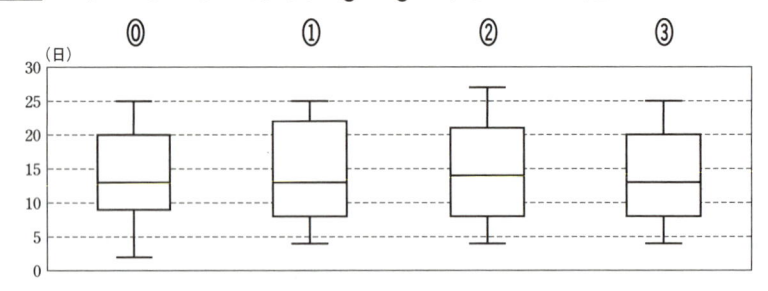

(3) あるクラスの生徒 5 人に，数学の小テストを実施したところ，次のような結果となった。

$$6,\ 8,\ 10,\ 9,\ 6 \qquad (単位は点)$$

この得点の分散は ケ . コサ で，標準偏差は シ . スセ である。

18 日目 データの分析 (2)

例題 30　標準偏差の変化　　　　　　　　　　　目安15分

次の表は，8 人の生徒の数学のテストの点数と，英語のテストの点数の結果である。さらに，数学のテストの点数の平均値は 6 点であり，英語のテストの点数の中央値は 4.5 点であることがわかっている。

生徒の番号	1	2	3	4	5	6	7	8
数学のテスト	8	6	A	7	5	6	4	9
英語のテスト	4	6	7	3	7	4	B	4

(1)　数学のテストの点数の平均値は 6 点であるから $A=$ ［　ア　］，英語のテストの点数の中央値は 4.5 点であるから $B=$ ［　イ　］，さらに英語のテストの点数の標準偏差は $\sqrt{\boxed{ウ}}$ である。

(2)　新たに 2 人について数学のテストと英語のテストを行ったところ，結果は右の表のようになった。

生徒の番号	9	10
数学のテスト	6	6
英語のテスト	2	8

この 2 人の得点を加えた数学のテストの点数の標準偏差の値は加える前の値と比較して ［　エ　］。同様に，この 2 人の得点を加えた英語のテストの点数の標準偏差の値は加える前の値と比較して ［　オ　］。［　エ　］，［　オ　］ に当てはまるものを，次の ⓪ ～ ② のうちから 1 つずつ選べ。

　　⓪　小さくなる　　　　①　変わらない　　　　②　大きくなる

CHART 18　　分散，標準偏差

データの値が x_1, x_2, ……, x_n で，その平均値が $\bar{x}$ のとき

分散 s^2　①　$s^2 = \dfrac{1}{n}\{(x_1 - \bar{x})^2 + (x_2 - \bar{x})^2 + \cdots\cdots + (x_n - \bar{x})^2\}$

　　　　　②　$s^2 = \overline{x^2} - (\bar{x})^2$

標準偏差 s　$s = \sqrt{分散} = \sqrt{\dfrac{偏差の2乗の総和}{データの大きさ}}$

解 答 （ア）3 （イ）5 $\sqrt{（ウ）}$ $\sqrt{2}$ （エ）⓪ （オ）②

解説

(1) 数学のテストの点数の平均値は6点であるから

$$\frac{8+6+A+7+5+6+4+9}{8}=6\,(点)$$

すなわち $\dfrac{A+45}{8}=6$ これを解くと $A={}^{ア}3$

$\leftarrow \dfrac{データの総和}{データの大きさ}$

番号7番の生徒を除いた英語のテストの結果を，点数が低い順に並べると

$$3,\ 4,\ 4,\ 4,\ 6,\ 7,\ 7$$

点数が低い順から4番目と5番目の平均値が中央値4.5点になる。

$\leftarrow$ データは偶数個。

[1] $B\leqq 4$ のとき

点数が低い順から4番目と5番目は，4と4になり，その平均値は4であるから適さない。

$\leftarrow \dfrac{4+4}{2}=4$

[2] $B=5$ のとき

点数が低い順から4番目と5番目は，4と5になり，その平均値は4.5であるから適している。

$\leftarrow \dfrac{4+5}{2}=4.5$

[3] $B\geqq 6$ のとき

点数が低い順から4番目と5番目は，4と6になり，その平均値は5であるから適さない。

$\leftarrow \dfrac{4+6}{2}=5$

以上により $B={}^{イ}5$

さらに，英語のテストの点数の平均値は

$$\frac{3+4\cdot 3+5+6+7\cdot 2}{8}=5\,(点)$$

よって，英語のテストの点数の分散は

$$\frac{(3-5)^2+(4-5)^2\cdot 3+(5-5)^2+(6-5)^2+(7-5)^2\cdot 2}{8}=2$$

$\leftarrow \dfrac{1}{8}(3^2+4^2\cdot 3+5^2+6^2+7^2\cdot 2)-5^2$ でもよい。

したがって，英語のテストの点数の標準偏差は $\sqrt{{}^{ウ}2}$

(2)　番号 9, 10 の 2 人の得点を加えた数学のテストの点数の平

均値は　　　$\dfrac{6\cdot8+6+6}{10}=6$（点）

これは，2 人の得点を加える前の数学のテストの平均値と同
じである。

番号 9, 10 の 2 人の得点は数学のテストの平均値と等しいか
ら，得点の散らばりの度合いを表す標準偏差は小さくなる。
（ᵗ Ⓞ）

また，番号 9, 10 の 2 人の得点を加えた英語のテストの点数

の平均値は　　　$\dfrac{5\cdot8+2+8}{10}=5$（点）

これは，2 人の得点を加える前の英語のテストの平均値と同
じである。

番号 9, 10 の 2 人の得点は英語のテストの最高点と最低点で
あるから，得点の散らばりの度合いを表す標準偏差は大きく
なる。（ᵒ ②）

〔参考〕　具体的に標準偏差を計算してみる。

8 人の数学のテスト結果から
$$(3-6)^2+(4-6)^2+(5-6)^2+(6-6)^2\cdot2$$
$$+(7-6)^2+(8-6)^2+(9-6)^2=28$$

よって，分散は　　$\dfrac{28}{8}=3.5$

したがって，標準偏差は　　$\sqrt{3.5}$

10 人の数学のテスト結果から
$$(3-6)^2+(4-6)^2+(5-6)^2+(6-6)^2\cdot4$$
$$+(7-6)^2+(8-6)^2+(9-6)^2=28$$

よって，分散は　　$\dfrac{28}{10}=2.8$

したがって，標準偏差は　　$\sqrt{2.8}$
$\sqrt{3.5}>\sqrt{2.8}$ であるから　　ᵗ Ⓞ

10 人の英語のテスト結果から
$$(2-5)^2+(3-5)^2+(4-5)^2\cdot3+(5-5)^2$$
$$+(6-5)^2+(7-5)^2\cdot2+(8-5)^2=34$$

よって，分散は　　$\dfrac{34}{10}=3.4$

したがって，標準偏差は　　$\sqrt{3.4}$
$\sqrt{2}<\sqrt{3.4}$ であるから　　ᵒ ②

← 平均値からの偏差の 2 乗
の値に変化はない。

← 平均値からの偏差の 2 乗
の値は増加する。

← $\dfrac{1}{8}(3^2+4^2+5^2+6^2\cdot2$
$+7^2+8^2+9^2)-6^2$
でもよい。

← $\dfrac{1}{10}(3^2+4^2+5^2+6^2\cdot4$
$+7^2+8^2+9^2)-6^2$
でもよい。

← $\dfrac{1}{10}(2^2+3^2+4^2\cdot3+5^2$
$+6^2+7^2\cdot2+8^2)-5^2$
でもよい。

第 4 章

32 分散の変化

目安 15 分

次のデータは，10 名の生徒に 100 点満点で実施した英語のテストの得点をまとめたものである。また，A の値は整数とする。

$$54, \quad 67, \quad A, \quad 71, \quad 80, \quad 50, \quad 57, \quad 40, \quad 42, \quad 69$$

(1) 得点 A の値がわからないとき，クラス全体の得点の中央値 M の値として $\boxed{アイ}$ 通りの値がありうる。

実際は，平均値が 59.0 点であった。したがって，A は $\boxed{ウエ}$ 点と定まり，中央値 M は $\boxed{オカ}.\boxed{キ}$ 点である。

(2) 採点基準を変更したところ，得点の高い方から 2 名の得点が 2 点ずつ下がり，得点の低い方から 2 名の得点が 2 点ずつ上がったが，その他の 6 名の得点に変更は生じなかった。このとき，変更後の平均値は $\boxed{ク}$ する。また，変更後の分散は $\boxed{ケ}$ する。$\boxed{ク}$，$\boxed{ケ}$ に当てはまるものを，次の ⓪ ～ ② のうちから 1 つずつ選べ。

⓪ 変更前より減少 ① 変更前と一致 ② 変更前より増加

19日目 データの分析 (3)

例題 31　相関関係

目安15分

右の表は 10 人の生徒の右手と左手の握力 (kg) を測定した結果である。

(1)　右手と左手の握力の差の絶対値の平均値は
　　　 ア ． イ kg であり，標準偏差は ウ ． エ kg
　　　である。

(2)　右手の握力を横軸に，右手と左手の握力の差の絶対値を縦軸にとった散布図として，適切なものは オ である。また，相関係数の値は カ ． キク である。したがって，この 10 人については， ケ 。 オ に当てはまるものを，次の ⓪ 〜 ② のうちから 1 つ選べ。

番号	右手	左手
1	46	41
2	42	35
3	52	45
4	36	38
5	39	35
6	50	43
7	35	38
8	33	35
9	43	36
10	44	50
合計	420	396
平均値	42	39.6
分散	36	23.24

⓪

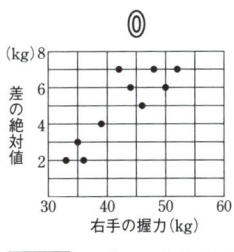

①

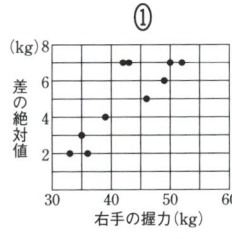

②

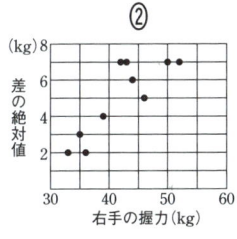

ケ に当てはまるものを，次の ⓪ 〜 ② のうちから 1 つ選べ。

⓪　右手の握力が増加すると，握力の差の絶対値が増加する傾向が認められる

①　右手の握力が増加すると，握力の差の絶対値が増加する傾向も減少する傾向も認められない

②　右手の握力が増加すると，握力の差の絶対値が減少する傾向が認められる

CHART 19　相関係数

x の標準偏差を s_x，y の標準偏差を s_y，x と y の共分散を s_{xy} とすると

相関係数　$r = \dfrac{s_{xy}}{s_x s_y}$　$\left(s_{xy} = \dfrac{1}{n}\{(x_1-\overline{x})(y_1-\overline{y}) + \cdots\cdots + (x_n-\overline{x})(y_n-\overline{y})\} \right)$

$$= \frac{(x_1-\overline{x})(y_1-\overline{y}) + \cdots\cdots + (x_n-\overline{x})(y_n-\overline{y})}{\sqrt{(x_1-\overline{x})^2 + \cdots\cdots + (x_n-\overline{x})^2}\sqrt{(y_1-\overline{y})^2 + \cdots\cdots + (y_n-\overline{y})^2}}$$

解　答	（ア）.（イ）　5.0　（ウ）.（エ）　2.0　（オ）　②　（カ）.（キク）　0.85
	（ケ）　⓪

解説

右手の握力を変量 x（kg），右手と左手の握力の差の絶対値を変量 y（kg）で表すとする。

(1)　変量 y は，番号の順に並べると，次のようになる。

　　　5, 7, 7, 2, 4, 7, 3, 2, 7, 6

よって，平均値 $\bar{y}$ は

$$\bar{y}=\frac{1}{10}(5+7+7+2+4+7+3+2+7+6)$$

$$=\frac{50}{10}={}^{\text{ア}}\mathbf{5}.{}^{\text{イ}}\mathbf{0}$$

← $\dfrac{\text{データの総和}}{\text{データの大きさ}}$

y	5	7	7	2	4	7	3	2	7	6	
$y-\bar{y}$	0	2	2	-3	-1	2	-2	-3	2	1	
$(y-\bar{y})^2$	0	4	4	9	1	4	4	9	4	1	計 40

したがって，y の標準偏差は　　$\sqrt{\dfrac{1}{10}\times 40}={}^{\text{ウ}}\mathbf{2}.{}^{\text{エ}}\mathbf{0}$

← $\sqrt{\dfrac{\text{偏差の2乗の総和}}{\text{データの大きさ}}}$

(2)　x, y についてまとめると，次のようになる。

番号	x	y	$x-\bar{x}$	$y-\bar{y}$	$(x-\bar{x})(y-\bar{y})$
1	46	5	4	0	0
2	42	7	0	2	0
3	52	7	10	2	20
4	36	2	-6	-3	18
5	39	4	-3	-1	3
6	50	7	8	2	16
7	35	3	-7	-2	14
8	33	2	-9	-3	27
9	43	7	1	2	2
10	44	6	2	1	2
計					102

← いろいろな数値が多数出てくるときは，表にまとめよう。表にしておけば，確認するときに振り返りやすくなる。

番号 6 の生徒のデータ $(x, y)=(50, 7)$ の位置に点がある散布図は ①，②

このうち，番号 10 の生徒のデータ $(x, y)=(44, 6)$ の位置に点がある散布図は ᵒ②

散布図の候補が 2 つに絞り込めたら，それらを比較する。$y=6$ のときの x の値に注目。

また，x の分散が 36 であるから，x の標準偏差は
$$\sqrt{36}=6$$

標準偏差＝$\sqrt{\text{分散}}$

y の標準偏差は，(1) から 2

x と y の共分散は，表から $\dfrac{1}{10}\times102=10.2$

したがって，相関係数は $\dfrac{10.2}{6\times2}=$ ᵃ0.ᵏᵁ85

$r=\dfrac{s_{xy}}{s_x s_y}$

相関係数の値が 1 に近いから，この 10 人については，
ᵧ⓪ 右手の握力が増加すると，握力の差の絶対値が増加する傾向が認められる。

一方が増加すると，他方が増加する
⟶ 散布図の点が右上がりに分布
⟶ 正の相関

Nᴏᴛᴇ 散布図と相関関係の関係の分類

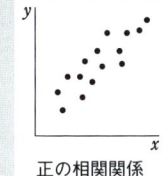

点の分布が，右上がりの直線に近い。

正の相関関係

点の分布が，右下がりの直線に近い。

負の相関関係

相関関係なし

共分散，相関係数

共分散 $s_{xy}>0$ のとき，右の図の「＋」の部分にある点 (x_k, y_k) が多い。 ⟶ 正の相関関係

共分散 $s_{xy}<0$ のとき，右の図の「－」の部分にある点 (x_k, y_k) が多い。 ⟶ 負の相関関係

相関係数 r については $-1\leqq r\leqq1$ であり，次のようになる。

$$r>0 \Longleftrightarrow s_{xy}>0$$
$$r<0 \Longleftrightarrow s_{xy}<0$$

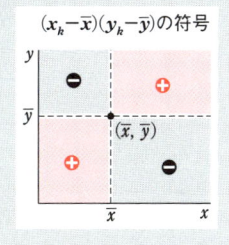

$(x_k-\bar{x})(y_k-\bar{y})$ の符号

33 相関関係　　　　　　　　　　　　　　　　　　　目安 15 分

下の表は男女 5 人ずつが国語と数学のテストを受けた結果である。

	男子					女子				
国語	45	37	39	31	23	33	35	46	41	29
数学	34	32	31	30	23	25	32	38	40	25

(1) 男子の国語の点数の平均値は 35 点，分散は 56 であり，男子の数学の点数の平均値は $\boxed{アイ}$ 点，分散は $\boxed{ウエ}$ である。

　　また，男子の，国語と数学の点数の相関係数は $\boxed{オ}$.$\boxed{カキ}$ である。

(2) 男女 10 人の国語の点数を x，数学の点数を y とし，x，y の相関係数を r とする。x，y の散布図として正しいものは $\boxed{ク}$，r の範囲として正しいものは $\boxed{ケ}$ である。$\boxed{ク}$，$\boxed{ケ}$ に当てはまるものを，次の ⓪ ～ ⑥ のうちから 1 つずつ選べ。

　⓪　$-0.9 < r < -0.7$　　　　　　①　$-0.5 < r < -0.3$

　②　$0.3 < r < 0.5$　　　　　　　③　$0.7 < r < 0.9$

　④　　　　　　　　　　　⑤　　　　　　　　　　　⑥

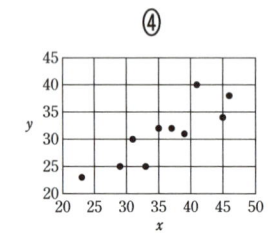　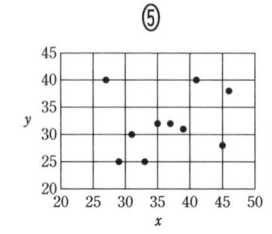　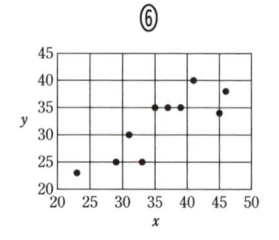

20 日目 場合の数と確率

例題 32　場合の数と確率の基本問題 〔目安20分〕

(1) a, b, c, d, e, f の 6 文字を 1 列に並べてできる順列は全部で $\boxed{アイウ}$ 通りある。そのうち，両端が子音であるものは $\boxed{エオカ}$ 通り，母音が隣り合わせになるものは $\boxed{キクケ}$ 通りある。

(2) 1 から 6 までの 6 個の整数を平面上の正六角形の各頂点に 1 個ずつ配置する。ただし，平面上でこの正六角形をその中心の周りに回転させたとき重なり合うような配置は同じとみなす。このような配置は $\boxed{コサシ}$ 通りある。1 と 6 が正六角形の中心に関して点対称な位置にあるような配置は $\boxed{スセ}$ 通りある。

(3) 男子 4 人，女子 6 人の中から，4 人を選ぶ方法は $\boxed{ソタチ}$ 通り，男子 2 人と女子 2 人の 4 人を選ぶ方法は $\boxed{ツテ}$ 通りある。また，男子を 2 人以上含む 4 人を選ぶ方法は $\boxed{トナニ}$ 通りある。

(4) 1 組 52 枚のトランプから 1 枚抜き出すとき，エースまたはダイヤの出る確率は $\dfrac{\boxed{ヌ}}{\boxed{ネノ}}$ である。

(5) 赤球 3 個，白球 4 個が入っている袋から同時に 2 個の球を取り出すとき，2 個とも白球である確率は $\dfrac{\boxed{ハ}}{\boxed{ヒ}}$，赤球と白球が 1 個ずつである確率は $\dfrac{\boxed{フ}}{\boxed{ヘ}}$ である。

 **20**

▶場合の数　**条件処理は先に行う**

▶順　　列　異なる n 個のものから r 個取って並べる順列の総数は
$$_n\mathrm{P}_r = n(n-1)(n-2)\cdots\cdots(n-r+1)$$

▶円 順 列　n 個のものを**円形**に並べる順列の総数は　$(n-1)!$

▶組 合 せ　異なる n 個のものから r 個取る組合せ(順序は関係なし)の総数は
$$_n\mathrm{C}_r = \frac{n!}{r!(n-r)!} = \frac{n(n-1)\cdots\cdots(n-r+1)}{r(r-1)\cdots\cdots 1} \quad\begin{matrix}\longleftarrow r\text{ 個の積}\\ \longleftarrow r\text{ 個の積}\end{matrix}$$

▶確　　率　$P(A) = \dfrac{\text{事象 } A \text{ の起こる場合の数}}{\text{すべての場合の数}}$ $\left(\begin{matrix}\text{さいころ, 球, カード}\\ \text{などはすべて **区別する**}\end{matrix}\right)$
$$P(A\cup B) = P(A) + P(B) - P(A\cap B)$$

第5章

解　答	（アイウ）720　（エオカ）288　（キクケ）240　（コサシ）120

	（ヌ）（ネノ）	$\dfrac{4}{13}$	（ハ）（ヒ）	$\dfrac{2}{7}$	（フ）（ヘ）	$\dfrac{4}{7}$

解説

(1)　順列の総数は

$$6! = {}_6P_6 = 6\cdot5\cdot4\cdot3\cdot2\cdot1$$
$$= {}^{アイウ}720（通り）$$

$\Leftarrow n! = {}_nP_n$

両端が子音（b, c, d, f）であるものは，
まず，子音 4 個から 2 個を選んで両端に並べ，
次に，それ以外の子音と母音を含めた 4 個を中央に並べれば
よいから

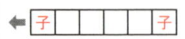

CHART
条件処理は先に行う

$$_4P_2\cdot4! = 4\cdot3\cdot4\cdot3\cdot2\cdot1$$
$$= {}^{エオカ}288（通り）$$

母音が隣り合わせになるのは，2 つの母音を 1 つと考えると，
並べ方は 5! 通り。
また，2 つの母音の並べ方が 2! 通りあるから

$\Leftarrow$ 隣り合うものを 1 つと考える。

母母, 子, 子, 子, 子

$$5!\cdot2! = 5\cdot4\cdot3\cdot2\cdot1\cdot2\cdot1$$
$$= {}^{キクケ}240（通り）$$

(2)　1〜6 の円順列であるから

$$(6-1)! = 5!$$
$$= 5\cdot4\cdot3\cdot2\cdot1$$
$$= {}^{コサシ}120（通り）$$

$\Leftarrow$ 円順列 $(n-1)!$

1 と 6 が点対称な位置にあるとき，
1 と 6 は固定してよい。
図の $a\sim d$ の位置に 2〜5 を並べる
から，求める配置は

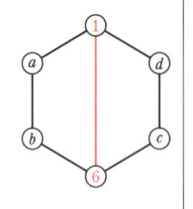

CHART
条件処理は先に行う

$$4! = 4\cdot3\cdot2\cdot1$$
$$= {}^{スセ}24（通り）$$

$\Leftarrow n! = {}_nP_n$

(3) 合計 10 人の中から 4 人を選ぶ組合せであるから

$$_{10}C_4 = \frac{10 \cdot 9 \cdot 8 \cdot 7}{4 \cdot 3 \cdot 2 \cdot 1} = {}^{ソタチ}\mathbf{210}（通り）$$

男子 4 人から 2 人，女子 6 人から 2 人をそれぞれ選ぶ組合せ
であるから

$$_4C_2 \times {}_6C_2 = \frac{4 \cdot 3}{2 \cdot 1} \times \frac{6 \cdot 5}{2 \cdot 1} = {}^{ツテ}\mathbf{90}（通り）$$

また，男子を 2 人以上含む 4 人は，(男，女) の数が (2, 2)，
(3, 1)，(4, 0) の場合がある。

[1] (2, 2) の場合　　90 通り
[2] (3, 1) の場合，上と同様に考えて

$$_4C_3 \times {}_6C_1 = {}_4C_1 \times {}_6C_1 = 4 \cdot 6 = 24（通り）$$

[3] (4, 0) の場合　　$_4C_4 = 1（通り）$
[1]〜[3] から，選び方は

$$90 + 24 + 1 = {}^{トナニ}\mathbf{115}（通り）$$

← $_nC_r = \dfrac{n!}{r!(n-r)!}$

← いくつかパターンがある
ときは，それぞれの場合
の数の和。

← $_nC_r = {}_nC_{n-r}$

> **NOTE**　男子 2 人 かつ 女子 2 人の場合の数を $_4C_2 \times {}_6C_2$ で求め，(男，女) が
> (2, 2) または (3, 1) または (4, 0) の場合の数を $90 + 24 + 1$ で求めた。
> このように，「かつ」は積，「または」は和 を考えるとよい。

(4) エースが出るという事象を A，ダイヤが出るという事象を
B とする。

$$P(A) = \frac{4}{52}, \quad P(B) = \frac{13}{52}, \quad P(A \cap B) = \frac{1}{52}$$

よって　　$P(A \cup B) = \dfrac{4}{52} + \dfrac{13}{52} - \dfrac{1}{52} = \dfrac{{}^{ヌ}\mathbf{4}}{{}^{ネノ}\mathbf{13}}$

← $P(A \cup B)$
　$= P(A) + P(B)$
　　　$- P(A \cap B)$

(5) 球の取り出し方は　　$_7C_2$ 通り
このうち，2 個とも白球である取り出し方は　　$_4C_2$ 通り
よって，2 個とも白球である確率は

$$\frac{_4C_2}{_7C_2} = \frac{4 \cdot 3}{7 \cdot 6} = \frac{{}^{ハ}\mathbf{2}}{{}^{ヒ}\mathbf{7}}$$

赤球と白球が 1 個ずつとなる取り出し方は　　$_3C_1 \times {}_4C_1$ 通り
よって，赤球と白球が 1 個ずつである確率は

$$\frac{_3C_1 \times {}_4C_1}{_7C_2} = \frac{3 \times 4}{21} = \frac{{}^{フ}\mathbf{4}}{{}^{ヘ}\mathbf{7}}$$

34 場合の数と確率の基本問題

(1) 男子 3 人，女子 4 人の合計 7 人が 1 列に並ぶとき，並び方は全部で
   アイウエ 通りある。このうち，男子 3 人が隣り合う並び方は オカキ 通り，男
   女が交互に並ぶ並び方は クケコ 通りある。

(2) 1 から 8 までの 8 個の整数を平面上の正八角形の各頂点に 1 個ずつ配置する。
   ただし，平面上でこの正八角形をその中心の周りに回転させたとき，重なり合
   うような配置は同じとみなすものとする。このような配置は全部で サシスセ
   通りある。
   また，1 と 8 が正八角形の中心に関して点対称な位置にあるような配置は
   ソタチ 通りあり，1 と 8 が隣り合うような配置は ツテトナ 通りある。

(3) 男子 5 人，女子 4 人の中から，3 人選ぶ方法は ニヌ 通り，男子 4 人と女子 2
   人の 6 人選ぶ方法は ネノ 通りある。また，男子を 4 人以上含む 6 人を選ぶ方
   法は ハヒ 通りある。

(4) 1 個のさいころを投げるとき，偶数または 3 の倍数の目が出る確率は $\dfrac{フ}{ヘ}$
   である。

(5) 10 本のくじの中に当たりくじが 3 本ある。このくじを同時に 3 本引くとき，
   当たりくじが 3 本である確率は $\dfrac{ホ}{マミム}$，当たりくじが 1 本である確率は
   $\dfrac{メモ}{ヤユ}$ である。

21日目 場合の数 (1)

例題 33　重複順列

目安15分

(1)　0, 1, 2, 3 の 4 種類の数字を用いると，3 桁以下の正の整数は ［アイ］ 個作れる。
ただし，同じ数字を繰り返し用いてもよいものとする。

(2)　7 人を，2 つの部屋 A, B に入れる方法は ［ウエオ］ 通りある。
また，区別をしない 2 つの部屋に入れる方法は ［カキ］ 通りある。
ただし，それぞれの部屋には少なくとも 1 人は入れるものとする。

例題 34　組分け

目安15分

9 人の生徒がいる。4 人と 5 人の 2 つの組に分ける方法は ［アイウ］ 通りある。
また，4 人と 3 人と 2 人の 3 つの組に分ける方法は ［エオカキ］ 通りある。
さらに，3 人ずつ A, B, C の 3 組に分ける方法は ［クケコサ］ 通り，3 人ずつ 3 組に
分ける方法は ［シスセ］ 通りある。

HART　21

▶重複順列

異なる n 個 のものから，重複を許して r 個 取る順列の総数は　n^r

(1)　**各桁の数字の条件に注目**　最高位に 0 は並ばないことに注意する。

▶組分けの問題

組に区別があるかどうかに注意

人数が **異なる** 組に分ける　　　　　　　⟶ **区別がある** ⎤
人数が **同じ** 組に分ける。組に **名前がある** ⟶ **区別がある** ⎦ ⟶ 入る人を順に決める。

人数が **同じ** 組に分ける。組に **名前がない** ⟶ **区別がない**
　　　　　　　　　　　　　　　　　　後で区別をなくす。

解　答　（アイ）63　（ウエオ）126　（カキ）63

解説

(1)　3桁の整数は，百の位の数字が0以外であるから

$$3 \times 4^2 = 48（個）$$

　同様にして，2桁の整数は　　$3 \times 4 = 12（個）$

　1桁の正の整数は　　　　　　3個

　ゆえに，3桁以下の正の整数は

$$48 + 12 + 3 = {}^{アイ}\mathbf{63}（個）$$

〔別解〕　2桁の整数は百の位の数字が　0，

　　　　　1桁の整数は百と十の位の数字が　0

　と考えると，3桁以下の整数は　　　4^3 個

　000 になる場合を除いて

$$4^3 - 1 = {}^{アイ}\mathbf{63}（個）$$

(2)　空の部屋があってもよいものとして7人をA，Bの部屋に
入れると，その方法は

$$2^7 = 128（通り）$$

　一方の部屋が空になる場合を除くと

$$128 - 2 = {}^{ウエオ}\mathbf{126}（通り）$$

　A，Bの区別をなくすと

$$126 \div 2 = {}^{カキ}\mathbf{63}（通り）$$

← 3桁の整数の百の位の数字の選び方は0以外の3通りで，十の位，一の位は4種類の数字のどれでもよい。

← 例えば
012 …… 2桁の整数12
003 …… 1桁の整数3
と考える。

← 異なる2個から重複を許して7個取り出して並べる順列の総数と同じ。

← 区別をなくすと，一致する場合がそれぞれ2通りずつある。

NOTE　重複順列は次のように考える。

n 個のものから1個選ぶことを r 回繰り返す。

1回につき選び方は n 通りあるから，総数は

$$\underbrace{n \times n \times \cdots\cdots \times n}_{r 回} = \boldsymbol{n}^r$$

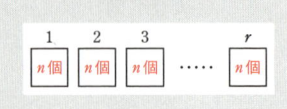

1	2	3		r
n個	n個	n個	……	n個

解説

4人と5人の2つの組に分けるには，4人の組に入る生徒を決めれば，残りの5人が5人の組になるから

$$_9C_4 = \frac{9 \cdot 8 \cdot 7 \cdot 6}{4 \cdot 3 \cdot 2 \cdot 1} = \overset{\text{アイウ}}{126}\text{（通り）}$$

← 人数が **異なる**
　　── 入る人を順に決める。

また，4人と3人と2人の3つの組に分けるには，4人の組に入る生徒を決め，残りの5人から3人の組に入る生徒を決めれば，残りの2人が2人の組になるから

$$_9C_4 \times {}_5C_3 = 126 \times \frac{5 \cdot 4}{2 \cdot 1}$$
$$= \overset{\text{エオカキ}}{1260}\text{（通り）}$$

← 人数が **異なる**
　　── 入る人を順に決める。

← $_5C_3 = {}_5C_2$

さらに，3人ずつ A，B，C の3組に分けるには，同様に，3人ずつ決めていけばよいから

$$_9C_3 \times {}_6C_3 = \frac{9 \cdot 8 \cdot 7}{3 \cdot 2 \cdot 1} \times \frac{6 \cdot 5 \cdot 4}{3 \cdot 2 \cdot 1}$$
$$= 84 \times 20 = \overset{\text{クケコサ}}{1680}\text{（通り）}$$

← 人数が **同じ** で組に **名前がある**
　　── 入る人を順に決める。

3人ずつの3組に分けるには，上の1680通りで組の区別をなくせばよい。

組の区別をなくすと，同じものが 3! 通り存在するから

$$1680 \div 3! = \overset{\text{シスセ}}{280}\text{（通り）}$$

← 人数が **同じ** で組に **名前がない** ── **区別がない。**
後で区別をなくす。
（（組の数)! で割る）

NOTE　3! で割ったのは，組をなくしたことにより，重複するものが A，B，C の順列の数 3! ずつ存在するためである。

具体的には，9人の生徒を a, b, ……, i とすると，以下のような分け方は，組の区別をなくしたとき同じ分け方とみなせるからである。

$$A：abc,\ B：def,\ C：ghi \implies \boxed{abc}\boxed{def}\boxed{ghi}$$
$$A：abc,\ C：def,\ B：ghi \xrightarrow{\text{区別なくす}} \boxed{abc}\boxed{def}\boxed{ghi}$$

このような例が1つの分け方について，A，B，C の順列の総数 3! 通りだけ重複して存在しているのである。

35 重複順列　　目安 15 分

(1) 0, 1, 2, 3, 4, 5 の 6 種類の数字を用いると，4 桁以下の正の整数は アイウエ 個作れる。ただし，同じ数字を繰り返し用いてもよいものとする。

(2) 9 人を，区別をしない 2 つの部屋に入れる方法は オカキ 通りある。ただし，それぞれの部屋には少なくとも 1 人は入れるものとする。

36 組分け　　目安 15 分

10 人の生徒がいる。4 人と 6 人の 2 つの組に分ける方法は アイウ 通りある。
また，5 人と 3 人と 2 人の 3 つの組に分ける方法は エオカキ 通りある。
さらに，3 人ずつの組 A，B と 4 人の組 C の 3 組に分ける方法は クケコサ 通り，
3 人，3 人，4 人の 3 組に分ける方法は シスセソ 通りある。

22日目 場合の数(2)

例題 35　同じものを含む順列

目安15分

9個の文字 A，A，B，B，B，C，C，C，C を1列に並べるものとする。

(1)　異なる並べ方の総数は アイウエ である。

(2)　A が連続して並ぶ並べ方は オカキ 通りである。

(3)　C が2個以上連続して並ばない並べ方のうち，先頭が C である並べ方は クケコ 通りである。

(4)　C が2個以上連続して並ばない並べ方は サシス 通りである。

例題 36　最短経路の数

目安15分

図のように，東西に走る道が4本，南北に走る道が4本ある。A 地点から B 地点に行く経路のうち最短の経路は アイ 通りあり，A 地点から C 地点と D 地点の両方を通って B 地点に行く経路のうち最短の経路は ウ 通りある。

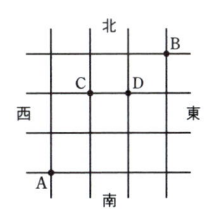

第5章

CHART 22

▶同じものを含む順列

A を p 個，B を q 個，C を r 個，…… 並べる順列（**全部で n 個**）の総数は

$$\frac{n!}{p!\,q!\,r!\cdots\cdots} \quad (={}_n\mathrm{C}_p \cdot {}_{n-p}\mathrm{C}_q \cdot {}_{n-p-q}\mathrm{C}_r \cdots\cdots)$$

（ただし　$p+q+r+\cdots\cdots=n$）

そのまま組合せの考え方で求めてもよい。

▶最短経路の数

↑と→などの順列（同じものを含む順列）と考える

書き込んで求めるのも有効。

解　答　（アイウエ）1260　（オカキ）280　（クケコ）100　（サシス）150

解説

(1) 9個の文字の中に A は 2 個，B は 3 個，C は 4 個あるから，

異なる並べ方の総数は　$\dfrac{9!}{2!3!4!}=$ ᵃⁱ ᵘᵉ**1260**

← $\dfrac{n!}{p!q!r!}$

〔別解〕　2 個の A の位置の決め方は　　$_9C_2$ 通り

← そのまま組合せの考え方で求める。

残りについて，3 個の B の位置の決め方は　　$_7C_3$ 通り

4 個の C は残りの位置に置けばよい。

したがって，異なる並べ方の総数は

$_9C_2\times_7C_3=\dfrac{9\cdot 8}{2\cdot 1}\times\dfrac{7\cdot 6\cdot 5}{3\cdot 2\cdot 1}=$ ᵃⁱ ᵘᵉ**1260**

← 積の法則。

(2) A 2 個を $\boxed{AA}$ のように 1 個の文字として考えると，A が連続して並ぶ並べ方は，$\boxed{AA}$, B, B, B, C, C, C, C の 8 個の文字を並べる順列の数に等しい。

← 隣り合うものを 1 つと考える。

よって，求める並べ方は　　$\dfrac{8!}{1!3!4!}=$ ᵒᵏ**280**（通り）

〔別解〕　$\boxed{AA}$ の位置の決め方は　　$_8C_1$ 通り

← 組合せの考え方。

残りについて，3 個の B の位置の決め方は　　$_7C_3$ 通り

4 個の C は残りの位置に置けばよい。

したがって，求める並べ方は

$_8C_1\times_7C_3=8\times\dfrac{7\cdot 6\cdot 5}{3\cdot 2\cdot 1}=$ ᵒᵏ**280**

← 積の法則。

(3) C ○＊○＊○＊○＊ において，5 個の○の位置に A 2 個，B 3 個を並べ，さらに，5 個の＊の位置に 3 個の C を並べる。よって，求める並べ方は

$\dfrac{5!}{2!3!}\times_5C_3=\dfrac{5!}{2!3!}\times_5C_2=\dfrac{5!}{2!3!}\times\dfrac{5\cdot 4}{2\cdot 1}=$ ᵏᵉᵏᵒ**100**（通り）

← $_5C_3=_5C_2$

(4) ＊○＊○＊○＊○＊ において，5 個の○の位置に A 2 個，B 3 個を並べ，さらに，6 個の＊の位置のうち 4 個に C を並べる。よって，求める並べ方は

$\dfrac{5!}{2!3!}\times_6C_4=\dfrac{5!}{2!3!}\times_6C_2=\dfrac{5!}{2!3!}\times\dfrac{6\cdot 5}{2\cdot 1}=$ ˢᵃˢⁱˢ**150**（通り）

← $_6C_4=_6C_2$

例題 36 解答・解説

> **解 答** （アイ） 20 （ウ） 6

解説

北へ1区画進むことを↑，東へ1区画進むことを→で表すことにすると，A地点からB地点に行く最短の経路の総数は，**↑3個と→3個を1列に並べる順列**の総数と等しい。
よって，求める最短の経路は

$$\frac{6!}{3!3!} = {}^{アイ}20 \,(通り)$$

A地点からC地点に行く最短の経路は　　$\dfrac{3!}{2!1!} = 3 \,(通り)$

C地点からD地点に行く最短の経路は　　$1 \,通り$

D地点からB地点に行く最短の経路は　　$\dfrac{2!}{1!1!} = 2 \,(通り)$

よって，求める最短の経路は
$$3 \times 1 \times 2 = {}^{ウ}6 \,(通り)$$

> **NOTE** ある地点Pにたどり着く直前の点がQ，Rの2つあり，スタートからQ，Rまでの経路の数がそれぞれ a，b 通りであるとする。このとき，スタートからPまでの経路の数は
> 　（Qを経由する経路の数）＋（Rを経由する経路の数）
> すなわち $(a+b)$ 通りである。
> この考え方を，スタート地点から各点について適用していくと，経路の数が求められる。
> この解法は，**通れない点があるなど，経路が複雑な場合** に特に有効である。

〔**別解**〕（**ウ**）
　　右の図から　　${}^{ウ}6$ 通り

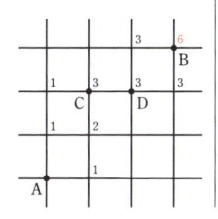

← 例えば，順列「↑↑→↑→→」は右の経路に対応する。

← A→C，C→D，D→B に分けて考える。それぞれの経路の数は，上と同じようにして求める。

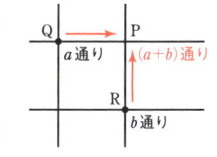

← 各点に経路の数を書き込んでいく。

← 直前の点に書かれた数字を足していく。

演 習 問 題

目安15分

37　同じものを含む順列

赤色のカードが4枚，青色のカードが3枚，黄色のカードが2枚，白色のカードが1枚ある。同じ色のカードは区別できないものとする。

この10枚のカードを左から右へ1列に並べる並べ方は全部で $\boxed{アイウエオ}$ 通りある。また，左から3枚の色がすべて同じものは $\boxed{カキク}$ 通りある。

38　最短経路の数

目安15分

右の図において，P地点からQ地点に達する最短経路について考えよう。

(1)　P地点から，A地点を通り，Q地点に達する最短経路は $\boxed{アイウ}$ 通りある。

(2)　P地点から，B地点を通り，Q地点に達する最短経路は $\boxed{エオ}$ 通りある。

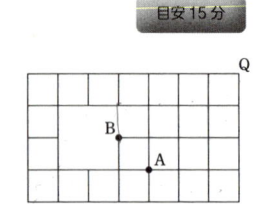

(3)　P地点からQ地点に達する最短経路は全部で $\boxed{カキク}$ 通りある。

 **確　率 (1)**

例題 37　場合の数と確率　　　　　　目安 10 分

1 つのさいころを 2 回続けて投げ，出た目の数を順に a，b とするとき，$u=\dfrac{a}{b}$ とおく。

$u=1$ である確率は $\dfrac{\boxed{\text{ア}}}{\boxed{\text{イ}}}$ であり，u が整数になる確率は $\dfrac{\boxed{\text{ウ}}}{\boxed{\text{エオ}}}$ である。

また，u が整数または $b=2$ である確率は $\dfrac{\boxed{\text{カキ}}}{\boxed{\text{クケ}}}$ である。

例題 38　組合せと確率　　　　　　目安 15 分

A，B の 2 人がそれぞれ袋を持っている。A の袋には黒玉が 3 個と白玉が 2 個，B の袋には黒玉が 2 個と白玉が 3 個入っている。A，B がそれぞれ自分の袋から同時に 2 個ずつ玉を取り出す。2 人の取り出した黒玉の個数の合計が，偶数ならば A の勝ち，奇数ならば A の負けとする。ただし，0 は偶数に含めるものとする。

A が勝つ確率は $\dfrac{\boxed{\text{アイ}}}{\boxed{\text{ウエ}}}$ である。

 **23**　確率

$$P(A)=\frac{\text{事象 }A\text{ の起こる場合の数}}{\text{すべての場合の数}}$$

$$P(A\cup B)=P(A)+P(B)-P(A\cap B)$$

A と B が排反のとき
$$P(A\cup B)=P(A)+P(B)$$

▶独立な試行の確率
　　各試行の確率の積

> | 解 答 | $\dfrac{(ア)}{(イ)}$ $\dfrac{1}{6}$ | $\dfrac{(ウ)}{(エオ)}$ $\dfrac{7}{18}$ | $\dfrac{(カキ)}{(クケ)}$ $\dfrac{17}{36}$ |

解説

すべての場合の数は $\qquad 6^2=36$(通り)

$u=1$ となるのは，$a=b$ のときである。

この条件を満たす (a, b) は，$(1, 1)$，$(2, 2)$，……，$(6, 6)$ の6通りである。

よって，$u=1$ である確率は $\qquad \dfrac{6}{36}=\dfrac{^{ア}1}{_{イ}6}$

u が整数となるのは，b が a の約数のときである。

この条件を満たす (a, b) は，

$\qquad (1, 1)$, $(2, 1)$, $(2, 2)$, $(3, 1)$, $(3, 3)$,
$\qquad (4, 1)$, $(4, 2)$, $(4, 4)$, $(5, 1)$, $(5, 5)$,
$\qquad (6, 1)$, $(6, 2)$, $(6, 3)$, $(6, 6)$

の14通りである。

よって，u が整数になる確率は $\qquad \dfrac{14}{36}=\dfrac{^{ウ}7}{_{エオ}18}$

また，$b=2$ となるのは，$(1, 2)$，$(2, 2)$，……，$(6, 2)$ の6通りであるから，その確率は $\qquad \dfrac{6}{36}$

u が整数かつ $b=2$ であるような (a, b) は，$(2, 2)$，$(4, 2)$，$(6, 2)$ であるから，その確率は $\qquad \dfrac{3}{36}$

よって，u が整数または $b=2$ である確率は

$\qquad \dfrac{14}{36}+\dfrac{6}{36}-\dfrac{3}{36}=\dfrac{^{カキ}17}{_{クケ}36}$

◆ 重複順列 n^r
これが確率の分母になる。

◆ 条件を満たすものをすべて数える。
表にすると考えやすい。

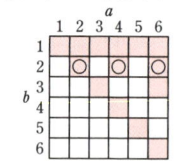

◆ 約分せずに，分母をそろえたままの方が，後の計算がらく。

◆ $P(A \cap B)$ である。

◆ $P(A \cup B)$
$=P(A)+P(B)-P(A \cap B)$

NOTE 後で和や差などを計算する必要がある場合，$\dfrac{6}{36}=\dfrac{1}{6}$ などと約分してしまわずに，分母をそろえたままの方が早い。

NOTE 場合の数や確率の問題では，条件を満たすものを書き出した方が早い場合がある。例えば，本問のように，さいころを2回（または2個）投げる場合は，上のような表を用いてすべてを書き出すのも有効である。また，順を追って操作の結果や確率を考えたいときは 樹形図 が有効である。

解　答　(アイ) $\dfrac{13}{25}$
(ウエ)

解説

A が勝つのは，黒玉の個数の合計が，

　　　　[1] 4 個　　　[2] 2 個　　　[3] 0 個

のときである。

← 3 パターンある。

[1]　黒玉が合計 4 個となるのは，A，B がともに黒玉を 2 個ず
　つ取り出すときである。

　よって，その確率は

$$\frac{{}_3C_2}{{}_5C_2} \times \frac{{}_2C_2}{{}_5C_2} = \frac{3}{10} \times \frac{1}{10} = \frac{3}{100}$$

← A，B が玉を取り出す
確率の積。

[2]　黒玉が合計 2 個となるのは，黒玉の個数が，

　　　　A 2 個，B 0 個，または A 1 個，B 1 個，

　　　　または A 0 個，B 2 個

のときである。

　よって，その確率は

$$\frac{{}_3C_2}{{}_5C_2} \times \frac{{}_3C_2}{{}_5C_2} + \frac{{}_3C_1 \cdot {}_2C_1}{{}_5C_2} \times \frac{{}_2C_1 \cdot {}_3C_1}{{}_5C_2} + \frac{{}_2C_2}{{}_5C_2} \times \frac{{}_2C_2}{{}_5C_2}$$

$$= \frac{3}{10} \times \frac{3}{10} + \frac{6}{10} \times \frac{6}{10} + \frac{1}{10} \times \frac{1}{10}$$

$$= \frac{46}{100}$$

← 3 つのパターンの **和**。そ
れぞれの確率は A，B が
取り出す **確率の積**。

← 約分しない方が後の計
算がらく。

[3]　A と B の袋について，白と黒の個数が入れ替わっただけ
　であるから，黒玉が合計 0 個すなわち白玉が 4 個となる確率
　は，黒玉 4 個となる確率に等しい。

　よって，[1] から求める確率は　　$\dfrac{3}{100}$

以上から，求める確率は

$$\frac{3}{100} + \frac{46}{100} + \frac{3}{100} = \frac{アイ 13}{ウエ 25}$$

← 3 つのパターンの **和**。

NOTE　A が黒玉 2 個 **かつ** B が黒玉 2 個の確率は **積** で求め，黒玉の個数が A 2 個，B
0 個 **または** A 1 個，B 1 個 **または** A 0 個，B 2 個の確率は **和** で求めた。

第 **5** 章

39 場合の数と確率 目安10分

1つのさいころを3回投げる。

(1) 1, 2, 3の目が1回ずつ出る確率は $\dfrac{\boxed{ア}}{\boxed{イウ}}$ であり，目の和が6である確率は $\dfrac{\boxed{エ}}{\boxed{オカキ}}$ である。

(2) 目の和が6であるか，または1回目に5の目が出る確率は $\dfrac{\boxed{クケ}}{\boxed{コサシ}}$ である。

40 組合せと確率 目安15分

A，B2人のそれぞれが持つ袋には，次のように点数のついた玉が6個ずつ入っている。

$\qquad$ Aの袋：6点の玉2個，3点の玉1個，0点の玉3個

$\qquad$ Bの袋：6点の玉1個，3点の玉3個，0点の玉2個

A，Bは，各自の袋から玉を1個取り出して元に戻す。このとき，取り出した玉の点数をその人の得点とする。これを2回行って合計得点について考える。

(1) Aの合計得点が6点になる確率は $\dfrac{\boxed{アイ}}{\boxed{ウエ}}$ である。

(2) Aの合計得点とBの合計得点がともに6点になる確率は $\dfrac{\boxed{オカキ}}{1296}$ である。

24 日目 確　率 (2)

1回目	2回目
／	／

例題 39　反復試行の確率

目安15分

AとBが連続して試合を行い，先に4勝した方を優勝とする。1回の試合でAが勝つ確率は $\dfrac{2}{3}$ であり，引き分けはないものとする。

ちょうど5試合目でAが優勝する確率は $\dfrac{\boxed{アイ}}{3^5}$ であり，ちょうど7試合目で優勝が決まる確率は $\dfrac{\boxed{ウエオ}}{3^6}$ である。

例題 40　確率の乗法定理

目安15分

Aの箱には赤玉2個，白玉3個，Bの箱には赤玉3個，白玉3個，Cの箱には赤玉4個，白玉3個が入っている。

この中から1箱を選んで1個の玉を取り出すとき，それが赤玉である確率は

$\dfrac{\boxed{アイウ}}{\boxed{エオカ}}$ である。

また，赤玉を取り出したとき，選んだ箱がAの箱である条件付き確率は $\dfrac{\boxed{キク}}{\boxed{ケコサ}}$ である。

ただし，箱を選ぶ確率はどの箱も等しく $\dfrac{1}{3}$ であるとする。

 **24**

▶反復試行

　起こる確率 p の事象が n 回中 r 回起こる確率は　　$_nC_r p^r (1-p)^{n-r}$

　最後の1回で優勝が決まる —→ 最後の1回は特別扱い

▶乗法定理

　事象 A が起こったときの事象 B が起こる条件付き確率 $P_A(B)$ は

$$P_A(B) = \frac{n(A \cap B)}{n(A)} = \frac{P(A \cap B)}{P(A)}$$

第5章

解　答　（アイ）64　（ウエオ）160

解説

ちょうど5試合目でAが優勝するには，

　　　　<u>4試合目まででAが3勝，Bが1勝であり，</u>
　　　　<u>5試合目でAが勝てばよい。</u>

よって，その確率は

$$_4C_3\left(\frac{2}{3}\right)^3\left(1-\frac{2}{3}\right)^1\times\frac{2}{3}=4\cdot\frac{2^3}{3^3}\cdot\frac{1}{3}\cdot\frac{2}{3}$$

$$=\frac{{}^{アイ}64}{3^5}$$

ちょうど7試合目で優勝が決まるには，

　　　　<u>6試合目まででAが3勝，Bが3勝し，</u>
　　　　<u>7試合目はどちらが勝っても優勝が決まる。</u>

よって，その確率は

$$_6C_3\left(\frac{2}{3}\right)^3\left(1-\frac{2}{3}\right)^3\times\underline{1}=20\cdot\frac{2^3}{3^3}\cdot\frac{1}{3^3}$$

$$=\frac{{}^{ウエオ}160}{3^6}$$

NOTE （アイ）において，5試合目を特別扱いせずに，$_5C_4\left(\frac{2}{3}\right)^4\left(1-\frac{2}{3}\right)^1$ とすると，この事象は，「5試合目まででAが4勝，Bが1勝する」という事象である。この事象には，「4試合目まででAが4勝，5試合目でBが1勝」の場合も含まれてしまう。
必ず **最後の1回を特別扱い** しなければならない。

◆5試合目は特別扱い。
　○：Aが勝ち，
　×：Aが負け　とすると

1	2	3	4	5
○	×	○	○	○

　　3勝1敗

◆$_nC_r p^r(1-p)^{n-r}$

◆7試合目は特別扱い。
　7試合目はすべての場合で優勝が決まるから1を掛ける。

◆$_nC_r p^r(1-p)^{n-r}$

◆この場合は，4試合目でAが優勝。

| 解　答 | $\dfrac{(アイウ)}{(エオカ)}$ | $\dfrac{103}{210}$ | $\dfrac{(キク)}{(ケコサ)}$ | $\dfrac{28}{103}$ |

解説

箱 A，B，C を選ぶという事象を，それぞれ A，B，C とし，赤玉を取り出す事象を R とすると

$$P_A(R) = \frac{2}{5}, \quad P_B(R) = \frac{3}{6} = \frac{1}{2}, \quad P_C(R) = \frac{4}{7}$$

A の箱から赤玉を取り出すとき

$$P(A \cap R) = \frac{1}{3} \times \frac{2}{5} = \frac{2}{15}$$

← $P(A \cap R) = P(A)P_A(R)$

B の箱から赤玉を取り出すとき

$$P(B \cap R) = \frac{1}{3} \times \frac{1}{2} = \frac{1}{6}$$

← $P(B \cap R) = P(B)P_B(R)$

C の箱から赤玉を取り出すとき

$$P(C \cap R) = \frac{1}{3} \times \frac{4}{7} = \frac{4}{21}$$

← $P(C \cap R) = P(C)P_C(R)$

よって　$P(R) = \dfrac{2}{15} + \dfrac{1}{6} + \dfrac{4}{21} = \dfrac{\overset{アイウ}{103}}{\underset{エオカ}{210}}$

また，赤玉を取り出したとき，選んだ箱が A の箱である確率は $P_R(A)$ であるから

$$P_R(A) = \frac{P(R \cap A)}{P(R)}$$

← $P(R \cap A) = P(A \cap R)$

$$= \frac{2}{15} \div \frac{103}{210} = \frac{\overset{キク}{28}}{\underset{ケコサ}{103}}$$

第 **5** 章

演習問題

41　反復試行の確率

目安15分

1個のさいころを連続して投げ，偶数の目が4度出たら試行を終了するものとする。5回目に3度目の偶数が出る確率は $\dfrac{\boxed{\text{ア}}}{\boxed{\text{イウ}}}$ であり，6回以内で試行が終了する確率は $\dfrac{\boxed{\text{エオ}}}{\boxed{\text{カキ}}}$ である。

また，6回で終了し，6回のうち，ちょうど1回が1の目である確率は $\dfrac{\boxed{\text{ク}}}{\boxed{\text{ケコ}}}$ である。

42　確率の乗法定理

目安15分

黒玉3個と白玉4個が入っている袋から，玉を1個ずつ続けて2回取り出し，1回目の玉は色を見ないで別の袋の中にしまった。

このとき，2回目の玉が黒玉である確率は $\dfrac{\boxed{\text{ア}}}{\boxed{\text{イ}}}$ であり，2回目の玉が黒玉であるとき，1回目の玉が黒玉である条件付き確率は $\dfrac{\boxed{\text{ウ}}}{\boxed{\text{エ}}}$ である。

1回目　2回目　／　／

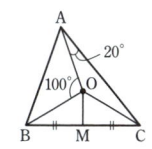

25日目 平 面 図 形 (1)

例題 41　三角形の重心・内心・外心

目安20分

(1)　$AB=AC=2\sqrt{10}$，$BC=4$ である二等辺三角形 ABC において，辺 BC の中点を M，重心を G とすると，$AM=\boxed{ア}$ であるから，$AG=\boxed{イ}$ である。

(2)　△ABC の ∠BAC の二等分線が辺 BC と交わる点を D とするとき，$AB=6$，$BD=3$，$DC=2$ である。このとき，$AC=\boxed{ウ}$ であり，△ABC の内心を I とすると，$AI:ID=\boxed{エ}:1$ である。

(3)　右の図において，O は △ABC の外心である。このとき，$∠OCA=\boxed{オカ}°$ であるから，$∠OCB=\boxed{キク}°$ である。また，辺 BC の中点を M とするとき，$OM=3$ であるとする。このとき，△ABC の外接円の半径は $\boxed{ケ}$ である。

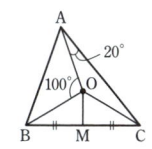

CHART 25

▶**三角形の重心**

三角形の各頂点から対辺の中点に引いた直線（**中線**という）の交点を **重心** という。

重心は各 **中線を 2：1 に内分** する。

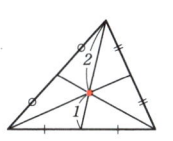

▶**三角形の内心**

三角形の 3 つの内角の二等分線の交点を **内心** といい，内心を中心として 3 辺に接する円を **内接円** という。

AD が ∠A の二等分線であるとき

  $AB：AC=BD：DC$

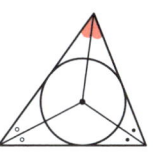

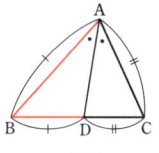

▶**三角形の外心**

三角形の各辺の垂直二等分線の交点を **外心** といい，外心を中心として 3 つの頂点を通る円を **外接円** という。

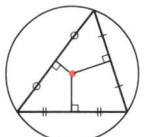

解説

(1) △ABC は二等辺三角形であるから
$$AM \perp BC$$
よって，△ABM において，三平方の定理
により
$$AM^2 = AB^2 - BM^2$$
$$= (2\sqrt{10})^2 - 2^2 = 36$$
AM>0 であるから AM=ᵃ**6**

G は △ABC の **重心** であるから

$$AG : GM = 2 : 1 \qquad \text{ゆえに} \qquad AG = 6 \cdot \frac{2}{2+1} = {}^{イ}\textbf{4}$$

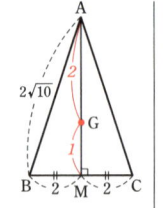

←三平方の定理
$$a^2 = b^2 + c^2$$

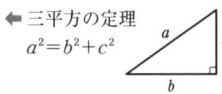

←重心は中線を 2：1 に内分する。

(2) 線分 AD は ∠A の二等分線であるから
$$AB : AC = BD : DC$$
すなわち $6 : AC = 3 : 2$
よって $3AC = 6 \cdot 2$
ゆえに $AC = {}^{ウ}\textbf{4}$
また，I は △ABC の **内心** であるから，
線分 BI は ∠B の二等分線 である。
よって，△BAD において $BA : BD = AI : ID$
すなわち $6 : 3 = AI : ID$ ゆえに $AI : ID = {}^{エ}\textbf{2} : 1$

←$p : q = r : s \Longleftrightarrow qr = ps$

←内心は内角の二等分線の交点。

NOTE

三角形の重心の性質

三角形の重心に関する問題では，次の 2 つの性質に着目することが鍵となる。

[1] 重心は中線を 2：1 に内分する。

[2] 重心と三角形の頂点を結んだ直線は，頂点の対辺の中点を通る。

また，問題文に"重心"という言葉が出てこなくても，"3 本の中線の交点"という定義に戻り，**かくれた重心を見つけ出す** とうまくいく問題もある。

三角形の内心の性質

三角形の内心に関する問題では，次の 2 つの性質に着目することが鍵となる。

[1] 内心と三角形の頂点を結んだ線分は，三角形の内角の二等分線である。

[2] 内心と 3 つの辺との距離はすべて等しい。

(3) O は △ABC の外心であるから
$$OA = OC$$
よって，△OAC は二等辺三角形であるから
$$\angle OCA = \angle OAC$$
$$= {}^{オカ}20°$$
また，円周角の定理により
$$\angle ACB = \frac{1}{2}\angle AOB$$
$$= \frac{100°}{2} = 50°$$
よって　　$\angle OCB = \angle ACB - \angle OCA$
$$= 50° - 20° = {}^{キク}30°$$

O は △ABC の外心であるから，OM は辺 BC の垂直二等分線である。

△OCM において，$\angle OMC = 90°$，$\angle OCM = 30°$ であるから
$$OC = 3 \cdot 2 = 6$$
ゆえに，外接円の半径は　　${}^{ケ}6$

〔別解〕（キク）

$OA = OB = OC$ であるから，△OBC，△OAB も二等辺三角形である。

よって　　$\angle OAB = \angle OBA = (180° - 100°) \div 2$
$$= 40°$$
また，$\angle OBC = \angle OCB$ であるから，$\angle OCB = x$ とすると，△ABC において
$$40° + 40° + 20° + 20° + x + x = 180°$$
ゆえに　　$x = \angle OCB = {}^{キク}30°$

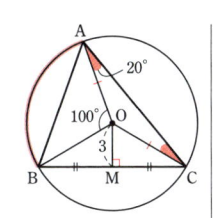

← 外心は外接円の中心。外接円をかいて考えるとよい。OA, OC は外接円の半径。

← 二等辺三角形の底角は等しい。

← (円周角) $= \frac{1}{2}$(中心角)

← 外心は垂直二等分線の交点。

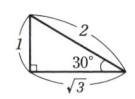

← 外接円の半径。

← $\angle OAB + \angle OBA + 100° = 180°$
かつ　$\angle OAB = \angle OBA$

← 三角形の内角の和は 180°

NOTE 三角形の外心の性質

三角形の外心に関する問題では，次の 2 つの性質に着目することが鍵となる。

[1] 外心と 3 つの頂点をそれぞれ結んだ線分の長さはすべて等しい。

[2] 外心から三角形に引いた垂線は，辺の中点を通る。

演 習 問 題

43 三角形の重心・内心・外心 〔目安20分〕

(1) AB＝AC＝5，BC＝6 である二等辺三角形 ABC において，辺 BC の中点を M，重心を G とすると，AM＝$\boxed{\text{ア}}$ であるから，GM＝$\dfrac{\boxed{\text{イ}}}{\boxed{\text{ウ}}}$ である。

(2) AB＝6，BC＝4，CA＝8 である △ABC の ∠BAC の二等分線が辺 BC と交わる点を D，△ABC の内心を I とするとき，BD＝$\dfrac{\boxed{\text{エオ}}}{\boxed{\text{カ}}}$ であるから，AI：ID＝$\boxed{\text{キ}}$：$\boxed{\text{ク}}$ である。

(3) 右の図において，O は △ABC の外心である。
このとき，∠BAC＝$\boxed{\text{ケコ}}$° であるから，
∠BOC＝$\boxed{\text{サシス}}$° である。
また，△ABC の外接円の半径が 4 であるとき，O から辺 AB に垂線 OH を下ろすと，BH＝$\boxed{\text{セ}}\sqrt{\boxed{\text{ソ}}}$ であるから，AB＝$\boxed{\text{タ}}\sqrt{\boxed{\text{チ}}}$ である。

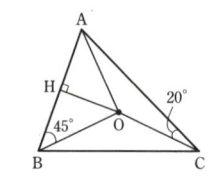

26日目 平面図形 (2)

例題 42　チェバの定理，メネラウスの定理

目安15分

△ABC の辺 AB，AC 上にそれぞれ AP：PB＝2：3，AQ：QC＝1：2 となるように点 P，Q をとる。線分 BQ，PC の交点を O，直線 AO と辺 BC の交点を R とすると，BR：RC＝3：[ア] である。また，AO：OR＝[イ]：[ウ] である。
よって，△ABC：△OBC＝[エオ]：[カ] となるから，
△ABC：△OBR＝[キク]：[ケコ] である。

例題 43　円に内接する四角形

目安15分

円に内接する四角形 ABCD の辺の長さについて AB＞CD，DA＞BC とする。
2 直線 BC と AD の交点を E とし，2 直線 AB と DC の交点を F とする。
点 G を，△FBC の外接円と直線 EF との交点で F とは異なる点とすれば，4 点 F，G，C，B は同一円周上にあり，4 点 A，B，C，D も同一円周上にあるから
∠FGC＝∠E[アイ]＝∠EDC となる。
これにより 4 点 E，D，C，[ウ] は同一円周上にあることがわかる。
[アイ]，[ウ] に当てはまるものを，記号 A～G のうちから選べ。

C HART 26

▶チェバの定理　右の図において

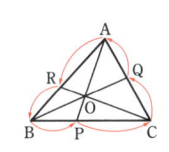

$$\frac{AR}{RB} \cdot \frac{BP}{PC} \cdot \frac{CQ}{QA} = 1$$

O が △ABC の外部にあるときも成り立つ。

▶メネラウスの定理　右の図において

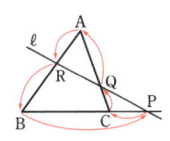

$$\frac{AR}{RB} \cdot \frac{BP}{PC} \cdot \frac{CQ}{QA} = 1$$

ℓ が △ABC と共有点をもたないときも成り立つ。

▶三角形の面積比　**底辺が等しければ高さの比**
　　　　　　　　　　高さが等しければ底辺の比

▶円に内接する四角形

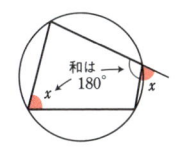

　　　対角の和が 180°
　　　内角と，その対角の外角は等しい

解 答 （ア）4 （イ）7 （ウ）6 （エオ）13 （カ）6 （キク）91
（ケコ）18

解説

△ABC について，**チェバの定理**により

$$\frac{2}{3} \cdot \frac{\text{BR}}{\text{RC}} \cdot \frac{2}{1} = 1$$

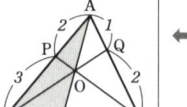

$\Leftarrow \dfrac{\text{AP}}{\text{PB}} \cdot \dfrac{\text{BR}}{\text{RC}} \cdot \dfrac{\text{CQ}}{\text{QA}} = 1$

すなわち　$\dfrac{\text{BR}}{\text{RC}} = \dfrac{3}{4}$

ゆえに　　BR：RC＝3：^{ア}**4**

また，△ABR と直線 PC について，**メネラウスの定理**により

$$\frac{2}{3} \cdot \frac{3+4}{4} \cdot \frac{\text{RO}}{\text{OA}} = 1$$　すなわち　$\dfrac{\text{RO}}{\text{OA}} = \dfrac{6}{7}$

$\Leftarrow \dfrac{\text{AP}}{\text{PB}} \cdot \dfrac{\text{BC}}{\text{CR}} \cdot \dfrac{\text{RO}}{\text{OA}} = 1$

ゆえに　　AO：OR＝^{イ}**7**：^{ウ}**6**

また　　　△ABC：△OBC＝AR：OR
$＝{}^{エオ}$**13**：^{カ}**6**

$\Leftarrow$ 底辺が等しいから高さの
　比。

よって　　$\triangle\text{OBC} = \dfrac{6}{13}\triangle\text{ABC}$

また　　　△OBC：△OBR＝BC：BR
$＝7：3$

$\Leftarrow$ 高さが等しいから底辺の
　比。

よって　　$\triangle\text{OBR} = \dfrac{3}{7}\triangle\text{OBC}$

ゆえに　　$\triangle\text{OBR} = \dfrac{3}{7} \cdot \dfrac{6}{13}\triangle\text{ABC} = \dfrac{18}{91}\triangle\text{ABC}$

したがって　　△ABC：△OBR＝^{キク}**91**：^{ケコ}**18**

NOTE　チェバの定理，メネラウスの定理は，「**頂点 → 分点 → 頂点 → ……** と三角形
をひと回りする」と考えると覚えやすい。

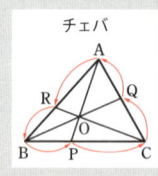

チェバ

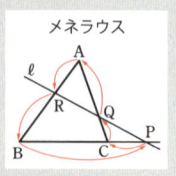

メネラウス

$$\frac{\text{AR}}{\text{RB}} \cdot \frac{\text{BP}}{\text{PC}} \cdot \frac{\text{CQ}}{\text{QA}} = 1$$

解　答　（アイ）BA　（ウ）G

解説

四角形 FGCB は円に内接するから

$$\angle FGC = \angle E^{アイ}BA$$

また，四角形 ABCD も円に内接するから

$$\angle EBA = \angle EDC$$

よって　　$\angle FGC = \angle EDC$

したがって，4 点 E，D，C，^{ウ}G は同一円周上にある。

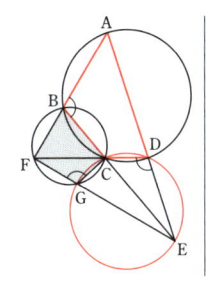

← 対角の外角に等しい。

← 対角の外角に等しい。
← 対角の外角に等しい。

NOTE　**4 点 A，B，C，D が同一円周上にある条件**　（角はすべて一例）

① $\angle BAD + \angle BCD = 180°$　（外角が等しくてもよい）

② A，D が直線 BC について同じ側にあって

$$\angle BAC = \angle BDC$$　（円周角の定理の逆）

③ 直線 AB と直線 CD の交点 P について

$$PA \cdot PB = PD \cdot PC$$　（方べきの定理の逆）　→ $p.107$ 参照。

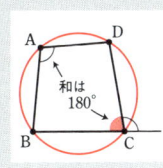

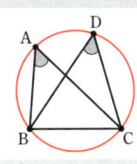

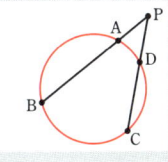

演 習 問 題

44 チェバの定理, メネラウスの定理 目安 15 分

△ABC の辺 AB 上に AP : PB=1 : 2 となるように点 P をとる。

辺 AC 上に点 Q をとり, BQ と PC の交点を O とすると, BO : OQ=3 : 1 となった。このとき, AQ : QC=1 : ア である。

また, 直線 AO と辺 BC の交点を R とすると, BR : RC= イ : 1 である。

よって, △ABC の面積を S とすると, △OAQ の面積は $\dfrac{S}{\boxed{ウエ}}$ である。

45 円に内接する四角形 目安 15 分

右の図において, E, F, G はそれぞれ辺 DA, BC, AB の中点である。

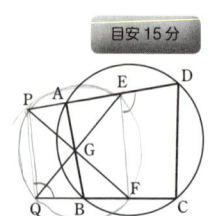

GE ∥ B ア であるから

$$\angle AEG=\angle A\boxed{イウ} \quad \cdots\cdots ①$$

同様にして $\quad \angle BFG=\angle B\boxed{エオ} \quad \cdots\cdots ②$

①, ② と円周角の定理により $\quad \angle P\boxed{カ}Q=\angle PFQ$

よって, 4 点 E, F, P, Q は同一円周上にある。

したがって, ∠PQF=∠D キク である。

ア ～ キク に当てはまるものを, 記号 A～G のうちから選べ。

27 日目 平面図形 (3)

例題 44　接弦定理

目安10分

(1)　図(1)で，P，Q，R は △ABC の内
接円と辺との接点である。このとき
AC＝ $\boxed{\text{アイ}}$ である。

(2)　図(2)で，ℓ は点 A における円の接
線である。このとき $\alpha =$ $\boxed{\text{ウエ}}$°，
$\beta =$ $\boxed{\text{オカ}}$° である。

(1)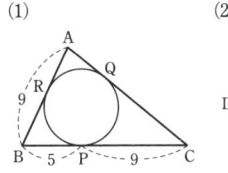

(2)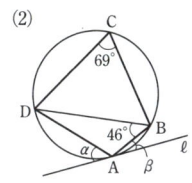

例題 45　方べきの定理

目安15分

△ABC で ∠A の二等分線が辺 BC と交わる点を D とし，3 点 C，A，D を通る円
が辺 AB と交わる点を E とする。CD＝2，BD＝4，AE＝5 であるとき，
BE＝ $\boxed{\text{ア}}$ ，AC＝ $\boxed{\text{イ}}$ である。また，点 B からこの円に引いた接線の接点を
T とすると，BT＝ $\boxed{\text{ウ}}\sqrt{\boxed{\text{エ}}}$ である。次に，点 A から直線 BC に垂線 AH
を下ろすと AH＝ $\sqrt{\boxed{\text{オカ}}}$ であるから，△ABC の面積は $\boxed{\text{キ}}\sqrt{\boxed{\text{クケ}}}$ である。

CHART 27

▶接線の長さ

円の外部の点から引
いた**2本の接線の長
さは等しい。**

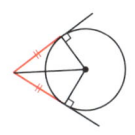

▶方べきの定理

円の 2 つの弦 AB，CD（またはその
延長）の交点を P とすると

PA・PB＝PC・PD

円の外部の点 P から円に引いた接線
の接点を T とする。
P を通る直線がこの円と 2 点 A，B
で交わるとき

PA・PB＝PT²

▶接弦定理

ℓ は A における円の
接線。このとき

∠CAD＝∠ABC

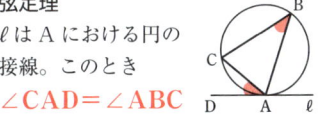

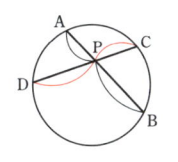

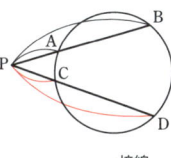

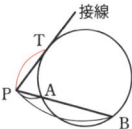

第6章

> 解 答　（アイ）13　（ウエ）46　（オカ）23

解説

(1)　BR＝BP＝5 であるから
$$AR＝AB－BR$$
$$＝9－5＝4$$
　よって　　AQ＝AR＝4
　また，CQ＝CP であるから
$$CQ＝9$$
　したがって
$$AC＝AQ＋CQ＝{}^{アイ}\mathbf{13}$$

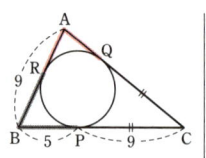

◆2本の接線の長さは等しい。

(2)　ℓ は円の接線であるから
$$\alpha＝\angle DBA＝{}^{ウエ}\mathbf{46}°$$
　また，四角形 ABCD は円に内接するから
$$\angle BAD＝180°－\angle BCD$$
$$＝180°－69°＝111°$$
　したがって
$$\beta＝180°－(\alpha＋\angle BAD)$$
$$＝180°－(46°＋111°)＝{}^{オカ}\mathbf{23}°$$

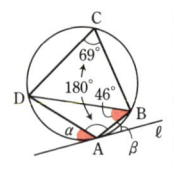

◆接弦定理。

◆ **CHART**
対角の和が 180°

NOTE　接弦定理の逆
　接弦定理はその逆も成り立つことが知られている。すなわち円 O の弧 AB と半直線 AT が直線 AB と同じ側にあるとき，**∠ACB＝∠BAT ならば直線 AT は点 A で円 O に接する。**

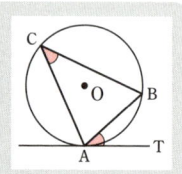

　〔証明〕　点 A を通る円 O の接線 AT′ を ∠BAT′ が弧 AB を含むように引くと，接弦定理により
$$\angle ACB＝\angle BAT′$$
　　　　一方，∠ACB＝∠BAT であるから
$$\angle BAT＝\angle BAT′$$
　　　　よって，2直線 AT，AT′ は一致する。
　　　　したがって，直線 AT は円 O に接する。

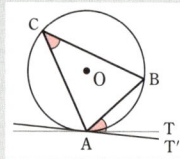

解 答　(ア) 3　(イ) 4　(ウ)$\sqrt{}$(エ)　$2\sqrt{6}$　$\sqrt{}$(オカ)　$\sqrt{15}$
(キ)$\sqrt{}$(クケ)　$3\sqrt{15}$

解説

方べきの定理により
$$BE \cdot BA = BD \cdot BC$$
すなわち　　$BE(BE+5) = 4 \cdot 6$　　　　　　　　　　　　　　← $BE^2 + 5BE = 24$
ゆえに　　　$(BE+8)(BE-3) = 0$
$BE > 0$ から　　$BE = {}^{\text{ア}}\mathbf{3}$
線分 AD は $\angle BAC$ を 2 等分してい
るから　　　$AB : AC = BD : DC$　　　　　　　　　　　　← 内角の二等分線の定理。
よって　　　$(5+3) : AC = 4 : 2$
したがって　　$AC = {}^{\text{イ}}\mathbf{4}$
また，直線 BT が接線であることから，方べきの定理により
$$BT^2 = BE \cdot BA$$
ゆえに　　　　$BT^2 = 3 \cdot 8 = 24$
$BT > 0$ から　　$BT = {}^{\text{ウ}}\mathbf{2}\sqrt{{}^{\text{エ}}\mathbf{6}}$
$AH = h$，$CH = x$ とおくと，三平方の定理により，
$\triangle ABH$ において　　$(6+x)^2 + h^2 = 8^2$　……①
$\triangle ACH$ において　　$x^2 + h^2 = 4^2$　　　　……②
①−② から　　　　$36 + 12x = 48$
よって　　　　　　$x = 1$
これを②に代入すると　　$h^2 = 15$
$h > 0$ から　　　$h = \sqrt{15}$
ゆえに　　　　$AH = \sqrt{{}^{\text{オカ}}\mathbf{15}}$
このとき　　　$\triangle ABC = \dfrac{1}{2} \cdot 6 \cdot \sqrt{15} = {}^{\text{キ}}\mathbf{3}\sqrt{{}^{\text{クケ}}\mathbf{15}}$　　　　← $\dfrac{1}{2} BC \cdot AH$

演 習 問 題

46 接弦定理

目安 10 分

(1) 図(1)において，P，Q，R は △ABC の内接円と辺との接点で，I は内心である。

内接円の半径が 4，BI $=4\sqrt{5}$ であるとき，AC $=\boxed{\text{アイ}}$ である。

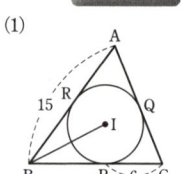

(1)

(2) 図(2)において，ℓ は点 A における円の接線である。
このとき $\alpha=\boxed{\text{ウエ}}°$，$\beta=\boxed{\text{オカ}}°$ である。

(2)

47 方べきの定理

目安 15 分

AB $=7$，BC $=3\sqrt{6}$，CA $=5$ の △ABC の辺 BC を直径とする円が辺 AB，AC と交わる点をそれぞれ D，E とし，CD と BE の交点を F とする。

(1) AD $=x$ とする。△BCD において CD$^2=\boxed{\text{ア}}+\boxed{\text{イウ}}x-x^2$，△ACD において CD$^2=\boxed{\text{エオ}}-x^2$ であるから，AD $=\dfrac{\boxed{\text{カキ}}}{\boxed{\text{ク}}}$ である。

また，AE $=\boxed{\text{ケ}}$，BE $=\boxed{\text{コ}}\sqrt{\boxed{\text{サ}}}$ である。

(2) $\angle$ADF $=\angle$AEF $=\boxed{\text{シス}}°$ であるから，四角形 ADFE は円に内接する。

BD $=\dfrac{\boxed{\text{セソ}}}{\boxed{\text{タ}}}$ であるから BF $=\dfrac{\boxed{\text{チツ}}\sqrt{\boxed{\text{テ}}}}{\boxed{\text{ト}}}$ である。

28 日目 空間図形

例題 46　オイラーの多面体定理　　目安10分

正八面体は，頂点の数が ア 個，辺の数が イウ 本，面の数が エ 個ある。
イウ 本の辺のうちの1本を AB とするとき，辺 AB と平行な辺は オ 本，辺
AB と垂直な辺は カ 本，辺 AB とねじれの位置にある辺は キ 本ある。

例題 47　立体の体積　　目安15分

1辺の長さが a の正八面体の，各面の重心を頂点とする正六面体（立方体）P を考える。

P の1辺の長さは $\dfrac{\sqrt{\boxed{\text{ア}}}}{\boxed{\text{イ}}}\,a$ であるから，P の表面積は $\dfrac{\boxed{\text{ウ}}}{\boxed{\text{エ}}}\,a^2$ であり，体積

は $\dfrac{\boxed{\text{オ}}\,\sqrt{\boxed{\text{カ}}}}{\boxed{\text{キク}}}\,a^3$ である。

また，P のすべての辺の長さの和は $\boxed{\text{ケ}}\,\sqrt{\boxed{\text{コ}}}\,a$ である。

CHART 28

▶**オイラーの多面体定理**
　　頂点の数を v，辺の数を e，面の数を f とすると
$$v - e + f = 2$$

▶**2直線の位置関係**
　　異なる2直線 ℓ, m について
　　ℓ と m が平行 $\longrightarrow$ ℓ と m が 同じ平面上にあって交わらない。
　　ℓ と m が垂直 $\longrightarrow$ ℓ と m のなす角が 直角。
　　ℓ と m がねじれの位置にある $\longrightarrow$ ℓ と m が 同じ平面上にない。

▶**立体図形の問題**
　　断面図を考え，平面の問題に帰着させる

解　答　（ア）6　（イウ）12　（エ）8　（オ）1　（カ）2　（キ）4

解説

右の図から
　　　頂点は　　　⁷6 個,
　　　辺の数は　　ᶦ⁷12 本,
　　　面の数は　　ᴱ8 個
である。
図のように点をとると，
辺 AB と平行な辺は，
　　　辺 FD の　ᵒ1 本
辺 AB と垂直な辺は，
　　　辺 AD と辺 BF の　ᵏ2 本
辺 AB とねじれの位置にある辺は，
　　　辺 CD，辺 ED，辺 EF，辺 CF の　ᵏ4 本

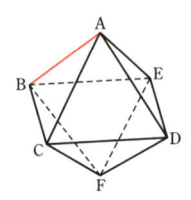

⟸ 6−12+8=2 が成り立つ。

⟸ 平行 ⟶ 同じ平面上に
　あって交わらない。

⟸ 垂直 ⟶ なす角が **直角**。

⟸ ねじれの位置 ⟶ 同じ
　平面上にない。

NOTE　オイラーの多面体定理は，**検算** に用いたり，複雑な立体図形の場合など **数え
にくいとき** に用いると便利である。
　　例えば，本問の場合，頂点の数と面の数は数えやすいので，辺の数は
「6−e+8=2 から e=12」と求めてもよい。
　　なお，この定理は次のように，$e=v+f-2$ の形の方が覚えやすい。

　　　　　線　は　　帳　　　　面　に引け
　　（辺の数）＝（頂点の数）＋（面の数）−2
　　　　　e　＝　　v　　＋　　f　　−2

NOTE　正八面体は，対角線を直径とする球に内接する。
　　右の図のように，点 C，E が重なる方向から見ると
　　AB⊥AD，AB⊥BF がわかる。

$$\boxed{\text{解 答}} \quad \dfrac{\sqrt{(\text{ア})}}{(\text{イ})} \quad \dfrac{\sqrt{2}}{3} \quad \dfrac{(\text{ウ})}{(\text{エ})} \quad \dfrac{4}{3} \quad \dfrac{(\text{オ})\sqrt{(\text{カ})}}{(\text{キク})} \quad \dfrac{2\sqrt{2}}{27} \quad (\text{ケ})\sqrt{(\text{コ})} \quad 4\sqrt{2}$$

解説

右の図のように点をとる。

線分 AB は，1 辺の長さが a の正方形の対角線であるから

$$AB = \sqrt{2}\,a$$

点 A，B，E を通る平面で切り取った断面図は右下の図のようになる。

点 P は正三角形 ACD の重心であるから

$$AP : PE = 2 : 1$$

同様に　　$BQ : QE = 2 : 1$

したがって，PQ∥AB であるから

EP : EA = PQ : AB = 1 : 3

よって　　$PQ = \dfrac{1}{3}AB = \dfrac{\sqrt{2}}{3}a$

ゆえに，正六面体 P の 1 辺の長さは

$$\dfrac{\sqrt{^{\text{ア}}2}}{^{\text{イ}}3}a$$

したがって，

P の表面積は　　$\left(\dfrac{\sqrt{2}}{3}a\right)^2 \times 6 = \dfrac{^{\text{ウ}}4}{^{\text{エ}}3}a^2$

体積は　　$\left(\dfrac{\sqrt{2}}{3}a\right)^3 = \dfrac{^{\text{オ}}2\sqrt{^{\text{カ}}2}}{^{\text{キク}}27}a^3$

正六面体の辺は全部で 12 本あるから，P のすべての辺の長さの和は

$$\dfrac{\sqrt{2}}{3}a \times 12 = {}^{\text{ケ}}4\sqrt{^{\text{コ}}2}\,a$$

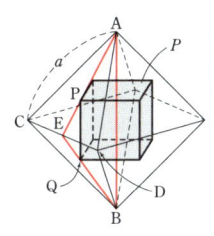

← 1 辺が a の正方形の対角線は $\sqrt{2}\,a$

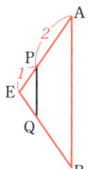

← 重心は中線を 2 : 1 に内分する。

← PQ∥BC のとき
$$AP : AB = AQ : AC = PQ : BC$$

← 正方形の面が 6 個ある。

第 **6** 章

演 習 問 題

48 オイラーの多面体定理　　　　　目安10分

底面が正六角形の正六角柱 P がある。

P は頂点の数が $\boxed{\text{アイ}}$ 個，辺の数が $\boxed{\text{ウエ}}$ 本，面の数が $\boxed{\text{オ}}$ 個ある。

底面の正六角形の1辺を AB とするとき，辺 AB と平行な辺は $\boxed{\text{カ}}$ 本，辺 AB と垂直な辺は $\boxed{\text{キ}}$ 本，辺 AB とねじれの位置にある辺は $\boxed{\text{ク}}$ 本ある。

49 立体の体積　　　　　目安15分

1辺の長さが a の立方体の，各面の対角線の交点を頂点とする立体 P は $\boxed{\text{ア}}$ である。

P の辺は全部で $\boxed{\text{イウ}}$ 本あるから，P のすべての辺の長さの和は $\boxed{\text{エ}}\sqrt{\boxed{\text{オ}}}\,a$ であり，表面積は $\sqrt{\boxed{\text{カ}}}\,a^2$，体積は $\dfrac{\boxed{\text{キ}}}{\boxed{\text{ク}}}a^3$ である。

ただし，$\boxed{\text{ア}}$ に当てはまるものを，次の ⓪ ～ ③ のうちから1つ選べ。

⓪　正六面体　　　① 正八面体　　　② 正三角錐　　　③ 正四角錐

29 日目 整数の性質 (1)

例題 48　最大公約数と最小公倍数

目安15分

最大公約数が5で，最小公倍数が60である2つの自然数 a, b $(a<b)$ を考える。
a, b は，互いに素な自然数 m, n を用いて

$$a=\boxed{ア}\,m,\ b=\boxed{ア}\,n\ \ (m<n)$$

と表される。

$\boxed{ア}\,mn=\boxed{イウ}$ が成り立つから，$mn=\boxed{エオ}$ であり，これを満たす m, n の組は全部で $\boxed{カ}$ 組ある。

そのうち，m, n がともに1桁になるものは $m=\boxed{キ}$, $n=\boxed{ク}$ であり，このとき，$a=\boxed{ケコ}$, $b=\boxed{サシ}$ である。

例題 49　割り算の余りの性質

目安15分

a, b は整数とする。a を7で割ると3余り，b を7で割ると4余る。

(1) $a+2b$ を7で割った余りは $\boxed{ア}$ である。

(2) ab を7で割った余りは $\boxed{イ}$ である。

(3) a^4 を7で割った余りは $\boxed{ウ}$ である。

(4) a^{2013} を7で割った余りは $\boxed{エ}$ である。

CHART 29

▶ 2つの自然数 a, b の最大公約数 g，最小公倍数 l の性質
$a=ga'$, $b=gb'$ のとき

1　a', b' は互いに素 （a' と b' の最大公約数が1）

2　$l=ga'b'$

3　$ab=gl$

▶ 割り算の問題

$A=BQ+R$ が基本

（割られる数）＝（割る数）×（商）＋（余り）

第

7

章

解 答　（ア）5　（イウ）60　（エオ）12　（カ）2　（キ）3　（ク）4
（ケコ）15　（サシ）20

解説

a, b の最大公約数が5であるから，互いに素な自然数 m, n を
用いて

$$a={}^{\mathrm{ア}}5m, \quad b=5n \quad (m<n) \quad \cdots\cdots ①$$

と表される。

a, b の最小公倍数が60であるから

$$5mn={}^{\mathrm{イウ}}60$$

が成り立つ。

よって　　$mn={}^{\mathrm{エオ}}12$

← $l=ga'b'$

これを満たす m, n の組は

$$(m, n)=(1, 12), (3, 4)$$

の ${}^{\mathrm{カ}}2$ 組ある。

← m, n は互いに素で
$m<n$

そのうち，m, n がともに1桁になるものは

$$m={}^{\mathrm{キ}}3, \quad n={}^{\mathrm{ク}}4$$

であり，このとき，① より

$$a={}^{\mathrm{ケコ}}15, \quad b={}^{\mathrm{サシ}}20$$

NOTE　**互いに素；最大公約数，最小公倍数の性質**

g は a の約数でも b の約数でもあるから，自然数 a'，
b' を用いて $a=ga'$, $b=gb'$ と表される。このとき，g
が最大公約数であることから，a', b' は1より大きい
公約数をもたない。すなわち，a', b' は互いに素であ
る。

また，$p.115$ の最大公約数と最小公倍数の性質2, 3
が成り立つことは，右の図式のようにして見てみる
と理解しやすい。

$$\begin{array}{l}a=a'\times g\\b=\quad\ g\times b'\\\hline l=a'\times g\times b'\\lg=a'\times g\times b'\times g\\\quad\underbrace{}_{a}\ \underbrace{}_{b}\end{array}$$

解　答　（ア）4　（イ）5　（ウ）4　（エ）6

解説

$a=7q+3$，$b=7q'+4$（q，q' は整数）と表される。

(1)　$a+2b=7q+3+2(7q'+4)=7(q+2q')+3+8$
　　　　　　$=7(q+2q'+1)+4$
　　したがって，求める余りは　ア4

←余りの3，4に注目する
　と　$3+2\cdot4=11=7+4$

(2)　$ab=(7q+3)(7q'+4)=49qq'+7(4q+3q')+12$
　　　　$=7(7qq'+4q+3q'+1)+5$
　　したがって，求める余りは　イ5

←余りの3，4に注目する
　と　$3\cdot4=12=7+5$

(3)　$a^2=(7q+3)^2=49q^2+42q+9=7(7q^2+6q+1)+2$
　　よって，$a^2=7m+2$（m は整数）と表されるから
　　　$a^4=(a^2)^2=(7m+2)^2$
　　　　$=49m^2+28m+4=7(7m^2+4m)+4$
　　したがって，求める余りは　ウ4

←余りの3に注目すると
　$3^4=81=7\cdot11+4$

(4)　a^3 を7で割った余りは，3^3 を7で割った余り6に等しい。
　　よって，$(a^3)^2=a^6$ を7で割った余りは，$6^2=36$ を7で割った
　　余り1に等しい。
　　$a^{2013}=a^{2010}a^3=(a^6)^{335}\cdot a^3$ であるから，求める余りは，
　　$1^{335}\cdot6=6$ を7で割った余りに等しい。
　　したがって，求める余りは　エ6

NOTE　**割り算の余りの性質**

　　m を正の整数とし，2つの整数 a，b を m で割ったときの余りをそれぞれ r，r' とすると，次のことが成り立つ。

　　1　$a+b$ を m で割った余りは，$r+r'$ を m で割った余りに等しい。
　　2　$a-b$ を m で割った余りは，$r-r'$ を m で割った余りに等しい。
　　3　ab を m で割った余りは，rr' を m で割った余りに等しい。
　　4　a^n を m で割った余りは，r^n を m で割った余りに等しい。

〔別解〕

(1)　求める余りは $3+2\cdot4=11$ を7で割った余りと同じで　ア4
(2)　求める余りは $3\cdot4=12$ を7で割った余りと同じで　イ5
(3)　求める余りは $3^4=81$ を7で割った余りと同じで　ウ4

演 習 問 題

50　最大公約数と最小公倍数

目安 15 分

63 との最小公倍数が 378 となるような自然数 x を考える。

(1)　63, 378 をそれぞれ素因数分解すると，
$$63 = \boxed{\text{ア}}^2 \times \boxed{\text{イ}}, \quad 378 = 2 \times \boxed{\text{ウ}}^3 \times \boxed{\text{エ}}$$
である。

(2)　x と 63 の最大公約数を g とすると，$x = gx'$，$63 = gy'$ となる自然数 x', y'（x', y' は互いに素）が存在する。

このとき，$gx'y' = \boxed{\text{オカキ}}$ であるから，$x' = \boxed{\text{ク}}$ である。

また，y' は 63 の約数であり，x', y' は互いに素であることから，$y' = 1$, $\boxed{\text{ケ}}$ である。

したがって，x の値は $\boxed{\text{コサ}}$，378 である。

51　余りによる分類

目安 20 分

n を正の整数とし，3^n を 5 で割った余りを $f(n)$ とする。例えば，$f(1) = 3$, $f(2) = 4$ である。

(1)　$f(3) = \boxed{\text{ア}}$, $f(4) = \boxed{\text{イ}}$ である。

また，すべての正の整数 n に対して $f(n+k) = f(n)$ が成り立つような正の整数 k を考える。このような k の最小値は $\boxed{\text{ウ}}$ である。

(2)　p を 1 桁の正の整数とするとき，$3^p + 1$ が 5 で割り切れるような p の値は $\boxed{\text{エ}}$ 個ある。

(3)　p, q を 1 桁の正の整数とするとき，$3^p + 3^q$ が 5 で割り切れるような p, q の組は $\boxed{\text{オカ}}$ 組ある。

30 日目 整数の性質 (2)

例題 50　方程式の整数解

目安15分

方程式 $7x-5y=1$ ……① を満たす整数 x, y について考える。

(1) x, y がともに1桁の自然数となるのは $x=\boxed{ア}$, $y=\boxed{イ}$ のときであり、
① を満たすすべての整数 x, y は $x=\boxed{ウ}k+\boxed{ア}$, $y=\boxed{エ}k+\boxed{イ}$
（k は整数）と表される。

(2) ① を満たす整数 x, y で、次の条件を満たす x, y の組の数を N とする。

（条件）　$2x^2-y^2-7$ の値が、ある自然数 m の2乗に等しくなる

(1)から、等式 $2x^2-y^2-7=m^2$ は $(k+\boxed{オ}+m)(k+\boxed{オ}-m)=\boxed{カ}$ と変
形される。よって、$N=\boxed{キ}$ である。また、条件を満たす x, y の組のうち、
x の値が最大であるものは $(x,\ y)=(\boxed{クケ},\ \boxed{コサ})$ である。

例題 51　n 進法

目安15分

ある自然数 N を、5進法で表すと3桁の数 $abc_{(5)}$ になり、N の2倍を5進法で表
すと3桁の数 $cba_{(5)}$ になる。このとき、自然数 N を求めよう。

まず、$N=\boxed{アイ}a+\boxed{ウ}b+c$ ……①, $2N=\boxed{エオ}c+\boxed{カ}b+a$ ……②
が成り立つ。

①, ② から、a, b, c が満たす方程式は $\boxed{キク}a+\boxed{ケ}b=\boxed{コサ}c$ ……③ であ
る。a, c が1以上4以下の整数、b が0以上4以下の整数であることに注意する
と、③ を満たす a, b, c の値は $a=\boxed{シ}$, $b=\boxed{ス}$, $c=\boxed{セ}$ である。よって、
自然数 N を10進法で表すと $N=\boxed{ソタ}$ である。

CHART 30

▶ **1次不定方程式 $ax+by=1$ の解き方**（a, b は整数で、互いに素）
　① 方程式を満たす整数解 $x=p$, $y=q$ を1組見つける。
　② $ax+by=1$ と $ap+bq=1$ の差を考え、$a(x-p)+b(y-q)=0$ の形にする。
　③ a, b は互いに素であるから、整数 k を用いて
　　　$x-p=bk$, $y-q=-ak$　すなわち　$x=bk+p$, $y=-ak+q$

▶ **方程式の整数解**　$(\quad)(\quad)=$（整数）の形にもち込む

▶ **n 進法 $\longrightarrow$ 10 進法**
　$abc\cdots\cdots_{(n)}$ で m 桁ならば　$an^{m-1}+bn^{m-2}+cn^{m-3}+\cdots\cdots$

> | 解 答 | （ア） 3　（イ） 4　（ウ） 5　（エ） 7　（オ） 2　（カ） 9　（キ） 2
> | | （クケ） 18　（コサ） 25

解説

(1) $7 \cdot 3 - 5 \cdot 4 = 1$ …… ② であるから，x，y がともに 1 桁の
自然数となるのは　　$x = {}^{\text{ア}}\textbf{3}$，$y = {}^{\text{イ}}\textbf{4}$

①－② から　　$7(x-3) = 5(y-4)$

7 と 5 は互いに素であるから
$$x = {}^{\text{ウ}}\textbf{5}k+3,\ y = {}^{\text{エ}}\textbf{7}k+4\ （k \text{ は整数}）$$

← 展開して整理すると
$\quad 7x - 5y = 1$

(2) $2x^2 - y^2 - 7 = m^2$ に $x = 5k+3$，$y = 7k+4$ を代入すると
$$2(5k+3)^2 - (7k+4)^2 - 7 = m^2$$

整理して　$k^2 + 4k - m^2 = 5$　　　ゆえに　　$(k+2)^2 - m^2 = 9$

よって　　$(k + {}^{\text{オ}}\textbf{2} + m)(k+2-m) = {}^{\text{カ}}\textbf{9}$ …… ③

← $A^2 - B^2$
$\quad = (A+B)(A-B)$

m は自然数であるから　　$k+2+m > k+2-m$

ゆえに，③ から
$$(k+2+m,\ k+2-m) = (-1,\ -9),\ (9,\ 1)$$

← 不等式で範囲を絞り込む。

よって　　$(k+m,\ k-m) = (-3,\ -11),\ (7,\ -1)$

$k+m=-3$，$k-m=-11$ から　　$k=-7$，$m=4$

$k+m=7$，$k-m=-1$ から　　　$k=3$，$m=4$

したがって　　$N = {}^{\text{キ}}\textbf{2}$

また，$x = 5k+3$ より，k の値が大きければ x の値も大きくなるから，x の値が最大となるのは $k=3$ のときである。

ゆえに　　$(x,\ y) = ({}^{\text{クケ}}\textbf{18},\ {}^{\text{コサ}}\textbf{25})$

NOTE　$ax+by=c$ の整数解は **ユークリッドの互除法** によって，求められる。

〔例〕 $24x+19y=1$ の整数解について，24 と 19 に互除法を適用すると

$$24 = 19 \cdot 1 + 5 \qquad 移項すると \qquad 5 = 24 - 19 \cdot 1$$
$$19 = 5 \cdot 3 + 4 \qquad 移項すると \qquad 4 = 19 - 5 \cdot 3$$
$$5 = 4 \cdot 1 + 1 \qquad 移項すると \qquad 1 = 5 - 4 \cdot 1$$

この計算を逆にたどると

$$1 = 5 - 4 \cdot 1 = 5 - (19 - 5 \cdot 3) \cdot 1 = 5 \cdot 4 - 19 \cdot 1$$
$$= (24 - 19 \cdot 1) \cdot 4 - 19 \cdot 1 = 24 \cdot 4 - 19 \cdot 5$$

したがって　　$24 \cdot 4 + 19 \cdot (-5) = 1$

よって，$24x+19y=1$ の整数解の 1 組として $x=4$，$y=-5$ が得られる。

解　答	（アイ）25　（ウ）5　（エオ）25　（カ）5　（キク）49　（ケ）5 （コサ）23　（シ）1　（ス）4　（セ）3　（ソタ）48

解説

N，$2N$ を 5 進法で表すと $abc_{(5)}$，$cba_{(5)}$ であるから
$$N = a \cdot 5^2 + b \cdot 5^1 + c \cdot 5^0$$
$$= {}^{ア イ}\mathbf{25}a + {}^{ウ}\mathbf{5}b + c \quad \cdots\cdots ①$$
$$2N = c \cdot 5^2 + b \cdot 5^1 + a \cdot 5^0$$
$$= {}^{エ オ}\mathbf{25}c + {}^{カ}\mathbf{5}b + a \quad \cdots\cdots ②$$

①，② から　　$2(25a + 5b + c) = 25c + 5b + a$

ゆえに　　　${}^{キ ク}\mathbf{49}a + {}^{ケ}\mathbf{5}b = {}^{コ サ}\mathbf{23}c \quad \cdots\cdots ③$

$abc_{(5)}$，$cba_{(5)}$ は 3 桁の 5 進数であるから，

　　　　a，c は 1 以上 4 以下の整数，

　　　　b は 0 以上 4 以下の整数

である。

よって，③ から　　$49a + 5b = 23c \leqq 23 \cdot 4$

すなわち　　　　$49a + 5b \leqq 92$

ここで，$5b \geqq 0$ であるから　　$49a \leqq 92$

ゆえに，$a = 1$ であることが必要である。

$a = 1$ を ③ に代入すると　　$49 + 5b = 23c \quad \cdots\cdots ④$

$0 \leqq 5b \leqq 20$ であるから　　$49 \leqq 23c \leqq 69$

よって，$c = 3$ であることが必要である。

④ に $c = 3$ を代入して　　$49 + 5b = 69$

よって　　　　$b = 4$（$0 \leqq b \leqq 4$ を満たす）

以上から　　　$a = {}^{シ}\mathbf{1}$，$b = {}^{ス}\mathbf{4}$，$c = {}^{セ}\mathbf{3}$

これらを ① に代入すると
$$N = 25 \cdot 1 + 5 \cdot 4 + 3 = {}^{ソ タ}\mathbf{48}$$

← 5 進法 —→ 10 進法

← ① を ② に代入する。

← 最高位の数は 0 でない。
　　$a \neq 0$，$c \neq 0$

← 値の範囲を絞り込む。

← 値の範囲を絞り込む。

第 **7** 章

52　方程式の整数解

方程式 $8x-3y=1$ …… ① を満たす整数 x, y について考える。

(1)　x, y がともに 1 桁の自然数となるのは $x=\boxed{\text{ア}}$, $y=\boxed{\text{イ}}$ のときであり,

①を満たすすべての整数 x, y は $x=\boxed{\text{ウ}}k+\boxed{\text{ア}}$, $y=\boxed{\text{エ}}k+\boxed{\text{イ}}$

（k は整数）と表される。

(2)　①を満たす整数 x, y で,　次の条件を満たす x, y の組の数を N とする。

　　　（条件）　$-7x^2+y^2+2$ の値が,　ある自然数 m の 2 乗に等しくなる

(1) の k を用いると,　等式 $-7x^2+y^2+2=m^2$ は

$(k-\boxed{\text{オ}}+m)(k-\boxed{\text{オ}}-m)=\boxed{\text{カ}}$ と変形される。

よって,　$N=\boxed{\text{キ}}$ である。

また,　条件を満たす x, y の組のうち,　x の値が最大であるものは

$(x, y)=(\boxed{\text{クケ}}, \boxed{\text{コサ}})$ である。

53　n 進法

ある整数 N を 7 進法で表すと,　3 桁の数 $abc_{(7)}$ になり,　N の 3 倍を 7 進法で表すと 3 桁の数 $cba_{(7)}$ になる。このとき,　a, b, c の値を求めよう。

まず,　N を 7 進法で表すと,　3 桁の数 $abc_{(7)}$ になることから

$$N=\boxed{\text{アイ}}a+\boxed{\text{ウ}}b+c \quad \cdots\cdots ①$$

である。また,　N の 3 倍を 7 進法で表すと 3 桁の数 $cba_{(7)}$ になることから

$$3N=\boxed{\text{エオ}}c+\boxed{\text{カ}}b+a \quad \cdots\cdots ②$$

①,　②より,　a, b, c の満たす方程式は

$$\boxed{\text{キク}}a+\boxed{\text{ケ}}b=\boxed{\text{コサ}}c \quad \cdots\cdots ③$$

$c\leqq6$ であるから,　$\boxed{\text{キク}}a+\boxed{\text{ケ}}b\leqq\boxed{\text{コサ}}\times6$ より $a=\boxed{\text{シ}}$ である。

したがって,　③を満たす b, c の値は $b=\boxed{\text{ス}}$, $c=\boxed{\text{セ}}$ である。

第8章 実践演習

　この章は，共通テストの対策として，より実践的な問題を扱っています。1日分が，例題，例題の解答・解説，演習問題で構成されていることは，30日目までと同様です。

　以下では，第8章 実践演習 に取り組むにあたっての注意事項を述べておきます。

　共通テストでは，これまでの大学入試センター試験以上に「**思考力・判断力・表現力**」が問われる内容になります。「典型的な解法パターン」を使いこなせることだけでなく，**問題の本質を見通した深い理解が求められます。**そのためには，次の3つのことを，きちんと行えるようになることが必要です。

- ・問題の条件を，数式で適切に表現すること。
- ・与えられた前提条件から，論理的に議論を進めること。
- ・定理が適用できるための条件と，定理がもたらす結果を把握すること。

ですので，第8章 実践演習 の問題に対しては，「数学の実力を試す」という意味があるということも意識して取り組んでください。また，間違った箇所があったときは，単に訂正するのではなく，「なぜ間違えたのか」ということも考えるようにしましょう。

　さらに，第8章 実践演習 の例題には，**スマートフォン**などで視聴できる指針の**解説動画**を用意しました。見出しの横にある2次元コードから見ることができます。

　第8章の中には，手ごわいと感じる問題も含まれているかもしれません。それでもまずは，何も見ずに考えてみましょう。考えてみたけど問題文の意図がつかめない，解法が思いつかない，など手が動かせない場合には，解説を見る前に指針の解説動画を見て，もう一度問題に挑戦してみましょう。

　問題が解けた場合でも，指針の解説動画を見て，問題を振り返ってみてください。その問題で考えたことを整理することができます。有効に活用してください。

31日目 2 次 関 数

例題 52　2次関数のグラフの考察　　　　　　　　目安20分

関数 $f(x)=ax^2+bx+c$ について，$y=f(x)$ のグラフをコンピュータのグラフ表示ソフトを用いて表示させる。このソフトでは，係数 a, b, c の値をそれぞれ図1の画面 $\boxed{A}$, $\boxed{B}$, $\boxed{C}$ に入力すると，その値に応じたグラフが表示される。さらに，$\boxed{A}$, $\boxed{B}$, $\boxed{C}$ それぞれの横にある ● を左に動かすと係数の値が減少し，右に動かすと係数の値が増加するようになっており，値の変化に応じて関数のグラフが画面上で変化する仕組みになっている。

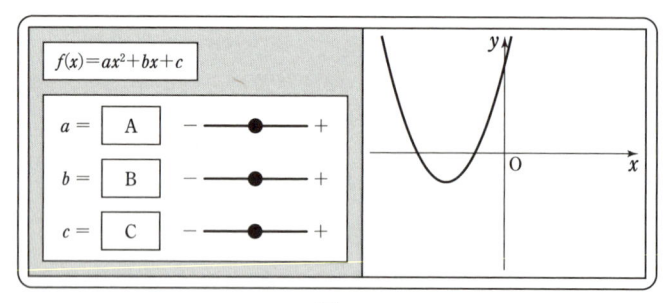

図1

(1)　$\boxed{A}$ に1を入力し，$\boxed{B}$, $\boxed{C}$ にある値をそれぞれ入力したところ，図1のようなグラフが表示された。

このときの b, c の値の組合せとして最も適当なものを，次の ⓪ 〜 ⑦ のうちから1つ選べ。$\boxed{ア}$

⓪　$b=3$,　　$c=4$　　　　　　① 　$b=3$,　　$c=-4$

②　$b=-3$,　$c=4$　　　　　　③ 　$b=-3$,　$c=-4$

④　$b=4$,　　$c=3$　　　　　　⑤ 　$b=4$,　　$c=-3$

⑥　$b=-4$,　$c=3$　　　　　　⑦ 　$b=-4$,　$c=-3$

(2) 図1の状態から，$\boxed{C}$ の横にある ● のみを右に動かすとグラフの頂点は $\boxed{イ}$ に動く。また，図1の状態から，$\boxed{B}$ の横にある ● のみを右に動かすとグラフの頂点は $\boxed{ウ}$ に動く。

$\boxed{イ}$，$\boxed{ウ}$ に当てはまる最も適当なものを，次の ⓪ ～ ⑦ のうちから1つずつ選べ。ただし，同じものを繰り返し選んでもよい。

⓪　上　　　　　　① 　下　　　　　　②　右　　　　　　③　左
④　右斜め上　　　⑤　右斜め下　　　⑥　左斜め上　　　⑦　左斜め下

(3) a，b，c の値に対して，方程式 $f(x)=0$ の解がどのようになるかを考える。a，b，c の値による $y=f(x)$ のグラフが図1のようになるとき，方程式 $f(x)=0$ は $\boxed{エ}$。

また，その状態から $\boxed{A}$ の横にある ● のみを左に動かしていくとき，方程式 $f(x)=0$ の解について起こりうる場合は，「$\boxed{エ}$」，「$\boxed{オ}$」，「$\boxed{カ}$」のいずれかである。

$\boxed{エ}$ ～ $\boxed{カ}$ に当てはまる最も適当なものを，次の ⓪ ～ ⑤ のうちから1つずつ選べ。ただし，$\boxed{オ}$，$\boxed{カ}$ の解答の順序は問わない。

⓪　実数解をもたない

①　実数解を1つだけもち，それは正の数である

②　実数解を1つだけもち，それは負の数である

③　異なる2つの正の解をもつ

④　異なる2つの負の解をもつ

⑤　正の解と負の解を1つずつもつ

HART 31

▶放物線と x 軸の共有点の位置　グラフ利用
　　1．判別式　2．軸の位置　3．区間の端の y 座標　に着目

解答	（ア）④　（イ）⓪　（ウ）⑦　（エ）④
	（オ），（カ）②，⑤（または⑤，②）

解説

$a \neq 0$ のとき，2 次方程式 $f(x)=0$ の判別式を D とする。

(1)　$a=1$ のとき

$$f(x)=x^2+bx+c$$

$$=\left(x+\frac{b}{2}\right)^2-\frac{b^2}{4}+c$$

よって，$y=f(x)$ のグラフは下に凸で，軸は直線 $x=-\dfrac{b}{2}$,

頂点の座標は

$$\left(-\frac{b}{2},\ -\frac{b^2}{4}+c\right) \cdots\cdots ①$$

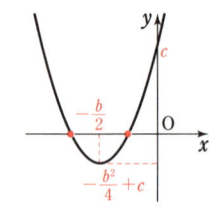

図 1 に表示されているグラフにおいて，x 軸との共有点の個数，軸の位置，y 軸との交点に注目すると

$$D=b^2-4c>0,\quad -\frac{b}{2}<0,\quad f(0)=c>0$$

すなわち　$b>0,\ c>0,\ b^2>4c$

⓪ ～ ⑦ の中で，この 3 つの不等式をすべて満たすものは

$$b=4,\ c=3$$

ゆえに　　　　ᵃ④

← **CHART**　グラフ利用

← 1. 判別式
　2. 軸の位置
　3. 区間の端の y 座標
　に着目。

NOTE　次のように，容易に判断できるものに注目して，効率よく選択肢を絞り込むとよい。

　まず，$f(0)=c>0$ から，c が負の値である ①，③，⑤，⑦ が除かれる。
　さらに，$b>0$ から，b が負の値である ②，⑥ が除かれる。
　残った ⓪，④ のうち，$b^2>4c$ を満たすものは，④ のみである。

(2)　　$\boxed{C}$　の横にある ● のみを右に動かして，c の値を大きくすると，① から，頂点の x 座標の値は変化せず，y 座標の値は大きくなる。

　したがって，グラフの頂点は上に動くから　　ᶦ⓪

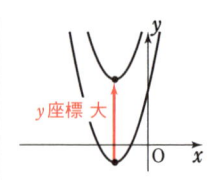

y 座標 大

また，$\boxed{B}$ の横にある ● のみを右に動かして，b の値を大きくすると，① から，頂点の x 座標，y 座標の値はともに小さくなる。

したがって，グラフの頂点は左斜め下に動くから　ウ⑦

(3) $b=4$，$c=3$ として，a の値を変化させることを考える。

このとき　　$f(x)=ax^2+4x+3$

$a=1$ のとき，図1に表示されているグラフより，$y=f(x)$ のグラフは x 軸の $x<0$ の部分と異なる2点で交わるから，$f(x)=0$ は異なる2つの負の解をもつ。

ゆえに　　エ④

[1]　$0<a<1$ のとき

$$f(x)=a\left(x^2+\frac{4}{a}x\right)+3$$
$$=a\left\{\left(x+\frac{2}{a}\right)^2-\frac{4}{a^2}\right\}+3$$
$$=a\left(x+\frac{2}{a}\right)^2-\frac{4}{a}+3$$

$y=f(x)$ のグラフは下に凸の放物線で

$$\frac{D}{4}=2^2-a\cdot3=4-3a>0$$

軸の位置について　　$-\frac{2}{a}<0$

また　　$f(0)=3>0$

よって，$f(x)=0$ は異なる2つの負の解をもつ。

[2]　$a=0$ のとき

$$f(x)=4x+3$$

よって，$f(x)=0$ の解は $x=-\frac{3}{4}$ であるから，実数解を1つだけもち，それは負の数である。

[3]　$a<0$ のとき

$$f(x)=a\left(x+\frac{2}{a}\right)^2-\frac{4}{a}+3$$

$y=f(x)$ のグラフは上に凸の放物線で

$$\frac{D}{4}=4-3a>0$$

軸の位置について　　$-\frac{2}{a}>0$

また　　$f(0)=3>0$

よって，$f(x)=0$ は正の解と負の解を1つずつもつ。

[1]，[2]，[3] から　オ②，カ⑤（またはオ⑤，カ②）

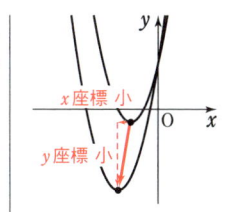

x 座標 小
y 座標 小

← a のみを小さくするから，$a<1$ の範囲で場合分けをして，それぞれについて $y=f(x)$ のグラフと x 軸の共有点について考える。

← $a<1$ のとき
$-3a>-3$
$4-3a>4-3>0$

← $0<a<1$ のときは，$a=1$ のときと同じ。

← $a=0$，$a<0$ のときのグラフはそれぞれ以下の通り。
$a=0$

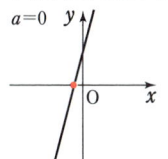

$a<0$

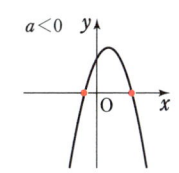

← 上に凸であるから，$f(0)>0$ のみで，「正の解と負の解を1つずつもつ」と判断してもよい。

演 習 問 題

54 2次関数のグラフの考察

目安20分

次のようなコンピュータのグラフ表示ソフトがある。

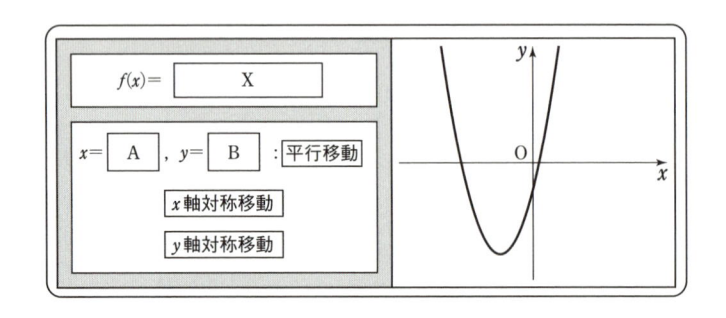

初めに，$\boxed{\text{X}}$ に関数の式を入力すると，その式が $f(x)$ となり，画面に $y=f(x)$ のグラフが表示される。次に，$\boxed{\text{平行移動}}$，$\boxed{x \text{軸対称移動}}$，$\boxed{y \text{軸対称移動}}$ のボタンを押すと，画面に表示されるグラフはそれぞれ次のように変わる。

$\boxed{\text{平行移動}}$：$\boxed{\text{A}}$，$\boxed{\text{B}}$ それぞれに値を入力してこのボタンを押すと，$y=f(x)$ のグラフを x 軸方向に $\boxed{\text{A}}$，y 軸方向に $\boxed{\text{B}}$ だけ平行移動したグラフに変わる。

$\boxed{x \text{軸対称移動}}$：このボタンを押すと，$y=f(x)$ のグラフを x 軸に関して対称移動したグラフに変わる。

$\boxed{y \text{軸対称移動}}$：このボタンを押すと，$y=f(x)$ のグラフを y 軸に関して対称移動したグラフに変わる。

なお，各ボタンを押して画面に表示されるグラフが変わった後，$\boxed{\text{X}}$ の式も新たに画面に表示されているグラフの式に変わり，その式が $f(x)$ となる。

また，$\boxed{\text{平行移動}}$ のボタンを押した後，$\boxed{\text{A}}$，$\boxed{\text{B}}$ に入力した値は消去される。

(1) 初めに，$\boxed{\text{X}}$ に $2x^2-4x-1$ を入力して，グラフを画面に表示させた後，$\boxed{\text{A}}$ に -2，$\boxed{\text{B}}$ に 5 を入力して $\boxed{\text{平行移動}}$ のボタンを押した。このとき，$\boxed{\text{X}}$ に表示されている式は，$\boxed{\text{ア}}\,x^2+\boxed{\text{イ}}\,x+\boxed{\text{ウ}}$ である。

(2) 初めに，$\boxed{\text{X}}$ に x^2+2x+4 を入力して，次の 3 つの操作 P，Q，R をある順番で 1 回ずつ行った。

操作 P：$\boxed{\text{A}}$ に 1，$\boxed{\text{B}}$ に 1 を入力して，$\boxed{\text{平行移動}}$ のボタンを押す。

操作 Q：$\boxed{x\,\text{軸対称移動}}$ のボタンを押す。

操作 R：$\boxed{y\,\text{軸対称移動}}$ のボタンを押す。

その結果，$\boxed{\text{X}}$ には $-x^2+4x-8$ が表示された。操作 P，Q，R を行った順番として正しいものを，次の ⓪ ～ ⑤ のうちから 1 つ選べ。 $\boxed{\text{エ}}$

    ⓪ P $\longrightarrow$ Q $\longrightarrow$ R   ① P $\longrightarrow$ R $\longrightarrow$ Q

    ② Q $\longrightarrow$ P $\longrightarrow$ R   ③ Q $\longrightarrow$ R $\longrightarrow$ P

    ④ R $\longrightarrow$ P $\longrightarrow$ Q   ⑤ R $\longrightarrow$ Q $\longrightarrow$ P

(3) 初めに，$\boxed{\text{X}}$ に $-x^2+x$ を入力した。このとき，不等式 $f(x)>0$ の解は $\boxed{\text{オ}}$ である。

$\boxed{\text{オ}}$ に当てはまるものを，次の ⓪ ～ ⑤ のうちから 1 つ選べ。

    ⓪ $x=0,\ 1$ ① $x=-1,\ 0$

    ② $0<x<1$ ③ $-1<x<0$

    ④ $x<0,\ 1<x$ ⑤ $x<-1,\ 0<x$

続いて，(2) の操作 P を n 回行った。その結果，画面に表示されている $\boxed{\text{X}}$ に対して，不等式 $f(x)>0$ を満たす整数 x がちょうど 4 個であった。このような自然数 n は全部で $\boxed{\text{カ}}$ 個あり，そのうち最大の自然数 n は $n=\boxed{\text{キ}}$ である。

32 日目 図形と計量，図形の性質

例題 53　図形の証明

目安 20分

$\triangle ABC$ において，辺 BC，CA，AB の長さをそれぞれ a，b，c とし，$\angle CAB$，$\angle ABC$，$\angle BCA$ の大きさをそれぞれ A，B，C とする。

太郎さんと花子さんは，授業で習った $\triangle ABC$ について成り立つ関係式

$$a^2 = b^2 + c^2 - 2bc\cos A \quad \cdots\cdots \ (*)$$

の証明を考えている。まず，太郎さんは，A，B がともに鋭角のとき，次のような構想により $(*)$ を証明した。

── 太郎さんの証明の構想 ──

$0° < A < 90°$ かつ $0° < B < 90°$ のとき，頂点 C から直線 AB に垂線 CH を下ろすと，

$$AH = \boxed{\text{ア}}, \quad BH = \boxed{\text{イ}}, \quad CH = \boxed{\text{ウ}}$$

と表される。

よって，$\triangle BCH$ において $\boxed{\text{エ}}$ を用いて得られた$_{(a)}$<u>式を整理すると</u>，$(*)$ を導くことができる。

---

(1) $\boxed{\text{ア}} \sim \boxed{\text{ウ}}$ に当てはまる最も適切なものを，次の ⓪ ～ ⑨ のうちから 1 つずつ選べ。

 ⓪ $b\sin A$ ① $-b\sin A$

 ② $b\cos A$ ③ $-b\cos A$

 ④ $b\sin A + c$ ⑤ $b\sin A - c$ ⑥ $c - b\sin A$

 ⑦ $b\cos A + c$ ⑧ $b\cos A - c$ ⑨ $c - b\cos A$

(2) $\boxed{\text{エ}}$ に当てはまる最も適切なものを，次の ⓪ ～ ② のうちから 1 つ選べ。

 ⓪ 円周角の定理   ① 中点連結定理   ② 三平方の定理

(3) 下線部 (a) について，式を整理するときに用いる関係式として最も適切なものを次の ⓪ ～ ③ のうちから 1 つ選べ。 $\boxed{\text{オ}}$

 ⓪ $\sin(90° - \theta) = \cos\theta$ ① $\cos(90° - \theta) = \sin\theta$

 ② $\tan\theta = \dfrac{\sin\theta}{\cos\theta}$ ③ $\sin^2\theta + \cos^2\theta = 1$

続いて，花子さんは，A，B どちらか一方が鈍角の場合の (*) の証明について考えた。

> **花子さんの証明の構想**
>
> 線分の長さ AH, BH, CH のうち，
>
> $A > 90°$ のときは，$\boxed{\text{カ}}$ を表す式のみが $0° < A < 90°$ かつ $0° < B < 90°$ のときと異なり，$\boxed{\text{カ}} = \boxed{\text{キ}}$ と表される。
>
> $B > 90°$ のときは，$\boxed{\text{ク}}$ を表す式のみが $0° < A < 90°$ かつ $0° < B < 90°$ のときと異なり，$\boxed{\text{ク}} = \boxed{\text{ケ}}$ と表される。
>
> よって，いずれの場合も △BCH において $\boxed{\text{エ}}$ を用いると，(*) は証明できる。

(4) $\boxed{\text{カ}}$，$\boxed{\text{ク}}$ に当てはまるものを，次の ⓪〜② のうちから 1 つずつ選べ。

  ⓪   AH   ①   BH   ②   CH

(5) $\boxed{\text{キ}}$，$\boxed{\text{ケ}}$ に当てはまるものを，(1) の ⓪〜⑨ のうちから 1 つずつ選べ。

最後に，太郎さんは A，B どちらか一方が直角の場合も (*) が成り立つ理由を考えた。

> **太郎さんの考えた理由**
>
> $A = 90°$ のとき $2bc \cos A = \boxed{\text{コ}}$
>
> $B = 90°$ のとき $2bc \cos A = \boxed{\text{サ}}$ である。
>
> よって，いずれの場合も △ABC において $\boxed{\text{エ}}$ から，(*) が成り立つ。

(6) $\boxed{\text{コ}}$，$\boxed{\text{サ}}$ に当てはまるものを，次の ⓪〜⑤ のうちから 1 つずつ選べ。

  ⓪ 0 ① 2 ② -1 ③ $2c^2$ ④ $-c^2$ ⑤ $-2c^2$

CHART 32

▶図形問題は   **図をかきながら考える**

▶$180° - \theta$ の三角比

$$\sin(180° - \theta) = \sin\theta, \ \cos(180° - \theta) = -\cos\theta, \ \tan(180° - \theta) = -\tan\theta$$

解 答　(ア) ②　(イ) ⑨　(ウ) ⓪　(エ) ②　(オ) ③　(カ) ⓪
　　　　(キ) ③　(ク) ①　(ケ) ⑧　(コ) ⓪　(サ) ③

解説

(1), (2), (3)

$$AH = CA \cos A$$
$$= b \cos A \quad (ア ②)$$
$$BH = AB - AH$$
$$= c - b \cos A \quad (イ ⑨)$$
$$CH = CA \sin A$$
$$= b \sin A \quad (ウ ⓪)$$

よって，$\triangle BCH$ において三平方の定理 (エ ②) を用いると
$$BC^2 = CH^2 + BH^2$$
$$a^2 = (b \sin A)^2 + (c - b \cos A)^2$$
$$= b^2(\sin^2 A + \cos^2 A) + c^2 - 2bc \cos A$$
$\sin^2 A + \cos^2 A = 1$ (オ ③) であるから
$$a^2 = b^2 + c^2 - 2bc \cos A \quad \cdots\cdots (*)$$
が成り立つ。

(4), (5)

$A > 90°$ のとき
$$AH = CA \cos(180° - A)$$
$$= b(-\cos A)$$
$$= -b \cos A \quad (キ ③)$$
$$BH = AB + AH$$
$$= c - b \cos A$$
$$CH = CA \sin(180° - A)$$
$$= b \sin A$$

ゆえに，AH を表す式のみが $0° < A < 90°$ かつ $0° < B < 90°$ のときと異なる。　(カ ⓪)

——— 右欄 ———

← 図をかく。

← 三角比の定義

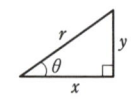

$$\sin\theta = \frac{y}{r}$$
$$\cos\theta = \frac{x}{r}$$
$$\tan\theta = \frac{y}{x}$$

← 三角比の相互関係
$$\sin^2\theta + \cos^2\theta = 1$$

← $180° - \theta$ の三角比
$$\sin(180° - \theta) = \sin\theta$$
$$\cos(180° - \theta) = -\cos\theta$$
$$\tan(180° - \theta) = -\tan\theta$$

$B>90°$ のとき

$$AH=CA\cos A$$
$$=b\cos A$$
$$BH=AH-AB$$
$$=b\cos A-c \quad (ケ⑧)$$
$$CH=CA\sin A$$
$$=b\sin A$$

ゆえに，BH を表す式のみが $0°<A<90°$ かつ $0°<B<90°$ のときと異なる。（ク①）

いずれの場合も，△BCH において三平方の定理を用いると $(*)$ が成り立つことを証明できる。

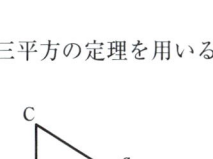

(6) $A=90°$ のとき

$\cos 90°=0$ から

$$2bc\cos A=2bc\cos 90°=0$$
$$(コ⓪)$$

よって，△ABC において
三平方の定理から

$$a^2=b^2+c^2$$
$$=b^2+c^2-0$$
$$=b^2+c^2-2bc\cos A$$

$B=90°$ のとき

$c=b\cos A$ から

$$2bc\cos A=2c^2 \quad (サ③)$$

よって，△ABC において
三平方の定理から

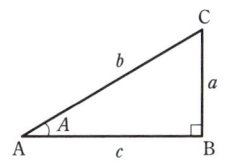

$$a^2=b^2-c^2$$
$$=b^2+c^2-2c^2$$
$$=b^2+c^2-2bc\cos A$$

ゆえに，$A=90°$ または $B=90°$ の場合も，$(*)$ は成り立つ。

← 三平方の定理から
$$BC^2=CH^2+BH^2$$
実際に計算すると，
$A>90°$ のとき
$$a^2=(b\sin A)^2$$
$$+(c-b\cos A)^2$$
$B>90°$ のとき
$$a^2=(b\sin A)^2$$
$$+(b\cos A-c)^2$$
となり，いずれの場合も
$\sin^2 A+\cos^2 A=1$ を用
いて整理すると，$(*)$ と
一致する。

NOTE 関係式 $(*)$ は，余弦定理である。授業で習う定理や公式は，その証明も確認しておくようにしよう。

55 図形の証明

太郎さんと花子さんは，宿題で出された次の問題について話し合っている。

> 問題　鋭角三角形 ABC の外接円上の，3点 A，B，C と異なる点 P から直線 AB，BC，CA に，それぞれ垂線 PD，PE，PF を下ろすとき，3点 D，E，F は一直線上にあることを証明せよ。

太郎：弧 BC 上に点 P があるとして右のような図をかいてみたよ。この図 1 について考えてみよう。

花子：3点 D，E，F が一直線上にあることは，

$$\angle \boxed{ア} + \angle PEF = 180° \quad \cdots\cdots (*)$$

であることと同値であるから，(*) を示そう。

太郎：四角形 PEDB は円に内接するから，

$$\angle \boxed{ア} + \angle \boxed{イ} = 180°$$

が成り立つね。

花子：ということは，(a)$\underline{\angle \boxed{イ} = \angle PEF}$ が成り立つことを示すことができれば (*) は証明できるね。

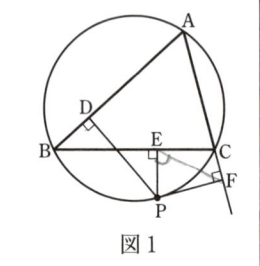

図 1

(1) $\boxed{ア}$，$\boxed{イ}$ に当てはまる最も適切なものを，次の ⓪〜⑨ のうちから1つずつ選べ。

⓪ PBD ① PBE ② PCE ③ PCF ④ PDE

⑤ PDF ⑥ PEC ⑦ PED ⑧ PFC ⑨ PFE

太郎さんは，下線部(a)について，∠ イ ＝∠PEF が成り立つことを次のように証明しようと考えている。

太郎さんの証明の構想

四角形 ウ が円に内接することを利用すると ∠PEF＝∠ エ
四角形 オ が円に内接することを利用すると ∠ イ ＝∠ エ
よって，∠ イ ＝∠PEF が成り立つ。

---

(2) ウ ， オ に当てはまる最も適切なものを，次の⓪〜②のうちから1つずつ選べ。

　⓪　PCAB　　　　　①　PFCE　　　　　②　PFAD

　また， エ に当てはまる最も適切なものを，(1)の⓪〜⑨のうちから1つ選べ。

花子さんは，図1において点Pの位置を動かすと，線分 AP が外接円の直径となるとき，太郎さんの構想では証明できないことに気づいた。そして，この場合について，花子さんは次のような構想を立てた。

花子さんの証明の構想

線分 AP が △ABC の外接円の直径であるとき，点Dは点 カ と一致し，点Fは点 キ と一致するから，3点 D，E，F は一直線上にある。

---

(3) カ ， キ に当てはまるものを，次の⓪〜②のうちから1つずつ選べ。

　⓪　A　　　　　①　B　　　　　②　C

33日目 データの分析

例題 54 データの読み取り

図 1 は，2004 年から 2018 年までの 15 年間における，1 世帯当たりの 1 か月にかかったパソコン，エアコン，冷蔵庫，洗濯機に対する支出額の平均に関するデータを，折れ線グラフに表したものである。

なお，図で例えば '04 は 2004 年を意味する。

（出典：総務省統計局の Web ページにより作成）

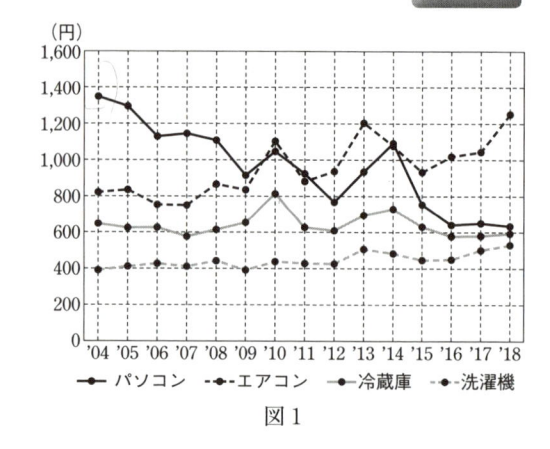

図 1

(1) 図 1 から読み取れることとして**誤っているもの**を，次の ⓪ 〜 ③ のうちから 1 つ選べ。 ア

　⓪ 支出額のデータの範囲が最も大きいのはパソコンである。

　① エアコンの支出額のデータの中央値は 1000 円以下である。

　② 冷蔵庫の支出額のデータの平均値は，洗濯機の支出額のデータの平均値よりも大きい。

　③ 冷蔵庫の支出額のデータの最大値は，エアコンの支出額のデータの最小値よりも小さい。

(2) パソコンの支出額のデータの箱ひげ図として正しいものを，図 2 の ⓪ 〜 ③ のうちから 1 つ選べ。 イ

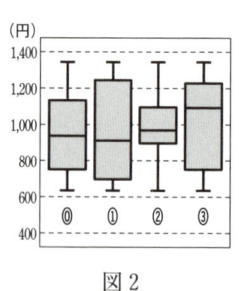

図 2

(3) 次の ⓪，① の値のうち，小さい方を選べ。 ウ

　⓪ パソコンの支出額のデータの分散

　① 洗濯機の支出額のデータの分散

図3，図4，図5は，エアコン，冷蔵庫，洗濯機の支出額のデータから2つを選び，散布図に表したものである。

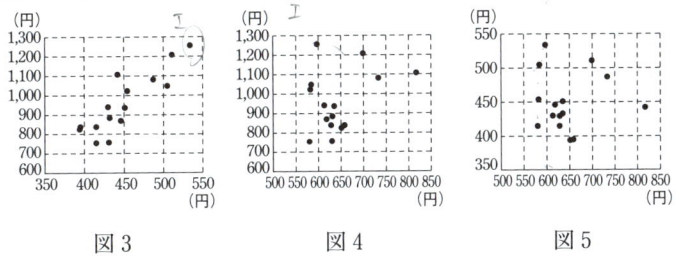

| 図3 | 図4 | 図5 |

(4) エアコンと冷蔵庫の支出額のデータの散布図を E，冷蔵庫と洗濯機の支出額のデータの散布図を F，洗濯機とエアコンの支出額のデータの散布図を G とするとき，図3，図4，図5はそれぞれ E，F，G のいずれであるか。正しい組合せを次の ⓪ 〜 ⑤ のうちから1つ選べ。 エ

⓪ 図3：E，図4：F，図5：G　　① 図3：E，図4：G，図5：F
② 図3：F，図4：E，図5：G　　③ 図3：F，図4：G，図5：E
④ 図3：G，図4：E，図5：F　　⑤ 図3：G，図4：F，図5：E

(5) 図3，図4それぞれについて，散布図に表されている2種類の支出額のデータの相関係数に最も近い値を，次の ⓪ 〜 ⑤ のうちから1つずつ選べ。

図3： オ 　　　図4： カ

⓪ -1.5　　① -0.9　　② -0.3　　③ 0.3　　④ 0.9　　⑤ 1.5

(6) 図3，図4，図5から読み取れることとして正しいものを，次の ⓪ 〜 ③ のうちから2つ選べ。ただし，解答の順序は問わない。 キ ， ク

⓪ 冷蔵庫と洗濯機の支出額のデータには強い正の相関がある。
① 冷蔵庫の支出額が600円以下の年の数と洗濯機の支出額が500円以上の年の数は異なる。
② 冷蔵庫の支出額が小さい方から4番目の年は，エアコンの支出額が最大となっている。
③ エアコンの支出額のデータの第1四分位数を a とする。洗濯機の支出額の大きい方から3番目の年のエアコンの支出額は a に等しい。

▶箱ひげ図　最大値・第3四分位数・中央値・第1四分位数・最小値に着目
▶散布図　・点の分布が　右上がり → 正の相関　右下がり → 負の相関
　　　　　・直線に近い分布のとき，強い相関があると考える。

解 答	（ア）③　（イ）⓪　（ウ）①　（エ）④
	（オ）④　（カ）③　（キ，ク）①，②（または②，①）

解説

(1) ⓪　それぞれのデータの最大値，最小値，範囲を求めると，次のようになる。

←（範囲）＝（最大値）
　　　　－（最小値）

	最大値	最小値	範囲
パソコン	約 1350	約 650	約 700
エアコン	約 1250	約 750	約 500
冷蔵庫	約 800	約 600	約 200
洗濯機	約 550	約 400	約 150

← 詳細に計算することは難しい。グラフから範囲のだいたいの大きさを読み取る。

パソコンのデータの範囲が最も大きいから，正しい。

① エアコンのデータで 1000 円を上回ったのは，2010，2013，2014，2016，2017，2018 の 6 年である。よって，エアコンのデータの中央値は 1000 円以下であるから，正しい。

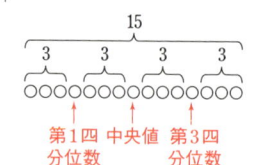

② （冷蔵庫のデータの最小値）＞（洗濯機のデータの最大値）であるから

　　（冷蔵庫のデータの平均値）＞（洗濯機のデータの平均値）

よって，正しい。

③ （冷蔵庫のデータの最大値）＞800＞（エアコンのデータの最小値）

よって，誤り。

以上から　ｱ③

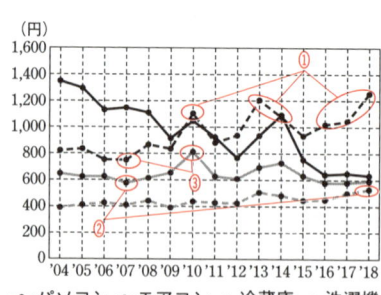

(2) パソコンのデータについて，800円を下回った年が5年あるから，第1四分位数は800円より小さい。また，1200円を上回った年は2年しかないから，第3四分位数は1200円より小さい。よって，パソコンのデータの箱ひげ図は　ᴵ ⓪

(3) 折れ線グラフから，洗濯機のデータの散らばりの方が，パソコンのデータの散らばりより小さい。
よって，分散の値は，パソコンのデータより洗濯機のデータの方が小さいといえるから　ウ ①

⬅ 実際の分散の値は
　　パソコン　約50,669
　　洗濯機　　約1,664

(4) (1)の⓪で読み取ったエアコン，冷蔵庫，洗濯機のデータの最大値，最小値から，それぞれに対応する散布図を判断すると，図3は洗濯機（横軸）とエアコン（縦軸），図4は冷蔵庫（横軸）とエアコン（縦軸），図5は冷蔵庫（横軸）と洗濯機（縦軸）のデータの散布図である。
よって　エ ④

(5) 図3の散布図から，2つのデータには強い正の相関があることが読み取れるから，相関係数として最も近い値は　オ ④
図4の散布図から，2つのデータには弱い正の相関があることが読み取れるから，相関係数として最も近い値は　カ ③

⬅ 実際の値は0.8644

⬅ 実際の値は0.3297

(6) ⓪　冷蔵庫と洗濯機のデータについての散布図は図5であるから，強い正の相関があるとは言えない。
よって，誤り。
① 図5から，冷蔵庫のデータで600円以下の年の数は4，洗濯機のデータで500円以上の年の数は3である。
よって，正しい。
② 図4から，冷蔵庫のデータの中で小さい方から4番目の年は，エアコンのデータが最大となっている。
よって，正しい。
③ 図3から，エアコンのデータの第1四分位数は約850円である。洗濯機のデータの中で大きい方から3番目の年は，エアコンの支出額が約1050円であるから，これはエアコンのデータの第1四分位数と異なる。
よって，誤り。
以上から　キ ①，ク ②（または　キ ②，ク ①）

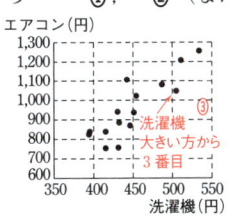

図3

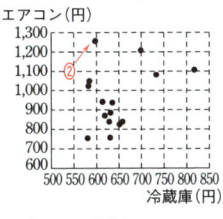

図4

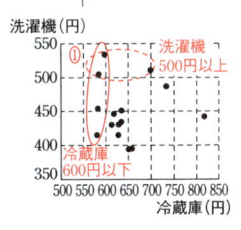

図5

演 習 問 題

56 データの読み取り

目安20分

図1は，3都市（東京，都市A，都市B）における2018年の365日毎日の平均気温のデータに関するヒストグラムである。（出典：気象庁のWebページにより作成）
ただし，ヒストグラムの各階級について，左側の数値を含み，右側の数値を含まない。

図1

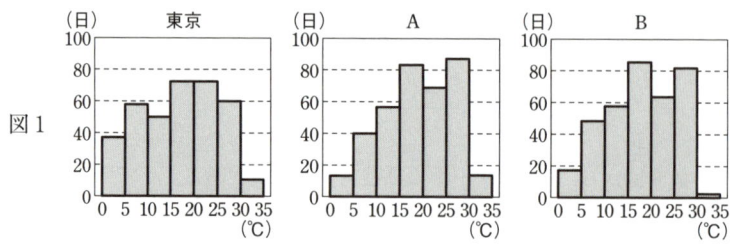

(1) 図2のX，Y，Zは，東京，都市A，都市Bのいずれかの都市の平均気温のデータの箱ひげ図である。都市の組合せとして正しいものを，次の⓪〜⑤のうちから1つ選べ。 ア

⓪ X—東京，　　Y—都市A，Z—都市B
① X—東京，　　Y—都市B，Z—都市A
② X—都市A，　Y—東京，　Z—都市B
③ X—都市A，　Y—都市B，Z—東京
④ X—都市B，　Y—東京，　Z—都市A
⑤ X—都市B，　Y—都市A，Z—東京

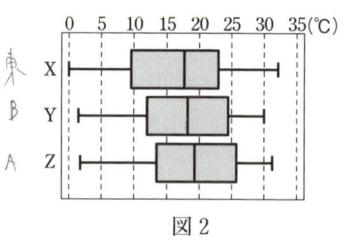

図2

(2) 図1，図2から読み取れることとして正しいものを，次の⓪〜⑤のうちから2つ選べ。ただし，解答の順序は問わない。 イ ， ウ

⓪ 東京の平均気温のデータの最小値は，都市Aの平均気温のデータの最小値より大きい。

① 東京の平均気温のデータの第1四分位数は，都市Bの平均気温のデータの第1四分位数より小さい。

② 3つの都市すべてにおいて，平均気温のデータの範囲は30℃より大きい。

③ 東京の平均気温のデータの四分位範囲と，都市Aの平均気温のデータの四分位範囲の差は5℃より大きい。

④　東京について，平均気温のデータの第1四分位数は度数が最大の階級に入っている。

⑤　都市Bについて，平均気温のデータの中央値は度数が最大の階級に入っている。

(3)　図3の散布図は，東京の1999年から2018年までの20年の1月と8月の平均気温，降水量の合計，日照時間をまとめたものである。

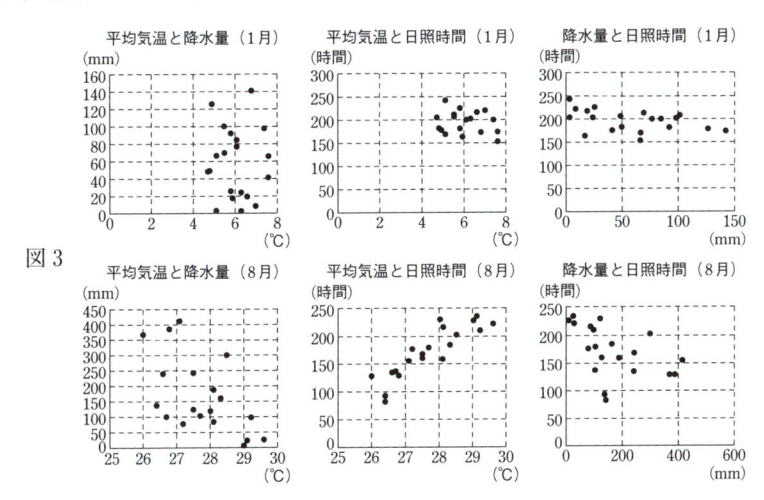

図3

この資料を見てわかったこととして，太郎さんと花子さんが次のような発言をしている。下線部⓪～④のうち，この資料から**正しいと判断できない**ものを2つ選べ。ただし，解答の順序は問わない。　　エ　，　　オ

花子：⓪8月は降水量が多くなると，平均気温が低くなる傾向があるよ。

太郎：でも，①1月は平均気温と降水量の相関はほとんどないといえそうだね。

花子：温暖化のせいか，②8月の平均気温と日照時間は年々増加する傾向があるよ。

花子：③1月より8月の方が日照時間が少ない年があるなんて少し意外だね。

太郎：④8月の日照時間が最小の年の降水量は，20年間の中で上位5位以内に入っているよ。

34 日目 場合の数と確率

例題 55 日常における事例に関する確率　　　　　　目安20分

ある集団 G のうち，5％の人がウィルス X に感染しているとする。また，ウィルス X の簡易検査について，次のことがわかっている。

> （ⅰ）X に**感染している**場合，簡易検査で陽性と判定される確率は90％である。
>
> （ⅱ）X に**感染していない**場合，簡易検査で陽性と判定される確率は10％である。

ただし，検査結果は陽性と陰性のどちらか一方のみとし，それ以外の結果は出ないものとする。

（1）集団 G の中から無作為に1人を選び，簡易検査を1回受ける。

このとき，陽性と判定される確率は $\dfrac{\boxed{ア}}{\boxed{イウ}}$ である。

また，陽性と判定された場合に X に感染している確率は $\dfrac{\boxed{エ}}{\boxed{オカ}}$ である。

さらに，陰性と判定された場合に X に感染していない確率は $\dfrac{\boxed{キクケ}}{\boxed{コサシ}}$ である。

集団 G の全員に対し簡易検査を 2 回行い，少なくとも 1 回陽性と判定された人に精密検査を行うことにする。ただし，検査を複数回受ける場合，直前の検査の結果は，直後の検査の結果に影響を及ぼさないものとする。

(2) X に感染している人が精密検査を受けられない確率は $\dfrac{\boxed{ス}}{\boxed{セソタ}}$，

X に感染していない人が精密検査を受けてしまう確率は $\dfrac{\boxed{チツ}}{\boxed{テトナ}}$ である。

(3) X に感染している人が精密検査を受けられない確率をさらに小さくするため，簡易検査で 2 回とも陰性と判定された人にはもう 1 回簡易検査をし，そこで陽性と判定された人にも精密検査を行うことにした。X に感染している人が精密検査を受けた場合に，簡易検査を 3 回受けている確率は，$\dfrac{\boxed{ニ}}{\boxed{ヌネノ}}$ である。

CHART 34

▶条件付き確率

$$P_A(B) = \frac{P(A \cap B)}{P(A)}$$

A を新しい全事象とみた場合の事象 $A \cap B$ の起こる確率と考えられる。
何が確率の分母になるかを考えることが大切である。

▶図や表を用いて状況を整理する

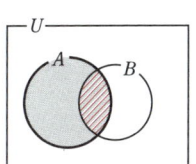

解答	(ア) (イウ)	$\dfrac{7}{50}$	(エ) (オカ)	$\dfrac{9}{28}$	(キクケ) (コサシ)	$\dfrac{171}{172}$
	(ス) (セソタ)	$\dfrac{1}{100}$	(チツ) (テトナ)	$\dfrac{19}{100}$	(ニ) (ヌネノ)	$\dfrac{1}{111}$

解説

(1) 集団 G のある 1 人がウィルス X に感染している事象を X, 簡易検査で陽性と判定される事象を A とすると

$$P(X) = \frac{5}{100}, \quad P(\overline{X}) = 1 - \frac{5}{100} = \frac{95}{100},$$

$$P_X(A) = \frac{90}{100}, \quad P_{\overline{X}}(A) = \frac{10}{100}$$

よって，集団 G の中から無作為に 1 人を選び，簡易検査を 1 回受けるとき，陽性と判定される確率は

$$
\begin{aligned}
P(A) &= P(A \cap X) + P(A \cap \overline{X}) \\
&= P(X \cap A) + P(\overline{X} \cap A) \\
&= P(X)P_X(A) + P(\overline{X})P_{\overline{X}}(A) \\
&= \frac{5}{100} \times \frac{90}{100} + \frac{95}{100} \times \frac{10}{100} = {}^{\mathcal{T}}\frac{7}{{}^{\prime\prime}50}
\end{aligned}
$$

ここで，$P(A \cap X) = \dfrac{5}{100} \times \dfrac{90}{100} = \dfrac{9}{200}$ であるから，

陽性と判定された場合に X に感染している確率は

$$P_A(X) = \frac{P(A \cap X)}{P(A)}$$

$$= \frac{9}{200} \div \frac{7}{50} = {}^{\mathcal{T}}\frac{9}{{}^{\mathcal{\tau}\mathcal{\tau}}28}$$

簡易検査を 1 回受けるとき，陰性と判定される確率は

$$P(\overline{A}) = 1 - P(A)$$

$$= 1 - \frac{7}{50} = \frac{43}{50}$$

◀ $P_X(A)$：X に感染している人が陽性と判定される確率

$P_{\overline{X}}(A)$：X に感染していない人が陽性と判定される確率

	陽性(A)	陰性($\overline{A}$)
X	$P(A \cap X)$	$P(\overline{A} \cap X)$
$\overline{X}$	$P(A \cap \overline{X})$	$P(\overline{A} \cap \overline{X})$

$P(A)$

◀ $P(A \cap X)$：X に感染していてかつ陽性と判定される確率

	陽性(A)	陰性($\overline{A}$)
X	$P(A \cap X)$	$P(\overline{A} \cap X)$
$\overline{X}$	$P(A \cap \overline{X})$	$P(\overline{A} \cap \overline{X})$

分母($P(A)$)　　分子

◀ 余事象の確率
$P(\overline{A}) = 1 - P(A)$

ここで
$$P(\overline{X} \cap \overline{A}) = P(\overline{X})P_{\overline{X}}(\overline{A})$$
$$= \frac{95}{100} \times \frac{90}{100} = \frac{171}{200}$$

であるから，陰性と判定された場合に X に感染していない
確率は
$$P_{\overline{A}}(\overline{X}) = \frac{P(\overline{A} \cap \overline{X})}{P(\overline{A})} = \frac{P(\overline{X} \cap \overline{A})}{P(\overline{A})}$$
$$= \frac{171}{200} \div \frac{43}{50} = \frac{\text{キクケ}171}{\text{コサシ}172}$$

← $P(\overline{X} \cap \overline{A})$：X に感染し
ていなくてかつ陰性と
判定される確率

	陽性(A)	陰性($\overline{A}$)
X	$P(A \cap X)$	$P(\overline{A} \cap X)$
$\overline{X}$	$P(A \cap \overline{X})$	$P(\overline{A} \cap \overline{X})$

分母($P(\overline{A})$)　　　分子

(2) X に感染している人が精密検査を受けられないのは，感染
している人が簡易検査で 2 回とも陰性と判定されるときであ
るから，その確率は
$$P_X(\overline{A}) \times P_X(\overline{A}) = \frac{10}{100} \times \frac{10}{100} = \frac{\text{ス}1}{\text{セソタ}100}$$

X に感染していない人が精密検査を受けないのは，感染して
いない人が簡易検査で 2 回とも陰性と判定されるときである
から，その確率は
$$P_{\overline{X}}(\overline{A}) \times P_{\overline{X}}(\overline{A}) = \frac{90}{100} \times \frac{90}{100} = \frac{81}{100}$$

よって，X に感染していない人が精密検査を受けてしまう確
率は
$$1 - \frac{81}{100} = \frac{\text{チツ}19}{\text{テトナ}100}$$

← **CHART** 「少なくとも」
には余事象の確率

← ＿＿＿の確率は(2)の前半
の結果を利用。

(3) X に感染している人が精密検査を受けるのには，2回の簡
易検査のうち少なくとも1回陽性と判定される場合と，2回
続けて簡易検査で陰性と判定された後，3回目の簡易検査で
陽性と判定される場合がある。この 2 つの場合は互いに排反
であるから，X に感染している人が精密検査を受ける確率は
$$\left(1 - \frac{1}{100}\right) + \frac{10}{100} \times \frac{10}{100} \times \frac{90}{100} = \frac{999}{1000}$$

X に感染している人が，精密検査を受け，かつ簡易検査を 3
回受けている確率は
$$\frac{10}{100} \times \frac{10}{100} \times \frac{90}{100} = \frac{9}{1000}$$

よって，求める確率は
$$\frac{9}{1000} \div \frac{999}{1000} = \frac{\text{ニ}1}{\text{ヌネノ}111}$$

← 上で求めた＿＿＿の確率
と同じ。

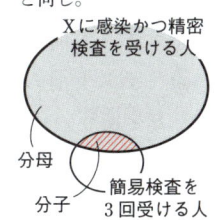

57 日常における事例に関する確率　　　　　　　　　目安 20 分

ある高校の 1 学年の 400 人全員に対し，テスト前の数学の勉強方法に関する次のようなアンケート調査を行った。

> 次の質問について，（　）内の該当するものに○をつけてください。
> 質問 1　あなたはテスト前の勉強に，教科書を使いますか？
> 　　　　　（　はい　・　いいえ　）
> 質問 2　あなたはテスト前の勉強に，参考書を使いますか？
> 　　　　　（　はい　・　いいえ　）

アンケートを集計した結果，質問 1 で「はい」に○をつけた人は 280 人，質問 2 で「はい」に○をつけた人は 150 人，質問 1, 2 ともに「いいえ」に○をつけた人は 30 人であった。

ただし，アンケートに答えた 400 人は，2 つの質問それぞれに対して「はい」または「いいえ」のどちらか一方のみに○をつけたものとする。

(1)　質問 1, 2 の少なくとも一方で「はい」に○をつけた人は アイウ 人，質問 1, 2 の両方で「はい」に○をつけた人は エオ 人である。

(2)　アンケートの結果からわかることとして，正しいものを次の ⓪ ～ ④ のうちから 1 つ選べ。 カ
　　⓪　全体の半分以上の人は，テスト前の勉強に教科書を使わない。
　　①　全体の 3 割以上の人は，テスト前の勉強に教科書も参考書も使わない。
　　②　テスト前の勉強に教科書を使う人のうち，3 割以上の人は参考書も使う。
　　③　テスト前の勉強に参考書を使う人のうち，3 割以上の人は教科書も使う。
　　④　テスト前の勉強に教科書または参考書を使う人のうち，3 割以上の人は両方を使う。

テストの成績のよい方から上位 100 人のアンケートについて，さらに集計をした。その結果，成績が上位 100 位以内の人のうち，質問 1 で「はい」に○をつけた人は 64 人，質問 2 で「はい」に○をつけた人は 78 人，質問 1，2 ともに「いいえ」に○をつけた人は 16 人であった。

(3) 成績が上位 100 位以内の人の中から無作為に 1 人を選ぶとき，その人がテスト前の勉強に教科書を使っている確率は $\dfrac{キク}{ケコ}$ である。

また，テスト前の勉強に参考書を使っていない人の中から無作為に 1 人を選ぶとき，その人の成績が上位 100 位以内である確率は $\dfrac{サシ}{スセソ}$ である。

さらに，成績が上位 100 位以内の人の中から無作為に 1 人を選ぶとき，その人がテスト前の勉強に教科書と参考書の両方を使っている確率は $\dfrac{タチ}{ツテ}$ である。

(4) アンケートの結果からわかることとして，正しいものを次の ⓪ 〜 ③ のうちから 2 つ選べ。ただし，解答の順序は問わない。 $\boxed{ \text{ト} }$ ， $\boxed{ \text{ナ} }$

⓪ テスト前の勉強に教科書を使っている人のうち，半分以上の人はテストの成績が上位 100 位以内である。

① テストの成績が上位 100 位以内の人のうち，半分以上の人はテスト前の勉強に参考書を使っている。

② テスト前の勉強に教科書も参考書も使っていない人のうち，半分以上の人はテストの成績が上位 100 位以内である。

③ テストの成績が上位 100 位以内の人のうち，半分以上の人はテスト前の勉強に教科書も参考書も使っていない。

35日目 整数の性質

例題 56　整数の性質の活用

目安20分

自然数 n, k, l は，$1 \leqq k \leqq n$，$1 \leqq l \leqq n$ を満たしている。

同じ大きさの正方形のマスが縦横それぞれに n 個ずつ並んだマス目がある。その n^2 個のマスすべてに，次の**ルール**に従って数を1つずつ書き込んだ表を作成する。なお，横の並びを「行」，縦の並びを「列」という。

> **ルール**：上から k 行目，左から l 列目のマスに kl を記入する。

例えば，$n=5$ のときの表は次のようになる。

1	2	3	4	5
2	4	6	8	10
3	6	9	12	15
4	8	12	16	20
5	10	15	20	25

(1)　$n=9$ のときの表を考える。

このとき，表に 24 は ア 回現れ，36 は イ 回現れる。

また，表に1回だけ現れる数は ウ 個ある。

以下では，$n=100$ のときの表を考える。

(2)　23 は表に エ 回現れる。

また，90 を素因数分解すると，$90 = 2 \cdot$ オ $^{カ} \cdot$ キ であるから，

90 は表に クケ 回現れる。

さらに，350 は表に コ 回現れる。

(3) 表の，上から3行目に並んでいる数，上から4行目に並んでいる数それぞれ
の中から1つずつ選び，その和が100になるような数の組を考える。

a，b を自然数とする。上から3行目，左から a 列目の数と，上から4行目，左
から b 列目の数の和が100になるとすると，a，b は

$$\boxed{\text{サ}} \quad \cdots\cdots ①$$

を満たす。$\boxed{\text{サ}}$ に当てはまる式を次の ⓪ ～ ⑤ から1つ選べ。

- ⓪ $3a = 4b + 100$
- ① $3a + 100 = 4b$
- ② $3a + 4b = 100$
- ③ $4a = 3b + 100$
- ④ $4a + 100 = 3b$
- ⑤ $4a + 3b = 100$

また，① を満たす自然数の組 (a, b) は $\boxed{\text{シ}}$ 組ある。

(4) 次の (i)～(iv) それぞれについて，正しければ ⓪，正しくなければ ① を答えよ。

(i) 素数 p が表に現れるとき，その現れる回数は常に $\boxed{\text{エ}}$ 回である。$\boxed{\text{ス}}$

(ii) 自然数 m が表に現れるとき，その現れる回数は，m の正の約数の個数と一致する。$\boxed{\text{セ}}$

(iii) 表に現れる回数が奇数である数は100個より多い。$\boxed{\text{ソ}}$

(iv) 上から3行目に並んでいる数，上から6行目に並んでいる数それぞれの中から1つずつ選ぶとき，その和が100になることは起こらない。$\boxed{\text{タ}}$

C HART 35

▶ 正の約数の個数

自然数 N を素因数分解した結果が $N = p^a q^b r^c$ であるとき，
N の正の約数の個数は $(a+1)(b+1)(c+1)$ である。

▶ 1次不定方程式 $ax + by = 1$ の解き方 (a，b は整数で，互いに素)

① 方程式を満たす整数解 $x = p$，$y = q$ を1組見つける。

② $ax + by = 1$ と $ap + bq = 1$ の差を考え，$a(x-p) + b(y-q) = 0$ の形にする。

③ a，b は互いに素であるから，整数 k を用いて
$x - p = bk$，$y - q = -ak$ すなわち $x = bk + p$，$y = -ak + q$

解　答	（ア）4　（イ）3　（ウ）5　（エ）2　（オカ・キ）$3^2 \cdot 5$　（クケ）12
	（コ）8　（サ）②　（シ）8　（ス）⓪　（セ）①　（ソ）①　（タ）⓪

解説

(1) 表は右下がりの対角線に関して対称であり
$$24 = 3 \cdot 8 = 4 \cdot 6 = 6 \cdot 4 = 8 \cdot 3 \quad {}^{(*)}$$
$$36 = 4 \cdot 9 = 6 \cdot 6 = 9 \cdot 4$$
よって，表に 24 は ${}^{\text{ア}}$**4** 回，36 は ${}^{\text{イ}}$**3** 回現れる。
また，右下がりの対角線上にない数は，2 回以上表に現れる。
ゆえに，表に 1 回だけ現れる数の候補は，右下がりの対角線上にある数
$$1^2, \ 2^2, \ \cdots\cdots, \ 9^2$$
であるが，4，9，16，36 は右下がりの対角線上以外にも現れる。よって，表に 1 回だけ現れる数は，1，25，49，64，81 の ${}^{\text{ウ}}$**5** 個である。

$n = 9$ のとき，表は掛け算の九九を並べたものとなる。

1	2	3	4	5	6	7	8	9
2	4	6	8	10	12	14	16	18
3	6	9	12	15	18	21	24	27
4	8	12	16	20	24	28	32	36
5	10	15	20	25	30	35	40	45
6	12	18	24	30	36	42	48	54
7	14	21	28	35	42	49	56	63
8	16	24	32	40	48	56	64	72
9	18	27	36	45	54	63	72	81

${}^{(*)}$　$24 = 2 \cdot 12 = 12 \cdot 2$ であるが，12 は 9 より大きいから，2 行目や 2 列目に 24 が現れることはない。

(2) 23 は素数で，$23 = 1 \cdot 23 = 23 \cdot 1$ であるから，23 は表に ${}^{\text{エ}}$**2** 回現れる。

← 23 は，1 行 23 列，23 行 1 列に現れる。

また，90 を素因数分解すると，
$$90 = 2 \cdot {}^{\text{オ}}3^{\text{カ}2} \cdot {}^{\text{キ}}5$$
であるから，90 の正の約数の個数は
$$(1+1)(2+1)(1+1) = 12$$
$90 < 100$ から，90 の約数はすべて 100 以下である。
よって，90 は表に ${}^{\text{クケ}}$**12** 回現れる。

← 90 は平方数ではない。

さらに，350 を素因数分解すると，
$$350 = 2 \cdot 5^2 \cdot 7$$
であるから，350 の正の約数の個数は
$$(1+1)(2+1)(1+1) = 12$$
である。ここで，
$$350 = 1 \cdot 350 = 2 \cdot 175 = 175 \cdot 2 = 350 \cdot 1$$
であるが，350，175 は 100 より大きいから，350 が表に現れる回数は　$12 - 4 = {}^{\text{コ}}$**8**（回）

← $N = kl$ のように表される 100 以下の自然数 k, l の組の個数，すなわち，N の正の約数のうち 100 以下のものの個数が，N が表に現れる回数となる。

← 例えば，350 が 1 行目や 1 列目に現れることはない。

(3) 上から3行目，左からa列目の数は$3a$,

　　上から4行目，左からb列目の数は$4b$である。

　　よって，この2数の和が100になるとすると，a, bは
$$3a+4b=100 \quad \cdots\cdots ①$$
を満たす。（^{サ}②）

　　① から　$3a=4(25-b)$

　　3と4は互いに素であるから，mを自然数として
$$a=4m, \ 25-b=3m \quad \text{と表される。}$$
　　よって　　$a=4m, \ b=25-3m$

　　$1 \leqq a \leqq 100, \ 1 \leqq b \leqq 100$であるから　　$m=1, \ 2, \ \cdots\cdots, \ 8$

　　よって，①を満たす$(a, \ b)$は^{シ}8組ある。

(4) （i）素数pが表に現れるとき，$p \leqq 100$であり，pを2つの
　　　自然数の積で表す方法は，$1 \cdot p$, $p \cdot 1$の2通りのみである。
　　　ゆえに，pが表に現れるのは2回である。

　　　よって，正しい。（^{ス}⓪）

　（ii）(2)から，350が現れる回数は，350の正の約数の個数と
　　　は一致しない。よって，正しくない。（^{セ}①）

　（iii）表に現れる回数が奇数となる数は，右下がりの対角線上
　　　に現れる数，すなわち平方数$1^2, 2^2, \cdots\cdots, 100^2$で，これは
　　　ちょうど100個ある。

　　　よって，正しくない。（^{ソ}①）

　（iv）a, bは自然数とする。上から3行目，左からa列目に
　　　ある数$3a$と，上から6行目，左からb列目にある数$6b$の
　　　和は
$$3a+6b=3(a+2b)$$
　　　であるから，3の倍数である。

　　　100は3の倍数ではないから，$3a+6b=100$となることは
　　　ない。よって，正しい。（^{タ}⓪）

◀ ①の整数解の1つは
$$a=0, \ b=25$$

◀ 連立不等式
$$\begin{cases} 1 \leqq 4m \leqq 100 \\ 1 \leqq 25-3m \leqq 100 \end{cases}$$
を解くと　$\dfrac{1}{4} \leqq m \leqq 8$

mは自然数であるから
$$m=1, \ 2, \ \cdots\cdots, \ 8$$

（ii）表に現れる数Aが
$A \leqq 100$であるときは，
表に現れる回数とAの
正の約数の個数は一致す
る。

（iii）右下がりの対角線上に
ない数（平方数でない
数）が表に現れる回数は，
必ず偶数となる。

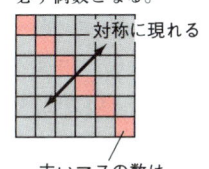

対称に現れる

赤いマスの数は
奇数回現れる

NOTE (4) (iv)については，次のことを知っていると早く判断できる。

　　a, bは自然数，cは整数とする。$ax+by=c \quad \cdots\cdots (*)$を満たす整数の組
　$(x, \ y)$の存在については次のことが知られている。

　　　aとbが互いに素のとき，$(*)$を満たす整数の組$(x, \ y)$は存在する。

　　　aとbが互いに素ではないとき，aとbの最大公約数をdとすると

　　　　cがdの倍数ならば，$(*)$を満たす整数の組$(x, \ y)$は存在する。

　　　　cがdの倍数でなければ，$(*)$を満たす整数の組$(x, \ y)$は存在しない。

演 習 問 題

58　整数の性質の活用

目安20分

m, n を 3 以上の自然数とし，1 辺の長さが 1 の正 m 角形 $OA_1A_2\cdots\cdots A_{m-1}$ を E，1 辺の長さが 1 の正 n 角形 $OB_1B_2\cdots\cdots B_{n-1}$ を F とする。ただし，図形 E, F とも頂点のとり方は反時計回りとする。

例えば，$m=6$，$n=5$ のとき，図形 E, F は次の図のようになる。

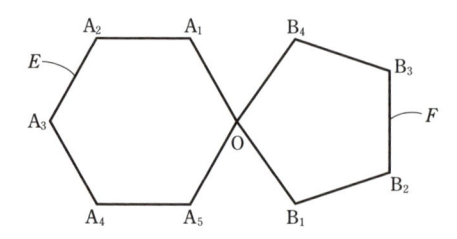

点 P，Q はそれぞれ図形 E, F のある頂点を同時に出発し，図形 E, F の辺上を 1 秒あたり 1 の速さで反時計回りに動く。

(1)　$m=6$，$n=5$ とする。

　2 点 P，Q がともに点 O から出発するとき，点 P，Q が点 O で次に出会うのは $\boxed{\text{アイ}}$ 秒後である。

(2)　$m=6$，$n=4$ とする。

　2 点 P，Q がともに点 O から出発するとき，点 P，Q が点 O で次に出会うのは $\boxed{\text{ウエ}}$ 秒後である。

(3)　2 点 P，Q がともに点 O から出発するとき，点 P，Q が点 O で次に出会うのは 18 秒後である。この条件が満たされるような自然数の組 (m, n) は全部で $\boxed{\text{オ}}$ 組ある。ただし，$m>n$ とする。

以下では，$m=9$，$n=6$ とする。

(4) k，l は自然数とする。

点 P が点 A_1 から，点 Q が点 B_4 からそれぞれ出発するとき，点 P が点 O の位置にくるのが k 回目となるのは（$\boxed{カ}k-\boxed{キ}$）秒後，点 Q が点 O の位置にくるのが l 回目となるのは（$\boxed{ク}l-\boxed{ケ}$）秒後である。よって，点 P，Q が点 O で出会うのは，$\boxed{カ}k-\boxed{キ}=\boxed{ク}l-\boxed{ケ}$ が成り立つときである。

ゆえに，点 P，Q が点 O で初めて出会うのは，

$(k,\ l)=(\boxed{コ}$，$\boxed{サ})$ のときであり，点 P，Q が点 O で出会うのがちょうど 10 回目となるのは，

$(k,\ l)=(\boxed{シス}$，$\boxed{セソ})$ のときである。

(5) 次の (i)〜(iv) それぞれについて，正しければ $\textcircled{0}$，正しくなければ $\textcircled{1}$ を答えよ。

　(i) 点 P が A_3 から，点 Q が B_3 からそれぞれ出発するとき，2 点 P，Q が点 O で出会うことがある。$\boxed{タ}$

　(ii) 点 P が A_4 から，点 Q が B_2 からそれぞれ出発するとき，2 点 P，Q が点 O で出会うことはない。$\boxed{チ}$

　(iii) 点 P が A_2 から出発するとき，点 Q が B_1，B_2，B_3，B_4，B_5 のどの点から出発しても，2 点 P，Q が点 O で出会うことはない。$\boxed{ツ}$

　(iv) 点 P が A_2 から出発するとき，点 Q が B_1，B_2，B_3，B_4，B_5 のどの点から出発しても，2 点 P，Q が点 O で出会うことがある。$\boxed{テ}$

答 の 部

1 (アイ) 12 (ウエ) 17 (オ) 7 (カ) 4
(キ) 9 (クケ) 12 (コ) 4 (サ) 6 (シ) 1
(ス) 2 (セ) 3 (ソ) 2 (タ) 3 (チ) 1 (ツ) 3
(テ) 2 (ト) 5

2 (アイ) 12 (ウエ) 36 (オ) 2
(カキ) 35 (ク) 1 (ケ) 1 (コ) 5 (サ) 7
(シ) 0 (スセソ) -35 (タチツ) -11

3 (アイ) 14 (ウ) 1 (エオ) 14
(カキク) 194 (ケ) 6 (コ) 1 (サシ) 34
(スセソタ) 1154

4 (ア) 1 $\dfrac{\sqrt{(イ)}-(ウ)}{(エ)}$ $\dfrac{\sqrt{5}-1}{4}$ (オ) 2
(カ) 1 (キ) 2 $\dfrac{(ク)+\sqrt{(ケ)}}{(コ)}$ $\dfrac{3+\sqrt{5}}{8}$
(サ)$+\sqrt{(シス)}$ $4+\sqrt{13}$ (セ) 2
(ソ)$\sqrt{(タチ)}$ $2\sqrt{13}$

5 (アイ) -1 (ウ) 0 (エ) 1
(オカ) -2 $\dfrac{(キ)}{(ク)}$ $\dfrac{2}{3}$ $\dfrac{(ケ)}{(コ)}$ $\dfrac{4}{5}$

6 (アイ) -1 (ウ) 3 (エ) 7
(オカ) -5 (キ) 1 (ク) 4

7 (ア) 1 (イ) 5 (ウエ) -1
(オ)$+$(カ)$\sqrt{(キ)}$ $8+3\sqrt{7}$ (クケ) 13

8 (ア) 6 (イ) 7 (ウ) 4 (エ) 7 (オ) 6
(カキ) 13 (クケ) -1
(コサ)$+\sqrt{(シス)}$ $-2+\sqrt{11}$

9 (ア) ⓪ (イ) ⑤ (ウ) ④ (エ) ③
(オ) ③

10 (ア) ① (イ) ② (ウ) ⓪ (エ) ①

11 $\dfrac{(ア)}{(イ)}$ $\dfrac{1}{3}$ $\dfrac{(ウ)}{(エ)}$ $\dfrac{1}{3}$ $\dfrac{(オカ)}{(キ)}$ $\dfrac{-5}{6}$
(クケ) -2 (コ) 3 (サ) 1 (シス) -2
(セ) 3 (ソ) 1 (タチ) -1 (ツ) 2
(テト) -1 $\dfrac{(ナ)}{(ニ)}$ $\dfrac{7}{2}$ (ヌ)$\pm\sqrt{(ネ)}$ $4\pm\sqrt{7}$

12 (ア) 3 (イウエ) -18 (オ) 6 (カ) 6
$\dfrac{(キク)}{(ケ)}$ $\dfrac{-1}{3}$ (コサ) -4 (シス) -1
(セ) 2 (ソ) 2 (タ) 4

13 (ア) 2 (イ) 1 (ウ) 2 (エ) 1 (オ) 1
(カ)$\pm\sqrt{(キ)}$ $2\pm\sqrt{5}$ (ク)$+$(ケ)$\sqrt{(コ)}$ $5+2\sqrt{5}$
(サシ) -1

14 (ア) 2 (イ) 2 (ウ) 2 (エ) 2 $\dfrac{(オ)}{(カ)}$ $\dfrac{3}{4}$
$\dfrac{(キ)}{(ク)}$ $\dfrac{2}{3}$ $\dfrac{(ケ)}{(コ)}$ $\dfrac{1}{2}$ $\dfrac{(サ)}{(シ)}$ $\dfrac{1}{2}$ $\dfrac{(ス)}{(セ)}$ $\dfrac{5}{6}$

15 (ア) $-$ (イ) 1 (ウ) $-$ (エ) 1 (オ) 0
(カ) 2 (キク) -2 (ケ) 3 (コ) 2 (サ) 1
(シ) 1

16 (ア) 1 (イ) 4 (ウ) 2 (エオ) 25
$\dfrac{(カ)}{(キ)}$ $\dfrac{5}{2}$ $\dfrac{(クケ)}{(コ)}$ $\dfrac{95}{4}$ (サ) 2 (シス) 25

17 (アイ) 13 (ウ) 2 (エ) 4 (オカ) -2
(キク) 28

18 (ア) 4 (イ) $-$ (ウ) 8 (エ) 8 $\dfrac{(オ)}{(カ)}$ $\dfrac{1}{2}$
(キ) 4 (ク) 2

19 $\dfrac{(ア)}{(イ)}$ $\dfrac{1}{3}$ (ウ) 2 $\dfrac{(エ)}{(オ)}$ $\dfrac{7}{8}$ (カ) 0 (キ) 1
(ク) 1 (ケ) 2 (コサ) -3

20 (ア)$-\sqrt{(イ)}$ $3-\sqrt{7}$ (ウ) 2 (エ) 6 (オ) 3
(カ) 8 (キ) ②

21 (アイ) -3 (ウ) 4
(エ)$-$(オ)$\sqrt{(カ)}$ $3-2\sqrt{2}$ (キ) 3 (クケ) -2
(コ) 3 (サ) ②

22 (ア) 3 $\dfrac{(イ)}{(ウ)}$ $\dfrac{3}{4}$ (エ) 3 (オ) 5 (カ) 6

23 $\dfrac{\sqrt{(ア)}}{(イ)}$ $\dfrac{\sqrt{5}}{3}$ $\dfrac{(ウ)\sqrt{(エ)}}{(オ)}$ $\dfrac{2\sqrt{5}}{5}$
$\dfrac{(カ)\sqrt{(キ)}}{(ク)}$ $\dfrac{-\sqrt{5}}{3}$
$\dfrac{(ケコ)\sqrt{(サ)}}{(シ)}$ $\dfrac{-2\sqrt{5}}{5}$
$\dfrac{(ス)\sqrt{(セソ)}}{(タチ)}$ $\dfrac{2\sqrt{13}}{13}$
$\dfrac{(ツ)\sqrt{(テト)}}{(ナニ)}$ $\dfrac{3\sqrt{13}}{13}$

24 (ア) 2 (イ) 2 (ウ) 5 $\dfrac{(エ)}{(オ)}$ $\dfrac{1}{2}$
(カキ) 60 $\dfrac{(ク)\sqrt{(ケ)}}{(コ)}$ $\dfrac{2\sqrt{5}}{5}$ (サ) 3

25 $\dfrac{\sqrt{(\text{ア})}}{(\text{イウ})}$ $\dfrac{\sqrt{7}}{14}$ $\sqrt{(\text{エ})}$ $\sqrt{7}$ (オカ) 60

$\dfrac{\sqrt{(\text{キク})}}{(\text{ケ})}$ $\dfrac{\sqrt{21}}{3}$ $\dfrac{(\text{コ})\sqrt{(\text{サ})}}{(\text{シ})}$ $\dfrac{2\sqrt{7}}{5}$

$\dfrac{(\text{ス})\sqrt{(\text{セ})}}{(\text{ソ})}$ $\dfrac{5\sqrt{3}}{6}$

26 (アイウ) 120 $\dfrac{(\text{エ})\sqrt{(\text{オカ})}}{(\text{キ})}$ $\dfrac{2\sqrt{19}}{5}$

$\dfrac{(\text{ク})\sqrt{(\text{ケコ})}}{(\text{サ})}$ $\dfrac{3\sqrt{19}}{5}$ (シス) 60

$\sqrt{(\text{セソ})}$ $\sqrt{19}$ $\dfrac{(\text{タチ})}{(\text{ツ})}$ $\dfrac{19}{5}$

$\dfrac{(\text{テト})\sqrt{(\text{ナ})}}{(\text{ニヌ})}$ $\dfrac{19\sqrt{3}}{15}$ $\dfrac{\sqrt{(\text{ネ})}}{(\text{ノハ})}$ $\dfrac{\sqrt{3}}{15}$

27 $\dfrac{(\text{アイ})}{(\text{ウ})}$ $\dfrac{-5}{8}$ $\dfrac{\sqrt{(\text{エオ})}}{(\text{カ})}$ $\dfrac{\sqrt{30}}{2}$

$\sqrt{(\text{キ})}$ $\sqrt{3}$ $\sqrt{(\text{クケ})}$ $\sqrt{10}$

28 (アイ) 60 $\dfrac{(\text{ウ})\sqrt{(\text{エ})}}{(\text{オ})}$ $\dfrac{3\sqrt{7}}{4}$

$\dfrac{\sqrt{(\text{カ})}}{(\text{キ})}$ $\dfrac{\sqrt{7}}{4}$

(ク) ⓪ (ケ) ③ または (ク) ③ (ケ) ⓪

$\dfrac{\sqrt{(\text{コサ})}}{(\text{シ})}$ $\dfrac{\sqrt{21}}{3}$ (ス) 3

29 (アイ) 12 $\dfrac{(\text{ウ})}{(\text{エ})}$ $\dfrac{1}{8}$

(オカ)$\sqrt{(\text{キ})}$ $15\sqrt{7}$ $\dfrac{(\text{ク})\sqrt{(\text{ケコ})}}{(\text{サ})}$ $\dfrac{3\sqrt{42}}{7}$

30 (ア)$\sqrt{(\text{イ})}$ $2\sqrt{3}$ $\sqrt{(\text{ウエ})}$ $\sqrt{13}$

$\sqrt{(\text{オ})}$ $\sqrt{7}$ $\dfrac{\sqrt{(\text{カキ})}}{(\text{クケ})}$ $\dfrac{\sqrt{21}}{14}$

$\dfrac{(\text{コ})\sqrt{(\text{サ})}}{(\text{シ})}$ $\dfrac{5\sqrt{3}}{2}$ $\dfrac{(\text{スセ})\sqrt{(\text{ソ})}}{(\text{タ})}$ $\dfrac{25\sqrt{3}}{6}$

31 (ア).(イ) 4.2 (ウ).(エ) 5.0 (オ) 6
(カ) ③ (キ).(ク) 6.0 (ケ).(コサ) 2.56
(シ).(スセ) 1.60

32 (アイ) 14 (ウエ) 60
(オカ).(キ) 58.5 (ク) ① (ケ) ⓪

33 (アイ) 30 (ウエ) 14
(オ).(カキ) 0.94 (ク) ④ (ケ) ③

34 (アイウエ) 5040 (オカキ) 720
(クケコ) 144 (サシスセ) 5040
(ソタチ) 720 (ツテトナ) 1440
(ニヌ) 84 (ネノ) 30 (ハヒ) 34
$\dfrac{(\text{フ})}{(\text{ヘ})}$ $\dfrac{2}{3}$ $\dfrac{(\text{ホ})}{(\text{マミム})}$ $\dfrac{1}{120}$ $\dfrac{(\text{メモ})}{(\text{ヤユ})}$ $\dfrac{21}{40}$

35 (アイウエ) 1295 (オカキ) 255

36 (アイウ) 210 (エオカキ) 2520
(クケコサ) 4200 (シスセソ) 2100

37 (アイウエオ) 12600 (カキク) 525

38 (アイ) 100 (エオ) 40
(カキク) 184

39 $\dfrac{(\text{ア})}{(\text{イウ})}$ $\dfrac{1}{36}$ $\dfrac{(\text{エ})}{(\text{オカキ})}$ $\dfrac{5}{108}$

$\dfrac{(\text{クケ})}{(\text{コサシ})}$ $\dfrac{23}{108}$

40 $\dfrac{(\text{アイ})}{(\text{ウエ})}$ $\dfrac{13}{36}$ (オカキ) 169

41 $\dfrac{(\text{ア})}{(\text{イウ})}$ $\dfrac{3}{16}$ $\dfrac{(\text{エオ})}{(\text{カキ})}$ $\dfrac{11}{32}$

$\dfrac{(\text{ク})}{(\text{ケコ})}$ $\dfrac{5}{72}$

42 $\dfrac{(\text{ア})}{(\text{イ})}$ $\dfrac{3}{7}$ $\dfrac{(\text{ウ})}{(\text{エ})}$ $\dfrac{1}{3}$

43 (ア) 4 $\dfrac{(\text{イ})}{(\text{ウ})}$ $\dfrac{4}{3}$ $\dfrac{(\text{エオ})}{(\text{カ})}$ $\dfrac{12}{7}$ (キ) 7
(ク) 2 (ケコ) 65 (サシス) 130
(セ)$\sqrt{(\text{ソ})}$ $2\sqrt{2}$ (タ)$\sqrt{(\text{チ})}$ $4\sqrt{2}$

44 (ア) 2 (イ) 1 (ウエ) 12

45 (ア) D (イウ) DB (エオ) CA
(カ) E (キク) EF

46 (アイ) 13 (ウエ) 37 (オカ) 48

47 (ア) 5 (イウ) 14 (エオ) 25
$\dfrac{(\text{カキ})}{(\text{ク})}$ $\dfrac{10}{7}$ (ケ) 2 (コ)$\sqrt{(\text{サ})}$ $3\sqrt{5}$

(シス) 90 $\dfrac{(\text{セソ})}{(\text{タ})}$ $\dfrac{39}{7}$

$\dfrac{(\text{チツ})\sqrt{(\text{テ})}}{(\text{ト})}$ $\dfrac{13\sqrt{5}}{5}$

48 (アイ) 12 (ウエ) 18 (オ) 8 (カ) 3
(キ) 6 (ク) 8

49 (ア) ① (イウ) 12 (エ)$\sqrt{(オ)}$ $6\sqrt{2}$

$\sqrt{(カ)}$ $\sqrt{3}$ $\dfrac{(キ)}{(ク)}$ $\dfrac{1}{6}$

50 (ア) 3 (イ) 7 (ウ) 3 (エ) 7
(オカキ) 378 (ク) 6 (ケ) 7 (コサ) 54

51 (ア) 2 (イ) 1 (ウ) 4 (エ) 2 (オカ) 20

52 (ア) 2 (イ) 5 (ウ) 3 (エ) 8 (オ) 2 (カ) 5
(キ) 2 (クケ) 17 (コサ) 45

53 (アイ) 49 (ウ) 7 (エオ) 49 (カ) 7
(キク) 73 (ケ) 7 (コサ) 23 (シ) 1 (ス) 6
(セ) 5

54 (ア) 2 (イ) 4 (ウ) 4 (エ) ④ (オ) ②
(カ) 4 (キ) 6

55 (ア) ⑦ (イ) ⓪ (ウ) ① (エ) ③
(オ) ⓪ (カ) ① (キ) ②

56 (ア) ①
(イ) ① (ウ) ⑤ または (イ) ⑤ (ウ) ①
(エ) ② (オ) ④ または (エ) ④ (オ) ②

57 (アイウ) 370 (エオ) 60 (カ) ③
$\dfrac{(キク)}{(ケコ)}$ $\dfrac{16}{25}$ $\dfrac{(サシ)}{(スセソ)}$ $\dfrac{11}{125}$

$\dfrac{(タチ)}{(ツテ)}$ $\dfrac{29}{50}$

(ト) ① (ナ) ② または (ト) ② (ナ) ①

58 (アイ) 30 (ウエ) 12 (オ) 4
(カ)$k-$(キ) $9k-1$ (ク)$l-$(ケ) $6l-4$ (コ) 1
(サ) 2 (シス) 19 (セソ) 29 (タ) ⓪
(チ) ⓪ (ツ) ① (テ) ①

共通テスト 数学 の特徴から

　共通テストでは，これまでのセンター試験で主に問われていた **知識・技能** だけでなく，これまで以上に **思考力・判断力・表現力** が問われる試験になる。さらに，「日常生活に関連した題材」がテーマになった問題も出題されると言われている。そのため，基礎をしっかり固めて基本的な問題は着実に解けるようにしておき，さらに共通テスト特有の形式にも慣れておくことが必要となる。

　上記に加え，共通テストの大きな特徴は次の2点であるといえる。

   ① マーク式試験である
   ② 厳しい時間設定がなされている

　このような特徴を踏まえ，学習するにあたって，また，実際の試験場で，どのようなことに気をつければよいのか考えていくことにしよう。

時間との勝負

　共通テストは「学習指導要領の定める範囲内」で出題されるため，高度な数学の知識が要求される問題は出題されない。しかし，共通テストで高得点をはばむ1つの要因として，厳しい時間制限が挙げられる。

　試行調査（共通テストに先んじて行われた，出題形式や難易度等を確認するためのプレテスト）の問題を見ると，1問あたりの問題文は約4〜5ページのものが多い。大学入試センターから，実際の共通テストでは試行調査の問題よりも問題文を削減する，という方針が発表されているが，センター試験よりも長文の問題の出題が予想される。

　したがって，いかに能率的に問題を解いていくかが大きなポイントになる。

　まず，得点しやすい問題から取りかかることが必要になる。得意な分野がある人はその問題から取りかかるとよい。（ただし，マークする場所に注意！）

　また，問題の途中で解答に行き詰まってしまった場合，その問題は後回しにして次の問題に取りかかろう。1つの問題に固執して時間をかけすぎるのは得策ではない。

できるだけ丁寧に書く

　共通テストでは部分点が与えられないので，計算ミスは命取りになる。余白をうまく使って丁寧に書いて計算することを心掛けよう。

　また，時間制限が厳しい試験ではあるが，計算を雑にすることは，少し時間が短縮されるとしてもいい作戦ではない。

　まず，雑に計算すると計算ミスが多くなる。

　また，答と空欄の形が合わなかった場合，雑に書いているとどこで計算ミスをしたのか振り返ることが困難になり，最初から計算しなおすことになってしまう。

　さらに，共通テストの問題では，一度計算を行った過程や結果を後の問題で使うことがある。雑に書いていると，それがどこにあるのかわからなくなってしまい，それを探

す時間が無駄になってしまう。後で利用しそうな結果（2次関数の頂点の座標など）には印をつけるなどすれば，時間の短縮に一役買うことになるだろう。

図を正確にかく

共通テストでは，定規もコンパスも（もちろん分度器も）使えない。したがって，図はすべてフリーハンドでかくことになる。普段の学習で定規などを使っている人は要注意である。必要な図をフリーハンドでかけるようにしておきたい。

図を正確にかけば，問題の内容も理解しやすく，図から答の見当がつくこともある。

また，問題を解いていく中で求めた辺の長さや角の大きさ，点の座標などを丁寧に図にかき込んでいくことも重要である。図が複雑であれば，必要な部分だけ取り出してかき直すのも有効である。

マークの空欄を検算に利用

例えば，$\boxed{\text{ア}}$ という解答欄に 15 という答が出てきたら，どこかで誤りを犯していることがわかる。

共通テストのマークには以下のようなルールがあるので把握しておこう。

- カタカナ1つに数字（0〜9），符号（$-$, $\pm$），文字（a〜d）のいずれか1つが対応する。
- 分数で答える場合は既約分数で答えなければならない。
- 分数にマイナスがつく場合，分子につけなくてはならない。
- 根号のついた数は，根号内を最小の整数にしなければならない。
- 符号が連続することはない。例えば $x+\boxed{\text{アイ}}\,y$ のアに $-$ が入ることはない。すなわち $x-2y$ などは誤りである。
- 文字の係数に 1, 0 が入ることはない。例えば $\boxed{\text{ア}}\,a$ のアに 1 や 0 が入ることはない。計算の結果「a」という答が出ても，それは誤りである。

なお，1つの問題文中に同じ解答記号がもう一度現れ，求めた答が問題文の一部となることがある。この場合，共通テストおよび本書では2度目以降を細字で表記してある。新しい空欄であると勘違いしないように注意しよう。

マークシートの記入上の注意

マークシートに記入する際は，次の点に注意しよう。

- マークシートは汚したり，折り曲げたりしない。
- 正しい位置をきれいに濃く塗りつぶす。
- マークミスは絶対にしない。

マークミスをすると問題が解けても 0 点であり，また，もしマークの位置がずれると大問1問が丸ごと 0 点という事態にもなりかねない。このようなことを防ぐためにも，大問1問を解き終えたら（解けるところまで解いたら），最後のマークのカタカナと問題用紙の空欄のカタカナが一致するか確認するようにしよう。

● 編著者
　　チャート研究所

初版（センター試験対策）
第1刷　2014年6月1日　発行
初版（大学入学共通テスト対策）
第1刷　2020年7月1日　発行

● 表紙・本文デザイン
　　デザイン・プラス・プロフ株式会社

編集・制作　チャート研究所
発行者　　　星野　泰也

ISBN978-4-410-10613-2

チャート式®問題集シリーズ
35日完成！ 大学入学共通テスト対策　数学ⅠA

発行所
数研出版株式会社

〒101-0052 東京都千代田区神田小川町2丁目3番地3
　　　〔振替〕00140-4-118431
〒604-0861 京都市中京区烏丸通竹屋町上る大倉町205番地
〔電話〕代表　(075)231-0161

本書の一部または全部を許可なく複
写・複製することおよび本書の解説
書，問題集ならびにこれに類するも
のを無断で作成することを禁じます。

ホームページ　https://www.chart.co.jp
印刷　株式会社　加藤文明社
乱丁本・落丁本はお取り替えします。　　　　200601

「チャート式」は，登録商標です。

まとめ（数学A）

第5章　場合の数と確率

●集合の要素の個数

- $n(A \cup B) = n(A) + n(B) - n(A \cap B)$
  $A \cap B = \varnothing$ のとき
  $$n(A \cup B) = n(A) + n(B)$$
- $n(\overline{A}) = n(U) - n(A)$
  （U は全体集合，A はその部分集合）
- $n(A \cup B \cup C) = n(A) + n(B) + n(C)$
  $\qquad - n(A \cap B) - n(B \cap C) - n(C \cap A)$
  $\qquad + n(A \cap B \cap C)$

●場合の数

▶ **場合の数の数え方**

辞書式配列法や樹形図（tree）を用いて，もれなく，重複することなく数え上げる。

▶ **和の法則，積の法則**

- **和の法則**　事柄 A, B の起こり方が，それぞれ a, b 通りで，A と B が同時に起こらないとき，A または B のどちらかが起こる場合の数は $a+b$ 通りである。
- **積の法則**　事柄 A の起こり方が a 通りあり，そのおのおのに対して事柄 B の起こり方が b 通りあるとすると，A と B がともに起こる場合の数は ab 通りである。

> **CHART**　条件処理は先に行う
> **CHART**　補集合 利用が早いことがある

●順列・円順列・重複順列

▶ **順列**
$$_nP_r = n(n-1)(n-2)\cdots\cdots(n-r+1)$$
$$= \frac{n!}{(n-r)!} \qquad (0 \leq r \leq n)$$
$$0! = 1 \qquad 特に \quad _nP_n = n!$$

▶ **円順列**　$(n-1)!$ $\left(= \dfrac{_nP_n}{n}\right)$

▶ **じゅず順列**　$\dfrac{(n-1)!}{2}$ $\left(= \dfrac{円順列}{2}\right)$

▶ **重複順列**　n^r（$n < r$ であってもよい）

（例）　n 個の異なるものを
A，B 2組に分ける	$2^n - 2$
2組に分ける	$(2^n - 2) \div 2$
A, B, C 3組に分ける	$3^n - 3(2^n - 2) - 3$
3組に分ける	$\{3^n - 3(2^n - 2) - 3\} \div 3!$

●組合せ，同じものを含む順列

▶ **組合せの数**
$$_nC_r = \frac{_nP_r}{r!} = \frac{n!}{r!(n-r)!} \qquad (0 \leq r \leq n)$$
$$特に \quad _nC_n = 1$$

▶ **$_nC_r$ の性質**
$$_nC_r = {}_nC_{n-r} \qquad (0 \leq r \leq n)$$
$$_nC_r = {}_{n-1}C_{r-1} + {}_{n-1}C_r \qquad (1 \leq r \leq n-1, \ n \geq 2)$$

▶ **組分け**

n 人を A 組 p 人，B 組 q 人，C 組 r 人に分ける
$$_nC_p \times {}_{n-p}C_q$$
単に，3組に分けるときには注意が必要。

3組同数なら　$\div 3!$ 　　2組同数なら　$\div 2!$

▶ **同じものを含む順列**
$$_nC_p \times {}_{n-p}C_q \times {}_{n-p-q}C_r \times \cdots\cdots = \frac{n!}{p!q!r!\cdots\cdots}$$
$$ただし \quad p+q+r+\cdots\cdots = n$$

●確率

▶ **確率の定義**

全事象 U のどの根元事象も同様に確からしいとき，事象 A の起こる確率 $P(A)$ は
$$P(A) = \frac{n(A)}{n(U)}$$
$$= \frac{事象 A \text{ の起こる場合の数}}{起こりうるすべての場合の数}$$

▶ **確率の基本性質**
$$0 \leq P(A) \leq 1, \ P(\varnothing) = 0, \ P(U) = 1$$

▶ **加法定理**

事象 A, B が互いに排反のとき
$$P(A \cup B) = P(A) + P(B)$$

▶ **独立な試行の確率**

2つの独立な試行 S，T において，S では事象 A が起こり，T では事象 B が起こるという事象を C とすると
$$P(C) = P(A)P(B)$$

▶ **反復試行の確率**

1回の試行で事象 A の起こる確率が p であるとする。この試行を n 回繰り返すとき，事象 A がちょうど r 回起こる確率は
$$_nC_r p^r (1-p)^{n-r}$$
> **注意**　$a \neq 0$ のとき　$a^0 = 1$

> **CHART**　余事象 利用が早いことがある
> 　　　　　「少なくとも」には余事象

▶ **余事象の確率**　$P(\overline{A}) = 1 - P(A)$

●条件付き確率

▶ **条件付き確率**

事象 A が起こったときに事象 B が起こる条件付き確率 $P_A(B)$ は
$$P_A(B) = \frac{n(A \cap B)}{n(A)} = \frac{P(A \cap B)}{P(A)}$$

▶ **確率の乗法定理**
$$P(A \cap B) = P(A)P_A(B)$$

チャート式®
問題集シリーズ

35日完成！
大学入学共通テスト対策

数学IA

＜解答編＞

①日目 式の計算

1 (1) $(3x-y)(4x+7y)$

$=3\cdot4x^2+\{3\cdot7y+(-y)\cdot4\}x+(-y)\cdot7y$

$={}^{アイ}12x^2+{}^{ウエ}17xy-{}^{オ}7y^2$

$(2x-3y+1)^2=(2x)^2+(-3y)^2+1^2$

$\qquad\qquad\qquad +2\cdot2x\cdot(-3y)+2\cdot(-3y)\cdot1+2\cdot1\cdot2x$

$\qquad\qquad ={}^{カ}4x^2+{}^{キ}9y^2-{}^{クケ}12xy+{}^{コ}4x-{}^{サ}6y+{}^{シ}1$

(2) $3x^2-8xy+4y^2=(x-{}^{ス}2y)({}^{セ}3x-{}^{ソ}2y)$

$$
\begin{array}{cccc}
1 & \diagdown & -2y & \longrightarrow & -6y \\
3 & \diagup & -2y & \longrightarrow & -2y \\
\hline
3 & & 4y^2 & & -8y
\end{array}
$$

$3x^2-6y^2-7xy+2x-17y-5$

$=3x^2+(-7y+2)x-(6y^2+17y+5)$

$=3x^2+(-7y+2)x-(3y+1)(2y+5)$ ⓐ

$=\{x-(3y+1)\}\{3x+(2y+5)\}$ ⓑ

$=(x-{}^{タ}3y-{}^{チ}1)({}^{ツ}3x+{}^{テ}2y+{}^{ト}5)$

ⓐ
$$
\begin{array}{ccccc}
3 & \diagdown & 1 & \longrightarrow & 2 \\
2 & \diagup & 5 & \longrightarrow & 15 \\
\hline
6 & & 5 & & 17
\end{array}
$$

ⓑ
$$
\begin{array}{ccccc}
1 & \diagdown & -(3y+1) & \longrightarrow & -9y-3 \\
3 & \diagup & 2y+5 & \longrightarrow & 2y+5 \\
\hline
3 & & -(3y+1)(2y+5) & & -7y+2
\end{array}
$$

2 $t=x^2-6x$ から

$\qquad t^2=(x^2-6x)^2$

$\qquad\quad =x^4-{}^{アイ}12x^3+{}^{ウエ}36x^2$

よって $\quad A=(x^4-12x^3+36x^2)-2(x^2-6x)-35$

$\qquad\qquad =t^2-{}^{オ}2t-{}^{カキ}35$

$\qquad\qquad =(t+5)(t-7)$

$\qquad\qquad =(x^2-6x+5)(x^2-6x-7)$

$\qquad\qquad =(x-1)(x-5)(x+1)(x-7)$

$\qquad\qquad =(x+{}^{ク}1)(x-{}^{ケ}1)(x-{}^{コ}5)(x-{}^{サ}7)$

$x=5$ のとき

$\qquad A=(5+1)(5-1)(5-5)(5-7)={}^{シ}0$

右側の注記:

$\Leftarrow (ax+b)(cx+d)$
$\quad =acx^2+(ad+bc)x+bd$

$\Leftarrow (a+b+c)^2$
$\quad =a^2+b^2+c^2$
$\qquad +2ab+2bc+2ca$

$\Leftarrow acx^2+(ad+bc)x+bd$
$\quad =(ax+b)(cx+d)$

$\Leftarrow$ 1つの文字 x について整理。

$\Leftarrow$ たすき掛け ⓐ

$\Leftarrow$ たすき掛け ⓑ

$\Leftarrow t=x^2-6x$ を代入。

$\Leftarrow x$ について，さらに因数分解。

$x=6$ のとき
$$A=(6+1)(6-1)(6-5)(6-7)$$
$$=7\cdot5\cdot1\cdot(-1)={}^{\text{スセソ}}\mathbf{-35}$$

また，$x=\dfrac{4}{3-\sqrt{5}}$ のとき
$$x=\dfrac{4(3+\sqrt{5})}{(3-\sqrt{5})(3+\sqrt{5})}=3+\sqrt{5}$$

◀ 分母の有理化。
分母・分子に $3+\sqrt{5}$ を掛ける。

したがって，このとき
$$A=(\sqrt{5}+4)(\sqrt{5}+2)(\sqrt{5}-2)(\sqrt{5}-4)$$
$$=\{(\sqrt{5})^2-4^2\}\{(\sqrt{5})^2-2^2\}=(5-16)(5-4)$$
$$={}^{\text{タチツ}}\mathbf{-11}$$

② 日目 実　　　数

3 (1) $\quad x=\dfrac{2-\sqrt{3}}{2+\sqrt{3}}=\dfrac{(2-\sqrt{3})(2-\sqrt{3})}{(2+\sqrt{3})(2-\sqrt{3})}$

$$=\dfrac{(2-\sqrt{3})^2}{2^2-(\sqrt{3})^2}=\dfrac{4-4\sqrt{3}+3}{4-3}$$
$$=7-4\sqrt{3}$$

◀ 分母の有理化。
分母・分子に $2-\sqrt{3}$ を掛ける。
◀ $(2-\sqrt{3})^2$
$=2^2-2\cdot2\cdot\sqrt{3}+(\sqrt{3})^2$

よって $\quad x+y=(7-4\sqrt{3})+(7+4\sqrt{3})={}^{\text{アイ}}\mathbf{14}$
$$xy=(7-4\sqrt{3})(7+4\sqrt{3})$$
$$=7^2-(4\sqrt{3})^2={}^{\text{ウ}}\mathbf{1}$$

ゆえに $\quad x^2y+xy^2=xy(x+y)=1\cdot14={}^{\text{エオ}}\mathbf{14}$
$$x^2+y^2=(x+y)^2-2xy$$
$$=14^2-2\cdot1={}^{\text{カキク}}\mathbf{194}$$

◀ $x^2+y^2=(x+y)^2-2xy$

(2) $\quad y=\dfrac{1}{3+2\sqrt{2}}=\dfrac{3-2\sqrt{2}}{(3+2\sqrt{2})(3-2\sqrt{2})}$

$$=\dfrac{3-2\sqrt{2}}{3^2-(2\sqrt{2})^2}=3-2\sqrt{2}$$

◀ 分母の有理化。
分母・分子に $3-2\sqrt{2}$ を掛ける。

よって $\quad x+y=(3+2\sqrt{2})+(3-2\sqrt{2})={}^{\text{ケ}}\mathbf{6}$
$$xy=(3+2\sqrt{2})(3-2\sqrt{2})$$
$$=3^2-(2\sqrt{2})^2={}^{\text{コ}}\mathbf{1}$$

ゆえに $\quad x^2+y^2=(x+y)^2-2xy$
$$=6^2-2\cdot1={}^{\text{サシ}}\mathbf{34}$$
$$x^4+y^4=(x^2)^2+(y^2)^2=(x^2+y^2)^2-2x^2y^2$$
$$=(x^2+y^2)^2-2(xy)^2=34^2-2$$
$$={}^{\text{スセソタ}}\mathbf{1154}$$

◀ $x^2+y^2=(x+y)^2-2xy$

◀ x^2+y^2 の値を利用する。

〔別解〕 **xy の求め方**

$$xy=(3+2\sqrt{2})\times\frac{1}{3+2\sqrt{2}}={}^{\text{コ}}\mathbf{1}$$

4 (1) $\dfrac{1}{3-\sqrt{5}}=\dfrac{3+\sqrt{5}}{(3-\sqrt{5})(3+\sqrt{5})}$

$\qquad\qquad =\dfrac{3+\sqrt{5}}{3^2-(\sqrt{5})^2}=\dfrac{3+\sqrt{5}}{4}$

$2<\sqrt{5}<3$ であるから $\quad 5<3+\sqrt{5}<6$

よって $\qquad\qquad \dfrac{5}{4}<\dfrac{3+\sqrt{5}}{4}<\dfrac{3}{2}$

ゆえに, $1.25<\dfrac{3+\sqrt{5}}{4}<1.5$ であるから

$$1\leqq\frac{3+\sqrt{5}}{4}<2$$

よって $\qquad a={}^{\text{ア}}\mathbf{1}$

このとき $\quad b=\dfrac{3+\sqrt{5}}{4}-1=\dfrac{\sqrt{{}^{\prime}5}-{}^{\text{ウ}}1}{{}^{\text{エ}}4}$

また $\qquad a^2-2a^2b+2ab-4ab^2+b^2-2b^3$

$\qquad\qquad =a^2+2ab+b^2-2b(a^2+2ab+b^2)$

$\qquad\qquad =(a+b)^2-2b(a+b)^2$

$\qquad\qquad =(a+b)^{{}^{\text{オ}}2}({}^{\text{カ}}1-{}^{\text{キ}}2b)$

よって $\qquad a^2-2a^2b+2ab-4ab^2+b^2-2b^3$

$\qquad\qquad =(a+b)^2(1-2b)$

$\qquad\qquad =\left(\dfrac{3+\sqrt{5}}{4}\right)^2\left(1-2\cdot\dfrac{\sqrt{5}-1}{4}\right)$

$\qquad\qquad =\left(\dfrac{3+\sqrt{5}}{4}\right)^2\cdot\dfrac{3-\sqrt{5}}{2}$

$\qquad\qquad =\dfrac{(3+\sqrt{5})^2(3-\sqrt{5})}{4^2\cdot 2}$

$\qquad\qquad =\dfrac{4(3+\sqrt{5})}{4^2\cdot 2}=\dfrac{{}^{\text{ク}}3+\sqrt{{}^{\text{ケ}}5}}{{}^{\text{コ}}8}$

(2) $\alpha=\dfrac{1}{4-\sqrt{13}}=\dfrac{4+\sqrt{13}}{(4-\sqrt{13})(4+\sqrt{13})}$

$\qquad =\dfrac{4+\sqrt{13}}{4^2-(\sqrt{13})^2}=\dfrac{{}^{\text{サ}}4+\sqrt{{}^{\text{シス}}13}}{3}$

$3<\sqrt{13}<4$ であるから $\quad 7<4+\sqrt{13}<8$

よって $\qquad\qquad \dfrac{7}{3}<\alpha<\dfrac{8}{3}$

◀ 分母の有理化。
　分母・分子に $3+\sqrt{5}$ を掛ける。

◀ 各辺に 3 を加え, 各辺を 4 で割って $\dfrac{3+\sqrt{5}}{4}$ を作り出す。

◀ $1\leqq\dfrac{3+\sqrt{5}}{4}<1+1$ より,
　整数部分は 1
　小数部分は
　$\dfrac{3+\sqrt{5}}{4}-(整数部分)$

◀ 各辺に 4 を加え, 各辺を 3 で割って $\dfrac{4+\sqrt{13}}{3}$ を作り出す。

ゆえに，$2.3\cdots<\alpha<2.6\cdots$ であるから $\quad$ $2<\alpha<3$

したがって，$m<\alpha<m+1$ を満たす m は

$$m={}^{\text{セ}}2$$

また，$\alpha-m=n$ とすると

$$n=\frac{4+\sqrt{13}}{3}-2=\frac{\sqrt{13}-2}{3}$$

よって $\quad m^2+3mn=2^2+3\times2\times\dfrac{\sqrt{13}-2}{3}$

$$=4+2\sqrt{13}-4$$

$$={}^{\text{ソ}}2\sqrt{{}^{\text{タチ}}13}$$

③ 日目 不 等 式

5 $\quad 3x-3\le2(2x-1)$ から $\quad 3x-3\le4x-2$

すなわち $\quad -x\le1 \qquad$ よって $\quad x\ge{}^{\text{アイ}}-1 \qquad\qquad$ ⟸ 不等号の向きが変わる。

$|2x-1|>1$ から $2x-1<-1,\ 1<2x-1$ $\qquad$ ⟸ $|X|>A$
$\iff X<-A,\ A<X$

$\quad 2x-1<-1$ から $\quad 2x<0 \qquad$ よって $\quad x<0$

$\quad 1<2x-1$ から $\quad -2x<-2 \qquad$ よって $\quad x>1$

ゆえに $\quad x<{}^{\text{ウ}}0,\ {}^{\text{エ}}1<x$

$5(x+1)<-(x+7)$ から $\quad 5x+5<-x-7$

$\quad$ すなわち $\quad 6x<-12 \qquad$ よって $\quad x<-2$

$2x+5>3x-5$ から $\quad -x>-10$

$\quad$ よって $\quad x<10$

$x<-2$ かつ $x<10$ から $\qquad\qquad\qquad$ ⟸ CHART 数直線を利用

$\qquad x<{}^{\text{オカ}}-2$

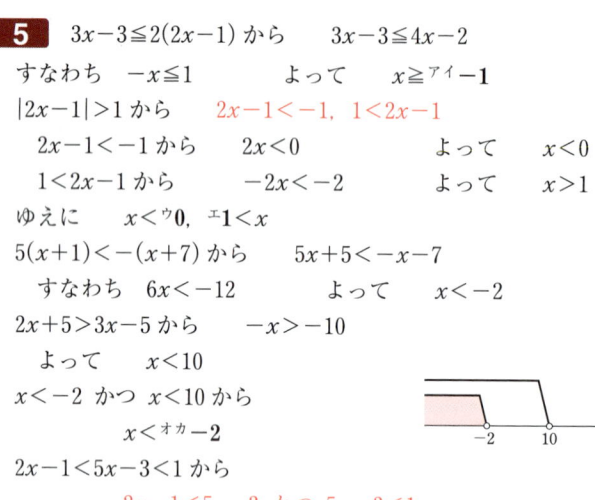

$2x-1<5x-3<1$ から

$\qquad$ $2x-1<5x-3$ かつ $5x-3<1$ $\qquad$ ⟸ $A<B<C$
$\iff A<B$ かつ $B<C$

$\quad 2x-1<5x-3$ から $\quad -3x<-2$

$\qquad$ よって $\quad x>\dfrac{2}{3}$

$\quad 5x-3<1$ から $\qquad 5x<4$

$\qquad$ よって $\quad x<\dfrac{4}{5}$

$x>\dfrac{2}{3}$ かつ $x<\dfrac{4}{5}$ から $\qquad\qquad$ ⟸ CHART 数直線を利用

$\qquad \dfrac{{}^{\text{キ}}2}{{}^{\text{ク}}3}<x<\dfrac{{}^{\text{ケ}}4}{{}^{\text{コ}}5}$

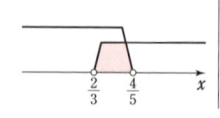

6 (1) $|x-1| \leq 2$ から $-2 \leq x-1 \leq 2$

各辺に1を加えて $^{アイ}-1 \leq x \leq {}^{ウ}3$

(2) ② から $5x+3k > 2x+4k+2$

すなわち $3x > k+2$ よって $x > \dfrac{k+2}{3}$

①, ② をともに満たす実数 x が存在するのは，右の数直線のようになるときである。

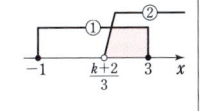

よって $\dfrac{k+2}{3} < 3$ すなわち $k < {}^{エ}7$

(3) ① を満たす実数 x がすべて ② を満たすのは，右の数直線のように，① が ② に含まれるときである。

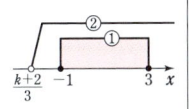

よって $\dfrac{k+2}{3} < -1$ すなわち $k < {}^{オカ}-5$

(4) ①, ② をともに満たす整数 x がちょうど2個存在するのは，右の数直線のようになるときである。

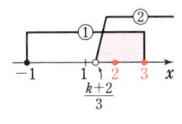

よって $1 \leq \dfrac{k+2}{3} < 2$

各辺に3を掛けて $3 \leq k+2 < 6$

各辺から2を引いて $^{キ}1 \leq k < {}^{ク}4$

← $|X| \leq A$
$\iff -A \leq X \leq A$

← **CHART** 数直線を利用
「**存在する**」…1つでもあればよい。$\dfrac{k+2}{3}$ が3より左にあればよい。

←①, ② をともに満たす整数 x は 2, 3 である。

---

④ 日目 方程式・不等式

7 $|x|+2|x-4| \geq 7$ の解を求める。

[1] $x < 0$ のとき

$$|x|+2|x-4| = -x-2(x-4) = -3x+8$$

よって $-3x+8 \geq 7$ これを解いて $x \leq \dfrac{1}{3}$

$x < 0$ であるから $x < 0$

[2] $0 \leq x < 4$ のとき

$$|x|+2|x-4| = x-2(x-4) = -x+8$$

よって $-x+8 \geq 7$ これを解いて $x \leq 1$

$0 \leq x < 4$ であるから $0 \leq x \leq 1$

← $x < 0$, $x-4 < 0$

← 場合分けの条件を確認。

← $x \geq 0$, $x-4 < 0$

← 場合分けの条件を確認。

[3]　$4 \leqq x$ のとき
$$|x|+2|x-4| = x+2(x-4) = 3x-8$$
よって　$3x-8 \geqq 7$　　　これを解いて　$x \geqq 5$

$4 \leqq x$ であるから　$x \geqq 5$

◆$x>0$，$x-4 \geqq 0$

◆場合分けの条件を確認。

[1]～[3] から，不等式
$|x|+2|x-4| \geqq 7$ の解は
$$x \leqq {}^{7}1,\ {}^{4}5 \leqq x \quad \cdots\cdots ②$$

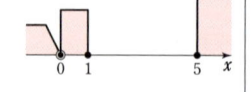

◆ CHART　数直線を利用

また，$|(\sqrt{7}-3)x+\sqrt{7}|<3$ から
$$-3<(\sqrt{7}-3)x+\sqrt{7}<3$$
ゆえに　　$-3-\sqrt{7}<(\sqrt{7}-3)x<3-\sqrt{7}$

$2<\sqrt{7}<3$ であるから，各辺を $\sqrt{7}-3\ (<0)$ で割ると
$$\frac{3-\sqrt{7}}{\sqrt{7}-3}<x<\frac{-3-\sqrt{7}}{\sqrt{7}-3}$$
すなわち　$-1<x<\dfrac{3+\sqrt{7}}{3-\sqrt{7}}$

◆$|X|<A$
$\iff -A<X<A$

ここで　$\dfrac{3+\sqrt{7}}{3-\sqrt{7}}=\dfrac{(3+\sqrt{7})^2}{(3-\sqrt{7})(3+\sqrt{7})}=\dfrac{16+6\sqrt{7}}{2}$
$$=8+3\sqrt{7}$$

◆分母の有理化。

よって，不等式 $|(\sqrt{7}-3)x+\sqrt{7}|<3$ の解は
$$^{ウエ}-1<x<{}^{オ}8+{}^{カ}3\sqrt{{}^{キ}7} \quad \cdots\cdots ③$$

連立不等式 ① の解は，②，
③ の共通範囲であるから

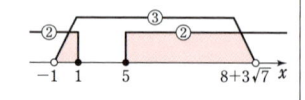

◆ CHART　数直線を利用

$$-1<x \leqq 1,$$
$$5 \leqq x<8+3\sqrt{7}$$

$3\sqrt{7}=\sqrt{63}$，$7^2<63<8^2$ より，$7<3\sqrt{7}<8$ であるから
$$15<8+3\sqrt{7}<16$$
したがって，連立不等式 ① を満たす整数 x は
$$0,\ 1 と 5,\ 6,\ 7,\ \cdots\cdots,\ 15 の {}^{クケ}13 個$$

8　(1)　[1]　$x<0$ のとき
①は　　$x^2-5x-(x-3)-10=0$
整理すると　$x^2-{}^{7}6x-{}^{4}7=0$

[2]　$0 \leqq x<3$ のとき
①は　　$x^2+5x-(x-3)-10=0$
整理すると　$x^2+{}^{ウ}4x-{}^{エ}7=0$

◆$x<0$，$x-3<0$

◆$x \geqq 0$，$x-3<0$

[3]　$3 \leqq x$ のとき

　①は　　　$x^2+5x+(x-3)-10=0$ ← $x \geqq 0$, $x-3 \geqq 0$

　整理すると　　$x^2+{}^{オ}6x-{}^{カキ}13=0$

(2)　[1]　$x<0$ のとき

　(1)から　　$x^2-6x-7=0$　すなわち　$(x+1)(x-7)=0$

　よって　　$x=-1$, 7

　$x<0$ であるから　　$x=-1$ ← 場合分けの条件を確認。

　[2]　$0 \leqq x<3$ のとき

　(1)から　　$x^2+4x-7=0$　　　　よって　　$x=-2\pm\sqrt{11}$

　$0 \leqq x<3$ であるから　　$x=-2+\sqrt{11}$ ← 場合分けの条件を確認。

　[3]　$3 \leqq x$ のとき

　(1)から　　$x^2+6x-13=0$　　　　よって　　$x=-3\pm\sqrt{22}$

　これらは $3 \leqq x$ を満たさない。 ← 場合分けの条件を確認。

　[1]～[3] から，①の解は　　$x={}^{クケ}-1$, ${}^{コサ}-2+\sqrt{{}^{シス}11}$

---

5 日目　集合と命題 (1)

9　(1)　条件「自然数 n が 6 で割り切れる」を p とし，条件

「自然数 n が 8 で割り切れる」を q とする。

「n が 6 または 8 で割り切れる」$\Longleftrightarrow$「p または q」

　よって　　$C=A \cup B$　すなわち　${}^{ア}⓪$

「n が 6 の倍数であり 8 で割り切れない」$\Longleftrightarrow$「p かつ $\bar{q}$」

　よって　　$D=A \cap \bar{B}$　すなわち　${}^{イ}⑤$

「n が 24 で割り切れる」

　　　　　$\Longleftrightarrow$「n が 6 と 8 の両方で割り切れる」 ← 24 は 6 と 8 の最小公倍数。

　　　　　$\Longleftrightarrow$「p かつ q」

　よって　　$E=A \cap B$　すなわち　${}^{ウ}④$

「n が 24 で割り切れない」$\Longleftrightarrow$「$\overline{p \text{ かつ } q}$」

　よって　　$F=\overline{A \cap B}=\bar{A} \cup \bar{B}$　すなわち　${}^{エ}③$ ← ド・モルガンの法則。

(2)　自然数 n が 8 で割り切れるとすると，

　　　　　$n=8k$ （k は自然数）

と表される。

このとき，$n=4 \cdot 2k$ であり，$2k$ は自然数であるから，n は 4

で割り切れる。

よって，8 で割り切れる自然数は 4 で割り切れる。
ゆえに，$B \subset G$ が成り立つ。 …… ①

← $x \in B$ ならば $x \in G$ が示された。

また，$n=6$ は，6 で割り切れるが 4 で割り切れない。
よって，$A \subset G$ は成り立たない。 …… ②

①，② から，A，B，G の関係を表す図は ᵒ③

NOTE 24 で割り切れる自然数は 4 で割り切れるから
$$A \cap B \subset G$$
また，$n=12$ は，6 の倍数のうち 8 で割り切れない
自然数であり，かつ 4 の倍数である。
よって $(A \cap \overline{B}) \cap G \neq \varnothing$

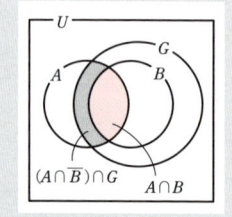

6 日目 集合と命題 (2)

10 (ア) 命題 $p \Longrightarrow r$ は偽である。（反例：$m=2$，$n=1$）

← 反例があれば偽。

命題 $r \Longrightarrow p$ について
  m が 3 の倍数で，かつ n が 6 の倍数ならば，
$$m=3k, \quad n=6l \quad (k, \ l \text{ は自然数})$$
  と表される。
  このとき $m+n=3k+6l=3(k+2l)$
  よって，$m+n$ は 3 で割り切れる。
  ゆえに，真である。
したがって，p は r であるための必要条件であるが，十分条
件でない。（①）

← **CHART**
（十分）$\Longrightarrow$（必要）

(イ) 命題 $r \Longrightarrow p$ が真であるから，その対偶である命題
$\overline{p} \Longrightarrow \overline{r}$ も真である。
  命題 $p \Longrightarrow r$ が偽であるから，その対偶である命題 $\overline{r} \Longrightarrow \overline{p}$
も偽である。
  したがって，$\overline{p}$ は $\overline{r}$ であるための十分条件であるが，必要条
件でない。（②）

← 命題の真偽とその対偶の真偽は一致する。

← **CHART**
（十分）$\Longrightarrow$（必要）

(ウ) 「p かつ q」は次のような条件である。
    $m+n$ は 3 の倍数で，かつ n は 6 の倍数
命題「p かつ q」$\Longrightarrow r$ について
  $m+n$ が 3 の倍数で，かつ n が 6 の倍数ならば，
$$m+n=3k, \quad n=6l \quad (k, \ l \text{ は自然数})$$

と表される。

このとき $m=3k-6l=3(k-2l)$

よって，m は 3 の倍数である。

ゆえに，真である。

命題 $r \implies p$ が真であり，命題 $r \implies q$ も明らかに真であるから，命題 $r \implies$ 「p かつ q」は真である。

したがって，「p かつ q」は r であるための必要十分条件である。（⓪）

(エ) 「p または q」は次のような条件である。

$$m+n \text{ は 3 の倍数，または } n \text{ は 6 の倍数}$$

命題「p または q」$\implies r$ は偽である。（反例：$m=2$，$n=1$）　　← 反例があれば偽。

命題 $r \implies p$ が真であるから，

命題 $r \implies$ 「p または q」は真である。

したがって，「p または q」は r であるための必要条件であるが，十分条件でない。（①）

← **CHART**
（十分）$\implies$（必要）

---

7 日目 2次関数とグラフ (1)

11 (1) $-\dfrac{3}{2}x^2+x-1=-\dfrac{3}{2}\left(x^2-\dfrac{2}{3}x\right)-1$

$\qquad = -\dfrac{3}{2}\left\{x^2-\dfrac{2}{3}x+\left(\dfrac{1}{3}\right)^2-\left(\dfrac{1}{3}\right)^2\right\}-1$

$\qquad = -\dfrac{3}{2}\left\{x^2-\dfrac{2}{3}x+\left(\dfrac{1}{3}\right)^2\right\}-\dfrac{3}{2}\cdot\left\{-\left(\dfrac{1}{3}\right)^2\right\}-1$

$\qquad = -\dfrac{3}{2}\left(x-\dfrac{1}{3}\right)^2-\dfrac{5}{6}$

よって $\quad y=-\dfrac{3}{2}\left(x-\dfrac{1}{3}\right)^2-\dfrac{5}{6}$

ゆえに，軸の方程式は $\quad x=\dfrac{^{ア}1}{_{イ}3}$，

$\qquad$ 頂点の座標は $\quad \left(\dfrac{^{ウ}1}{_{エ}3},\ \dfrac{^{オカ}-5}{_{キ}6}\right)$

← x^2，x の項を x^2 の係数 $-\dfrac{3}{2}$ でくくる。

← $\left|\dfrac{x \text{ の係数}}{2}\right|^2=\left(\dfrac{1}{3}\right)^2$ を加えて引く。

← $-\dfrac{3}{2}$ を掛けるのを忘れずに。

← **CHART** まず平方完成

← $y=a(x-p)^2+q$
軸は直線 $x=p$，
頂点は点 $(p,\ q)$

(2) 放物線 $y=-2x^2+x+4$ を x 軸方向に -1，y 軸方向に -2 だけ平行移動した放物線の方程式は

$$y+2=-2(x+1)^2+(x+1)+4$$

すなわち $\quad y=^{クケ}-2x^2-^{コ}3x+^{サ}1$

← $y-(-2)=f(x-(-1))$

これを y 軸に関して対称に移動した放物線の方程式は

$$y=-2(-x)^2-3(-x)+1$$

すなわち　　$y={}^{シス}-2x^2+{}^{セ}3x+{}^{ソ}1$

〔別解〕　$-2x^2+x+4=-2\left(x^2-\dfrac{1}{2}x\right)+4$

$$=-2\left\{x^2-\dfrac{1}{2}x+\left(\dfrac{1}{4}\right)^2-\left(\dfrac{1}{4}\right)^2\right\}+4$$

$$=-2\left(x-\dfrac{1}{4}\right)^2+\dfrac{33}{8}$$

よって　　$y=-2\left(x-\dfrac{1}{4}\right)^2+\dfrac{33}{8}$

ゆえに，頂点の座標は　　$\left(\dfrac{1}{4},\ \dfrac{33}{8}\right)$

頂点を x 軸方向に -1，y 軸方向に -2 だけ平行移動すると

$$\left(\dfrac{1}{4}-1,\ \dfrac{33}{8}-2\right)\ \text{すなわち}\ \left(-\dfrac{3}{4},\ \dfrac{17}{8}\right)$$

よって，求める放物線の方程式は

$$y=-2\left(x+\dfrac{3}{4}\right)^2+\dfrac{17}{8}$$

すなわち　　$y={}^{クケ}-2x^2-{}^{コ}3x+{}^{サ}1$

これを y 軸に関して対称に移動すると，頂点は $\left(\dfrac{3}{4},\ \dfrac{17}{8}\right)$ となり，放物線の凹凸は変わらない。

ゆえに，その方程式は　　$y=-2\left(x-\dfrac{3}{4}\right)^2+\dfrac{17}{8}$

すなわち　　$y={}^{シス}-2x^2+{}^{セ}3x+{}^{ソ}1$

(3)　$-x^2-2x+1=-(x^2+2x)+1$

$$=-(x^2+2x+1^2-1^2)+1$$

$$=-(x+1)^2+2$$

よって　　$y=-(x+1)^2+2$

ゆえに，この2次関数のグラフは図のようになり，$x={}^{タチ}-1$ のとき最大値 ${}^{ツ}2$ をとる。

(4)　$2x^2-5x-7=0$ の左辺を因数分解して

$$(x+1)(2x-7)=0$$

よって　　$x={}^{テト}-1,\ \dfrac{{}^{ナ}7}{{}^{ニ}2}$

$x^2-8x+9=0$ の解は，解の公式により

$$x=\dfrac{-(-4)\pm\sqrt{(-4)^2-1\cdot9}}{1}={}^{ヌ}4\pm\sqrt{{}^{ネ}7}$$

← y 軸対称
$\longrightarrow y=f(-x)$

← **CHART**　まず平方完成

← 頂点の座標に着目。

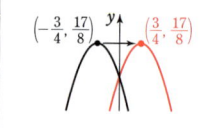

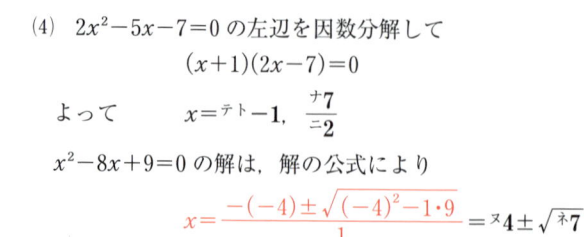

← **CHART**　まず平方完成

← 頂点で最大となる。

$\begin{array}{ccc} 1 & 1 & \longrightarrow & 2 \\ 2 & -7 & \longrightarrow & -7 \\ \hline 2 & -7 & & -5 \end{array}$

← $b=2b'$ のとき
$$x=\dfrac{-b'\pm\sqrt{b'^2-ac}}{a}$$

12 $y=2x^2-12ax+6a+6$ を変形すると

$$y=2(x-3a)^2-18a^2+6a+6$$

よって，G の頂点の座標は

$$({}^{\text{ア}}\mathbf{3a},\ {}^{\text{イウエ}}\mathbf{-18a^2}+{}^{\text{オ}}\mathbf{6a}+{}^{\text{カ}}\mathbf{6})$$

また，$y=2x^2-4x+8$ を変形すると

$$y=2(x-1)^2+6$$

← CHART まず平方完成

ゆえに，H の頂点の座標は $(1,\ 6)$ であるから，これを x 軸方向に -2，y 軸方向に k だけ平行移動すると $(-1,\ 6+k)$ となる。

← $(1-2,\ 6+k)$

これが，G の頂点と一致するから

$$3a=-1,\quad -18a^2+6a+6=6+k$$

これを解くと $a=\dfrac{{}^{\text{キク}}\mathbf{-1}}{{}^{\text{ケ}}\mathbf{3}}$，$k={}^{\text{コサ}}\mathbf{-4}$

← $k=-18a^2+6a$

このとき，G の頂点の座標は $({}^{\text{シス}}\mathbf{-1},\ {}^{\text{セ}}\mathbf{2})$

← $(-1,\ 6+k)$

よって，$(-1,\ 2)$ と $(1,\ 6)$ を通る直線の方程式は

← 2点 $(x_1,\ y_1)$，$(x_2,\ y_2)$ を通る直線の方程式は
$$y-y_1=\frac{y_2-y_1}{x_2-x_1}(x-x_1)$$

$$y-2=\frac{6-2}{1-(-1)}\{x-(-1)\}$$

ゆえに $y={}^{\text{ソ}}\mathbf{2}x+{}^{\text{タ}}\mathbf{4}$

8日目 2次関数とグラフ (2)

13 ① のグラフを x 軸に関して対称移動すると

$$-y=x^2-2x\quad \text{すなわち}\quad y=-x^2+2x$$

← x 軸対称
$\longrightarrow -y=f(x)$

さらに，これを x 軸方向に a，y 軸方向に $4a$ だけ平行移動すると $y-4a=-(x-a)^2+2(x-a)$

すなわち $y=-x^2+{}^{\text{ア}}\mathbf{2}(a+{}^{\text{イ}}\mathbf{1})x-a^2+{}^{\text{ウ}}\mathbf{2}a$ …… ②

← $y-q=f(x-p)$

G と y 軸の交点の y 座標は

$$-a^2+2a=-(a-1)^2+1$$

← CHART まず平方完成

ゆえに，$a={}^{\text{エ}}\mathbf{1}$ のとき最大値 ${}^{\text{オ}}\mathbf{1}$ をとる。

$a=1$ のとき，② は $y=-x^2+4x+1$

G と x 軸の交点の x 座標は，2次方程式 $-x^2+4x+1=0$ の解である。

ゆえに，$x^2-4x-1=0$ を解くと $x={}^{\text{カ}}\mathbf{2}\pm\sqrt{{}^{\text{キ}}\mathbf{5}}$

また，① を変形すると $y=(x-1)^2-1$

← CHART まず平方完成

よって, $2-\sqrt{5} \leqq x \leqq 2+\sqrt{5}$ において, 2次関数 ① は,

$x=2+\sqrt{5}$ のとき最大値
$$\{(2+\sqrt{5})-1\}^2-1$$
$$=(1+\sqrt{5})^2-1$$
$$={}^{\text{ク}}5+{}^{\text{ケ}}2\sqrt{{}^{\text{コ}}5},$$

$x=1$ のとき最小値 ${}^{\text{サシ}}-1$ をとる。

← CHART
グラフ利用
頂点と端点に注目

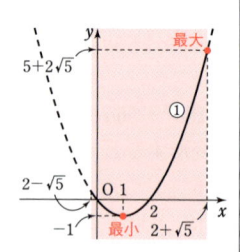

14 点 $P(t, 0)$ を通る傾き 1 の直線の式は $\qquad y=x-t$

$x=a$ のとき $\qquad y=a-t$

よって, 点 R の座標は
$$(a, a-t)$$

ゆえに, 2点 Q, R を通る直線の傾きは $\dfrac{(a-t)-(2-t)}{a-0}=\dfrac{a-{}^{\text{ア}}2}{a}$

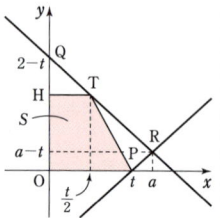

← 点 (x_1, y_1) を通り, 傾きが m の直線の方程式は
$$y-y_1=m(x-x_1)$$

2点 Q, R を通る直線の式は $\qquad y=\dfrac{a-2}{a}x+2-t$

よって, 点 T の y 座標は
$$\dfrac{a-2}{a}\cdot\dfrac{t}{2}+2-t=2-t\left(1-\dfrac{a-2}{2a}\right)={}^{\text{イ}}2-\dfrac{a+{}^{\text{ウ}}2}{{}^{\text{エ}}2a}t$$

ゆえに, 台形 OPTH の面積 S は
$$S=\left(\dfrac{t}{2}+t\right)\left(2-\dfrac{a+2}{2a}t\right)\times\dfrac{1}{2}=\dfrac{{}^{\text{オ}}3}{{}^{\text{カ}}4}t\left(2-\dfrac{a+2}{2a}t\right)$$

← (台形の面積)
$$=\dfrac{1}{2}\{(\text{上底})+(\text{下底})\} \times (\text{高さ})$$

$a=1$ のとき
$$S=\dfrac{3}{4}t\left(2-\dfrac{3}{2}t\right)$$
$$=-\dfrac{9}{8}\left(t^2-\dfrac{4}{3}t\right)$$
$$=-\dfrac{9}{8}\left(t-\dfrac{2}{3}\right)^2+\dfrac{1}{2}$$

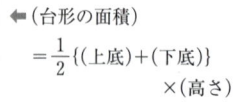

← CHART まず平方完成

← CHART グラフ利用
頂点と端点に注目

よって, $0<t\leqq1$ において, S は
$$t=\dfrac{{}^{\text{キ}}2}{{}^{\text{ク}}3} \text{ で最大値 } \dfrac{{}^{\text{ケ}}1}{{}^{\text{コ}}2}$$
をとる。

また, $S\geqq\dfrac{15}{32}$ から $\qquad -\dfrac{9}{8}\left(t-\dfrac{2}{3}\right)^2+\dfrac{1}{2}\geqq\dfrac{15}{32}$

ゆえに $\qquad \left(t-\dfrac{2}{3}\right)^2\leqq\dfrac{1}{36}$

したがって $\qquad -\dfrac{1}{6}\leqq t-\dfrac{2}{3}\leqq\dfrac{1}{6}$

これを解くと $\dfrac{\text{サ}1}{\text{シ}2}\leqq t\leqq\dfrac{\text{ス}5}{\text{セ}6}$

これは $0<t\leqq 1$ を満たす。

⑨ 日目 2次関数とグラフ (3)

15 $y=x^2+2(a-1)x$

$\qquad =x^2+2(a-1)x+(a-1)^2-(a-1)^2$

$\qquad =\{x+(a-1)\}^2-(a-1)^2$

← CHART　まず平方完成

よって，C は頂点の座標が $(\text{ア}-a+\text{イ}1,\ \text{ウ}-(a-\text{エ}1)^2)$ の放物線である。

[1]　$-1\leqq x\leqq 1$ において，最小値が

$\qquad -(a-1)^2$ となるのは，**軸が**

$\qquad$ **$-1\leqq x\leqq 1$ に含まれる**ときであるか

$\qquad$ ら　　$-1\leqq -a+1\leqq 1$

$\qquad$ 各辺から 1 を引いて　　$-2\leqq -a\leqq 0$

$\qquad$ 各辺に -1 を掛けて　　$2\geqq a\geqq 0$

$\qquad$ すなわち　$\text{オ}0\leqq a\leqq\text{カ}2$

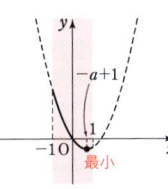

← 軸が **区間内** にあれば，頂点において最小。

[2]　$a>2$ ならば，$-a+1<-1$ である

$\qquad$ から，C の軸 $x=-a+1$ は

$\qquad$ $-1\leqq x\leqq 1$ の**左外**にある。

$\qquad$ 右の図から，① は $x=-1$ のとき最

$\qquad$ 小となり，その最小値は

$\qquad\quad (-1)^2+2(a-1)\cdot(-1)=\text{キク}-2a+\text{ケ}3$

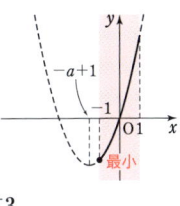

← $a>2$ から　$-a<-2$　よって　$-a+1<-1$　軸は **区間より左** にある。

[3]　$a<0$ ならば，$1<-a+1$ であるか

$\qquad$ ら，C の軸 $x=-a+1$ は

$\qquad$ $-1\leqq x\leqq 1$ の**右外**にある。

$\qquad$ 右の図から，① は $x=1$ のとき最小

$\qquad$ となり，その最小値は

$\qquad\quad 1^2+2(a-1)\cdot 1=\text{コ}2a-\text{サ}1$

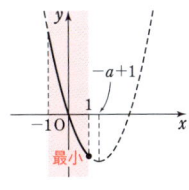

← $a<0$ から　$-a>0$　よって　$-a+1>1$　軸は **区間より右** にある。

← $0\leqq a\leqq 2$ 以外のときは，区間の端が最小となるから $x=\pm 1$ のときの y の値 $-2a+3, 2a-1$ を求めてしまえば，空欄は埋まる。

① の最小値を $f(a)$ とすると

$$f(a)=\begin{cases}2a-1 & (a<0\ \text{のとき})\\ -(a-1)^2 & (0\leqq a\leqq 2\ \text{のとき})\\ -2a+3 & (a>2\ \text{のとき})\end{cases}$$

よって，$y=f(a)$ のグラフは右のようになるから，$a=\text{シ}1$ のとき最大となる。

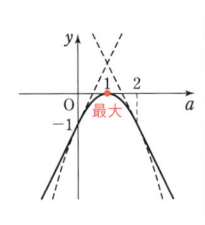

← a の値によって関数が変わる。それぞれの範囲におけるグラフをつないだものが $y=f(a)$ のグラフ。

第2章

16 (1) $y=-x^2+8x+10$

$\qquad =-(x-4)^2+26$

よって，右のグラフから，$M=26$ となるための条件は

$\qquad a\leqq 4\leqq a+3$

すなわち　$^{\mathcal{T}}\mathbf{1}\leqq a\leqq{}^{\mathcal{A}}\mathbf{4}$

$f(x)=-x^2+8x+10$ とする。

$a<1$ のとき，右のグラフから，最大値 M は

$\qquad M=f(a+3)$

$\qquad\quad =-(a+3)^2+8(a+3)+10$

$\qquad\quad =-a^2+{}^{\mathcal{D}}\mathbf{2}a+{}^{\mathcal{I}\mathcal{A}}\mathbf{25}$

(2) $f(a)=f(a+3)$ のとき

$\qquad -a^2+8a+10=-a^2+2a+25$

整理すると　$6a=15$

よって　$\qquad a=\dfrac{{}^{\mathcal{D}}\mathbf{5}}{{}^{\mathcal{+}}\mathbf{2}}$

このとき，最小値 m は

$\qquad m=f\left(\dfrac{5}{2}\right)=-\left(\dfrac{5}{2}\right)^2+8\cdot\dfrac{5}{2}+10$

$\qquad\qquad =\dfrac{{}^{\mathcal{D}\mathcal{T}}\mathbf{95}}{{}^{\mathcal{I}}\mathbf{4}}$

また，$a>\dfrac{5}{2}$ のとき，右のグラフから，最小値 m は

$\qquad m=f(a+3)$

$\qquad\quad =-a^2+{}^{\mathcal{+}}\mathbf{2}a+{}^{\mathcal{シス}}\mathbf{25}$

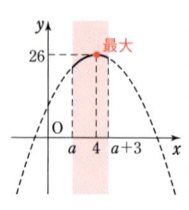

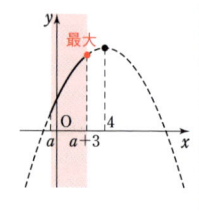

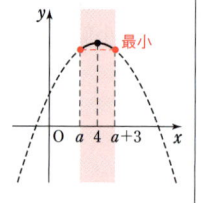

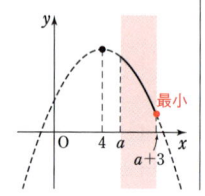

← **CHART** まず平方完成

← **CHART** グラフ利用

← 軸が **区間内** にある。

← $A<B<C$
$\iff A<B$ かつ $B<C$

← $a<1$ のとき　$a+3<4$
軸が **区間より右** にある。

← $f(a)=f(a+3)$ のとき，
軸が **区間の中央** にある。

軸は直線 $x=4$
$a\leqq x\leqq a+3$ の中央は
$\qquad a+\dfrac{3}{2}$
$4=a+\dfrac{3}{2}$ を解くと
$\qquad a=\dfrac{5}{2}$

← 軸が **区間の中央より左** にある。

2次関数とグラフ (4)

17 $y=\dfrac{9}{4}x^2+ax+b$ のグラフが 2 点 $(0,\ 4)$, $(2,\ k)$ を通

るから　　　　　　　$4=b$,　$k=\dfrac{9}{4}\cdot4+2a+b$

◄ 点を通る ⟶ x 座標, y 座標を代入すれば成り立つ。

すなわち　　　　　$a=\dfrac{k-^{\text{アイ}}\mathbf{13}}{^{\text{ウ}}\mathbf{2}}$,　$b=^{\text{エ}}\mathbf{4}$

よって, C は　　$y=\dfrac{9}{4}x^2+\dfrac{k-13}{2}x+4$

これが x 軸と異なる 2 点で交わる。

◄ $D>0 \iff$ 異なる 2 点で交わる

ゆえに, $\dfrac{9}{4}x^2+\dfrac{k-13}{2}x+4=0$ すなわち

$9x^2+2(k-13)x+16=0$ ……① の判別式を D とすると

$D>0$

よって　　$\dfrac{D}{4}=(k-13)^2-9\cdot16>0$

◄ 展開せずに $a^2-b^2=(a+b)(a-b)$ を利用した方が計算しやすい。

すなわち　　$(k-13)^2-(3\cdot4)^2>0$

ゆえに　　$(k-13+12)(k-13-12)>0$

よって　　$k<1,\ 25<k$ ……②

① を解くと　　$x=\dfrac{-(k-13)\pm\sqrt{(k-13)^2-9\cdot16}}{9}$

◄ 交点の x 座標は 2 次方程式の解。

$$x=\dfrac{-b'\pm\sqrt{b'^2-ac}}{a}$$

したがって, x 軸との交点 A, B の座標は

$$\left(\dfrac{-(k-13)-\sqrt{(k-13)^2-9\cdot16}}{9},\ 0\right),$$

$$\left(\dfrac{-(k-13)+\sqrt{(k-13)^2-9\cdot16}}{9},\ 0\right)$$

◄ $(k-13)^2-9\cdot16$ が何回も出てきて, 書くのが面倒であれば

$(k-13)^2-9\cdot16=\dfrac{D}{4}$

などとおき換えて

$\dfrac{2}{9}\sqrt{\dfrac{D}{4}}$ のように書くとよい。

ゆえに　　$\text{AB}=\dfrac{-(k-13)+\sqrt{(k-13)^2-9\cdot16}}{9}$

$$-\dfrac{-(k-13)-\sqrt{(k-13)^2-9\cdot16}}{9}$$

$$=\dfrac{2}{9}\sqrt{(k-13)^2-9\cdot16}$$

$\text{AB}\geqq2$ から　　$\dfrac{2}{9}\sqrt{(k-13)^2-9\cdot16}\geqq2$

すなわち　　$\sqrt{(k-13)^2-9\cdot16}\geqq9$

両辺を 2 乗して　　$(k-13)^2-144\geqq81$

◄ (両辺)≧0 であるから, 2 乗してよい。

よって $(k-13)^2-225 \geqq 0$

ゆえに $(k-13+15)(k-13-15) \geqq 0$

これを解いて

$k \leqq -2,\ 28 \leqq k\ \cdots\cdots\ ③$

② かつ ③ から

$k \leqq {}^{オカ}-2,\ {}^{キク}28 \leqq k$

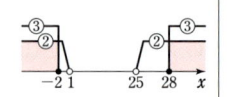

← CHART 数直線を利用

〔**別解**〕 （② を求めるまでは同じ）

① の 2 つの解を $\alpha,\ \beta\ (\alpha < \beta)$ とすると，x 軸から切り取る線分の長さは $\beta - \alpha$ である。

解と係数の関係 により，

$$\alpha + \beta = -\frac{2(k-13)}{9},\quad \alpha\beta = \frac{16}{9}$$

であるから

$$(\beta-\alpha)^2 = (\alpha+\beta)^2 - 4\alpha\beta$$
$$= \left\{ -\frac{2(k-13)}{9} \right\}^2 - 4\cdot\frac{16}{9}$$

$AB = \beta - \alpha \geqq 2$ から $(\beta-\alpha)^2 \geqq 4$

すなわち $\dfrac{4(k-13)^2}{9^2} - 4\cdot\dfrac{16}{9} \geqq 4$

よって $(k-13)^2 - 144 \geqq 81$

すなわち $(k-13)^2 - 225 \geqq 0$

ゆえに $(k-13+15)(k-13-15) \geqq 0$

よって $k \leqq -2,\ 28 \leqq k\ \cdots\cdots\ ③$

② かつ ③ から $k \leqq {}^{オカ}-2,\ {}^{キク}28 \leqq k$

← 解と係数の関係（数学Ⅱ）
2 次方程式
$ax^2+bx+c=0$ の解
$\alpha,\ \beta$ について
$\alpha+\beta = -\dfrac{b}{a},\ \alpha\beta = \dfrac{c}{a}$

NOTE 別解のように，数学Ⅱの範囲である **解と係数の関係** を用いて解くこともできるが，かえって計算が面倒になる場合があるので注意しよう。

ちなみに，例題 16 は解と係数の関係を用いると，次のようになる。

〔**例題 16 の別解**〕 $x^2+2px+3p^2-4p-6=0$ の 2 つの実数解を $\alpha,\ \beta\ (\alpha < \beta)$ とすると，x 軸から切り取る線分の長さは $\beta - \alpha$ である。

解と係数の関係 により，$\alpha+\beta = -2p,\ \alpha\beta = 3p^2-4p-6$ であるから

$$(\beta-\alpha)^2 = (\alpha+\beta)^2 - 4\alpha\beta$$
$$= (-2p)^2 - 4(3p^2-4p-6)$$
$$= -8p^2+16p+24$$

$\beta - \alpha = 4$ であるから $(\beta-\alpha)^2 = 16$

よって $-8p^2+16p+24 = 16$ すなわち $p^2-2p-1 = 0$

ゆえに $p = {}^{エ}1 \pm \sqrt{{}^{オ}2}$

これは $-1 < p < 3$ を満たす。

18 (1) $y=2x^2-ax+a-1=2\left(x^2-\dfrac{a}{2}x\right)+a-1$

$=2\left\{x^2-\dfrac{a}{2}x+\left(\dfrac{a}{4}\right)^2-\left(\dfrac{a}{4}\right)^2\right\}+a-1$

$=2\left(x-\dfrac{a}{4}\right)^2-2\cdot\dfrac{a^2}{16}+a-1$

$=2\left(x-\dfrac{a}{4}\right)^2+\dfrac{-a^2+8a-8}{8}$

よって，グラフ C の頂点の座標は

$\left(\dfrac{a}{{}^{\text{ア}}4},\ \dfrac{{}^{\text{イ}}-a^2+{}^{\text{ウ}}8a-8}{{}^{\text{エ}}8}\right)$

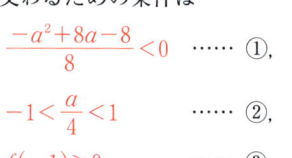

(2) $f(x)=2x^2-ax+a-1$ とする。

$f(x)$ の x^2 の係数が正であるから，グラフ C は下に凸の放物線である。

また，(1) から，軸の方程式は $\quad x=\dfrac{a}{4}$

よって，右の図から，グラフ C が，x 軸の $-1<x<1$ の部分と，異なる 2 点で交わるための条件は

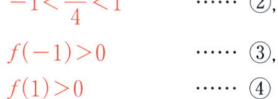

$\dfrac{-a^2+8a-8}{8}<0\quad\cdots\cdots\ ①,$

$-1<\dfrac{a}{4}<1\quad\cdots\cdots\ ②,$

$f(-1)>0\quad\cdots\cdots\ ③,$

$f(1)>0\quad\cdots\cdots\ ④$

① から $\quad a^2-8a+8>0$

$a^2-8a+8=0$ の解は $a=4\pm2\sqrt{2}$ であるから，① の解は

$a<4-2\sqrt{2},\ 4+2\sqrt{2}<a\quad\cdots\cdots\ ①'$

② の各辺に 4 を掛けて $\quad-4<a<4\quad\cdots\cdots\ ②'$

③ から $\quad 2\cdot(-1)^2-a\cdot(-1)+a-1>0$

すなわち $\quad 2a+1>0$

よって $\quad a>-\dfrac{1}{2}\quad\cdots\cdots\ ③'$

また，$f(1)=2\cdot1^2-a\cdot1+a-1=1>0$

であるから，④ はすべての実数 a で成り立つ。

①' かつ ②' かつ ③' から

$-\dfrac{{}^{\text{オ}}1}{{}^{\text{カ}}2}<a<{}^{\text{キ}}4-{}^{\text{ク}}2\sqrt{2}$

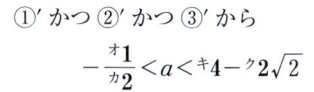

11 日目 2 次 方 程 式

19 (1) $a=4$ のとき, ① は $3x^2-7x+2=0$

よって $(3x-1)(x-2)=0$

これを解いて $x=\dfrac{^{ア}1}{^{イ}3}, {}^{ウ}2$

(2) $(a-1)x^2-(2a-1)x+a-2=0$ は 2 次方程式であるから

$\qquad a-1\neq0$ すなわち $a\neq1$ …… ②

次に, 2 次方程式 ① の判別式を D とすると

$\qquad D=\{-(2a-1)\}^2-4\cdot(a-1)(a-2)$

$\qquad\quad =4a^2-4a+1-4(a^2-3a+2)$

$\qquad\quad =8a-7$

$8a-7<0$ すなわち $a<\dfrac{^{エ}7}{^{オ}8}$ のとき ${}^{カ}0$ 個,

$8a-7=0$ すなわち $a=\dfrac{7}{8}$ のとき ${}^{キ}1$ 個,

$8a-7>0$ と ② から, $\dfrac{7}{8}<a<{}^{ク}1$, $1<a$ のとき ${}^{ケ}2$ 個

← 問題文に「**2次**」方程式と明記されているので, $(\boldsymbol{x^2}\textbf{の係数})\neq0$ である。

← $D<0$

← $D=0$

← $D>0$

(3) (2)から, 2 次方程式 ① の実数解が 1 個のとき $a=\dfrac{7}{8}$

このとき, ① は $-\dfrac{1}{8}x^2-\dfrac{3}{4}x-\dfrac{9}{8}=0$

すなわち $x^2+6x+9=0$ ゆえに $(x+3)^2=0$

よって $x={}^{コサ}-3$

← $D=0$ のときの重解は $x=-\dfrac{b}{2a}$ から求めてもよい。

20 (1) 2 次方程式 $2x^2-6x+1=0$ を解くと

$\qquad x=\dfrac{-(-3)\pm\sqrt{(-3)^2-2\cdot1}}{2}=\dfrac{3\pm\sqrt{7}}{2}$

$\alpha<\beta$ であるから $\alpha=\dfrac{^{ア}3-\sqrt{{}^{イ}7}}{2}$, $\beta=\dfrac{3+\sqrt{7}}{2}$

また, $2<\sqrt{7}<3$ であるから

$\qquad \dfrac{3-2}{2}>\dfrac{3-\sqrt{7}}{2}>\dfrac{3-3}{2}$,

$\qquad \dfrac{3+2}{2}<\dfrac{3+\sqrt{7}}{2}<\dfrac{3+3}{2}$

したがって $0<\alpha<\dfrac{1}{2}$, $\dfrac{5}{2}<\beta<3$

よって, $\alpha<x<\beta$ を満たす整数 x は, 1, 2 の ${}^{ウ}2$ 個

← 解の公式。

← $2<\sqrt{7}<3$ から $-2>-\sqrt{7}>-3$

(2) α は方程式 $2x^2-6x+1=0$ の解であるから

$$2\alpha^2-6\alpha+1=0$$

よって $\qquad 2\alpha^2+1=^{エ}\boldsymbol{6}\alpha$

$\alpha\neq0$ であるから,両辺を 2α で割ると

$$\alpha+\frac{1}{2\alpha}=^{オ}\boldsymbol{3}$$

$\Leftarrow 0<\alpha<\dfrac{1}{2}$

ゆえに $\qquad \alpha^2+\dfrac{1}{4\alpha^2}=\left(\alpha+\dfrac{1}{2\alpha}\right)^2-2\alpha\cdot\dfrac{1}{2\alpha}$

$$=3^2-1=^{カ}\boldsymbol{8}$$

$\Leftarrow x^2+y^2=(x+y)^2-2xy$

(3) $\dfrac{3-\sqrt{7}}{2}<\dfrac{3+\sqrt{7}}{2}$, $\dfrac{1}{6}<\dfrac{1}{3}$ であるから,4 つの数のうち

最も小さいものの候補は

$$\frac{3-\sqrt{7}}{2}, \quad \frac{1}{6}$$

ここで $\qquad \dfrac{3-\sqrt{7}}{2}-\dfrac{1}{6}=\dfrac{3(3-\sqrt{7})-1}{6}=\dfrac{8-3\sqrt{7}}{6}$

$8^2=64$, $(3\sqrt{7})^2=63$ であるから $\qquad 8>3\sqrt{7}$

$\Leftarrow$ **CHART**
大小比較は差を作る

よって $\qquad \dfrac{8-3\sqrt{7}}{6}>0$

ゆえに $\qquad \dfrac{3-\sqrt{7}}{2}>\dfrac{1}{6}$

したがって,最も小さいものは $\quad ^{キ}②$

12日目 2 次 不 等 式

21 (1) $x^2-x-12<0$ から $\qquad (x+3)(x-4)<0$

よって,① の解は $\qquad ^{アイ}\boldsymbol{-3}<x<^{ウ}\boldsymbol{4}$

$x^2-6x+1\geqq0$ について,方程式 $x^2-6x+1=0$ を解くと

$$x=3\pm2\sqrt{2}$$

よって,② の解は

$$x\leqq^{エ}\boldsymbol{3}-^{オ}\boldsymbol{2}\sqrt{^{カ}\boldsymbol{2}}, \quad 3+2\sqrt{2}\leqq x$$

①,② を同時に満たす x は,
右の数直線から

$$-3<x\leqq3-2\sqrt{2}$$

$0<3-2\sqrt{2}<1$ から,①,② を同時に満たす整数 x は -2,
-1,0 の $^{キ}\boldsymbol{3}$ 個あり,そのうち最小のものは $\quad ^{クケ}\boldsymbol{-2}$

$\Leftarrow$ 左辺を因数分解。
$(x-\alpha)(x-\beta)<0$ の解は
$\alpha<x<\beta$

$\Leftarrow x=\dfrac{-(-3)\pm\sqrt{(-3)^2-1\cdot1}}{1}$

$\Leftarrow (x-\alpha)(x-\beta)\geqq0$ の解は
$x\leqq\alpha$, $\beta\leqq x$

CHART 数直線を利用

$\Leftarrow 2\sqrt{2}=2.8\cdots\cdots$ であるか
ら $\qquad 2<2\sqrt{2}<3$
よって $0<3-2\sqrt{2}<1$

NOTE $y=x^2-x-12$, $y=x^2-6x+1$ のグラフは下のようになる。

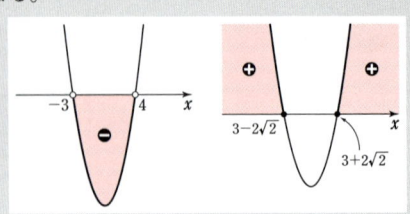

← **CHART** グラフでイメージをつかむ

(2) $-x^2+6x-9=0$ から $x^2-6x+9=0$

よって $(x-3)^2=0$ ゆえに $x={}^{\text{コ}}3$

$-x^2+6x-9\geqq0$ から

$\qquad x^2-6x+9\leqq0$

$x^2-6x+9=(x-3)^2$ であるから,

$y=x^2-6x+9$ のグラフは右のようになり,$x=3$ においてのみ $y\leqq0$

となる。

よって,$x^2-6x+9\leqq0$ すなわち $-x^2+6x-9\geqq0$ の解は

$\qquad x=3$ すなわち ${}^{\text{サ}}$②

← 両辺に -1 を掛ける。

← **CHART** グラフでイメージをつかむ

$x^2-6x+9=0$ の判別式 D について $D=0$ である。

---

22 ① から $(x-a)\{x-(a+3)\}<0$

$a<a+3$ であるから $a<x<a+{}^{\text{ア}}3$ ……③

② から $(x+2a)\{x-(2a-3)\}<0$

よって,$-2a\neq2a-3$ のとき,② は解をもつ。

ゆえに $a\neq\dfrac{{}^{\text{イ}}3}{{}^{\text{ウ}}4}$

a が整数のとき,② は解をもつ。

a は正の整数であるから,② の解は

$\qquad -2a<x<2a-3$ ……④

よって,①,② を同時に満たす x が存在するとき,③,④ から

$\qquad a<2a-3$

ゆえに $a>{}^{\text{エ}}3$

また,a が整数のとき,① を満たす整数 x は

$\qquad x=a+1,\ a+2$

である。

← $(x-\alpha)(x-\beta)<0$ の解は $\alpha<x<\beta$

← **CHART** 数直線を利用

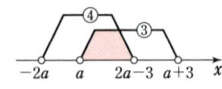

← a, $a+3$ の間にある整数は 2 つある。

①, ② を同時に満たす整数 x がただ1つ存在する条件は, ② の解に $x=a+1$ が含まれ, $x=a+2$ が含まれないことである。

よって　　　　$a+1<2a-3\leqq a+2$

$a+1<2a-3$ から　　$a>4$　……⑤

$2a-3\leqq a+2$ から　$a\leqq5$　……⑥

⑤ かつ ⑥ から　　$4<a\leqq5$

a は整数であるから　$a={}^{オ}5$

このとき　　　　　$x=a+1={}^{カ}6$

⬅ $A<B<C$
　$\Longleftrightarrow A<B$ かつ $B<C$

13 日目　図 形 と 計 量

23 (1)　$\cos^2\alpha=1-\sin^2\alpha=1-\left(\dfrac{2}{3}\right)^2=\dfrac{5}{9}$

⬅ $\sin^2\alpha+\cos^2\alpha=1$

よって　　$\cos\alpha=\pm\dfrac{\sqrt{5}}{3}$

$\cos\alpha=\dfrac{\sqrt{{}^{ア}5}}{{}^{イ}3}$ のとき

$\tan\alpha=\dfrac{\sin\alpha}{\cos\alpha}=\dfrac{2}{3}\div\dfrac{\sqrt{5}}{3}$

⬅ $\tan\alpha=\dfrac{\sin\alpha}{\cos\alpha}$

　　　　$=\dfrac{2}{\sqrt{5}}=\dfrac{{}^{ウ}2\sqrt{{}^{エ}5}}{{}^{オ}5}$

$\cos\alpha=\dfrac{{}^{カ}-\sqrt{{}^{キ}5}}{{}^{ク}3}$ のとき

$\tan\alpha=\dfrac{\sin\alpha}{\cos\alpha}=\dfrac{2}{3}\div\left(-\dfrac{\sqrt{5}}{3}\right)$

　　　　$=-\dfrac{2}{\sqrt{5}}=\dfrac{{}^{ケコ}-2\sqrt{{}^{サ}5}}{{}^{シ}5}$

(2)　$\dfrac{1}{\cos^2\beta}=1+\tan^2\beta=1+\left(\dfrac{3}{2}\right)^2=\dfrac{13}{4}$　から

⬅ $1+\tan^2\beta=\dfrac{1}{\cos^2\beta}$

　　　　$\cos^2\beta=\dfrac{4}{13}$

$\tan\beta>0$ より, $0°<\beta<90°$ であるから　　$\cos\beta>0$

⬅ $0°<\beta<90°$ のとき
　$\tan\beta>0$, $\cos\beta>0$

よって　　$\cos\beta=\dfrac{2}{\sqrt{13}}=\dfrac{{}^{ス}2\sqrt{{}^{セソ}13}}{{}^{タチ}13}$

また　　$\sin\beta=\tan\beta\cos\beta$

⬅ $\tan\beta=\dfrac{\sin\beta}{\cos\beta}$ から
　$\sin\beta=\tan\beta\cos\beta$

　　　　$=\dfrac{3}{2}\cdot\dfrac{2\sqrt{13}}{13}=\dfrac{{}^{ツ}3\sqrt{{}^{テト}13}}{{}^{ナニ}13}$

NOTE　直角三角形を利用する方法

(1)　$\sin\alpha>0$ から

$\qquad\cos\alpha>0$ のとき　　$\tan\alpha>0$

$\qquad\cos\alpha<0$ のとき　　$\tan\alpha<0$

$\sin\alpha=\dfrac{2}{3}$ であるから，右の図より

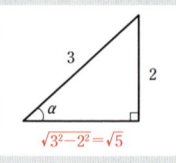

$\cos\alpha=\dfrac{\sqrt{^{\text{ア}}5}}{^{\text{イ}}3}$ のとき　　$\tan\alpha=\dfrac{2}{\sqrt{5}}=\dfrac{^{\text{ウ}}2\sqrt{^{\text{エ}}5}}{^{\text{オ}}5}$

$\cos\alpha=\dfrac{^{\text{カ}}-\sqrt{^{\text{キ}}5}}{^{\text{ク}}3}$ のとき　$\tan\alpha=\dfrac{^{\text{ケコ}}-2\sqrt{^{\text{サ}}5}}{^{\text{シ}}5}$

(2)　$0°\leqq\beta\leqq180°$ かつ $\tan\beta=\dfrac{3}{2}>0$ であるから

$\qquad\cos\beta>0,\ \sin\beta>0$

よって，右の図から

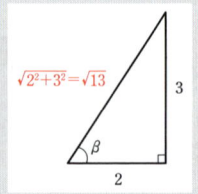

$\qquad\cos\beta=\dfrac{2}{\sqrt{13}}=\dfrac{^{\text{ス}}2\sqrt{^{\text{セソ}}13}}{^{\text{タチ}}13}$，

$\qquad\sin\beta=\dfrac{3}{\sqrt{13}}=\dfrac{^{\text{ツ}}3\sqrt{^{\text{テト}}13}}{^{\text{ナニ}}13}$

〔例題22(1)〕　$0°\leqq\beta\leqq180°$ かつ $\tan\beta=-2=-\dfrac{2}{1}<0$ であるから

$\qquad\cos\beta<0,\ \sin\beta>0$

よって，右の図から

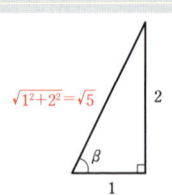

$\qquad\cos\beta=-\dfrac{1}{\sqrt{5}}=\dfrac{^{\text{ア}}-\sqrt{^{\text{イ}}5}}{^{\text{ウ}}5}$

$\qquad\sin\beta=\dfrac{2}{\sqrt{5}}=\dfrac{^{\text{エ}}2\sqrt{^{\text{オ}}5}}{^{\text{カ}}5}$

24　(1)　$\angle A=180°-(45°+105°)=30°$　　　　←$A+B+C=180°$

正弦定理により　　$\dfrac{BC}{\sin30°}=\dfrac{2\sqrt{2}}{\sin45°}$　　←$\dfrac{a}{\sin A}=\dfrac{b}{\sin B}$

ゆえに　　$BC=2\sqrt{2}\div\dfrac{\sqrt{2}}{2}\times\dfrac{1}{2}={}^{\text{ア}}2$

また　　$2R=\dfrac{2\sqrt{2}}{\sin45°}=2\sqrt{2}\div\dfrac{\sqrt{2}}{2}=4$　　←$2R=\dfrac{b}{\sin B}$

よって　　$R=\dfrac{4}{2}={}^{\text{イ}}2$

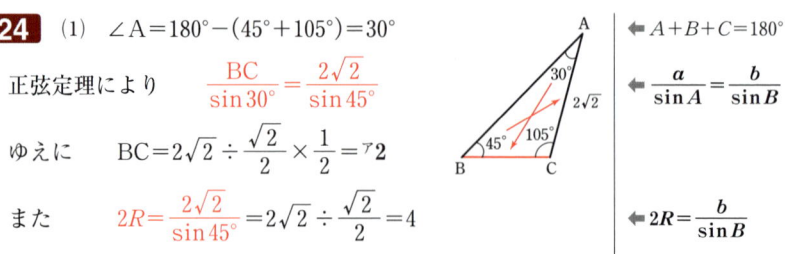

(2) 余弦定理により

$$CA^2 = 7^2 + 8^2 - 2 \cdot 7 \cdot 8 \cos \angle ABC$$

$$= 49 + 64 - 2 \cdot 7 \cdot 8 \cdot \frac{11}{14}$$

$$= 25$$

CA > 0 であるから　　$CA = {}^{\text{ウ}}\mathbf{5}$

また　　$\cos \angle BCA = \dfrac{8^2 + 5^2 - 7^2}{2 \cdot 8 \cdot 5} = \dfrac{{}^{\text{エ}}\mathbf{1}}{{}^{\text{オ}}\mathbf{2}}$

よって　　$\angle BCA = {}^{\text{カキ}}\mathbf{60}°$

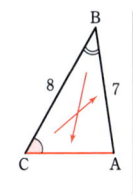

$\Leftarrow b^2 = c^2 + a^2 - 2ca \cos B$

$\Leftarrow \cos C = \dfrac{a^2 + b^2 - c^2}{2ab}$

$\Leftarrow$ **CHART**
単位円を
利用
x 座標が
cos

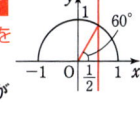

(3) 余弦定理により

$$\cos C = \frac{(\sqrt{5})^2 + 3^2 - (2\sqrt{2})^2}{2 \cdot \sqrt{5} \cdot 3}$$

$$= \frac{1}{\sqrt{5}}$$

ここで　　$\sin^2 C = 1 - \cos^2 C$

$$= 1 - \left(\frac{1}{\sqrt{5}}\right)^2 = \frac{4}{5}$$

$0° < C < 180°$ であるから　　$\sin C > 0$

よって　　$\sin C = \dfrac{2}{\sqrt{5}} = \dfrac{{}^{\text{ク}}\mathbf{2}\sqrt{{}^{\text{ケ}}\mathbf{5}}}{{}^{\text{コ}}\mathbf{5}}$

ゆえに，△ABC の面積は

$$\frac{1}{2} \cdot \sqrt{5} \cdot 3 \sin C = \frac{1}{2} \cdot \sqrt{5} \cdot 3 \cdot \frac{2}{\sqrt{5}} = {}^{\text{サ}}\mathbf{3}$$

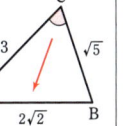

$\Leftarrow \cos C = \dfrac{a^2 + b^2 - c^2}{2ab}$

$\Leftarrow \sin^2 C + \cos^2 C = 1$
符号にも注意。

下図より $\sin C = \dfrac{2\sqrt{5}}{5}$

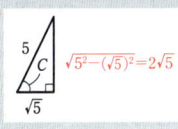

$\Leftarrow S = \dfrac{1}{2} ab \sin C$
面積は 2 辺と間の角から
求める。

NOTE　計算するときに，有理化せず，分母に $\sqrt{}$ があるままで計算した方がらくな場合がある。
本問でも，……の箇所は，有理化しないで計算した方がらくである。

25 $1+\tan^2 A = \dfrac{1}{\cos^2 A}$ から

$$\cos^2 A = \frac{1}{1+\tan^2 A} = \frac{1}{1+(3\sqrt{3})^2} = \frac{1}{28}$$

$\tan A > 0$ であるから　　$0° < A < 90°$

よって　　$\cos A > 0$

ゆえに　　$\cos A = \sqrt{\dfrac{1}{28}} = \dfrac{1}{2\sqrt{7}} = \dfrac{\sqrt{\boxed{ア}7}}{\boxed{イウ}14}$

また，余弦定理により

$$3^2 = 2^2 + AC^2 - 2 \cdot 2 \cdot AC \cdot \frac{\sqrt{7}}{14}$$

$\leftarrow BC^2 = AB^2 + AC^2 \\ \qquad\quad -2AB \cdot AC \cdot \cos A$

整理すると

$$7AC^2 - 2\sqrt{7}\,AC - 35 = 0$$

したがって

$$(\sqrt{7}\,AC + 5)(\sqrt{7}\,AC - 7) = 0$$

$AC > 0$ であるから

$$\sqrt{7}\,AC - 7 = 0$$

よって　　$AC = \sqrt{\boxed{エ}7}$

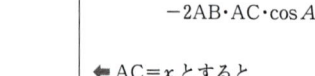

$\leftarrow AC = x$ とすると \
$\quad 7x^2 - 2\sqrt{7}\,x - 35 = 0$

このとき，余弦定理により

$$\cos B = \frac{2^2 + 3^2 - (\sqrt{7})^2}{2 \cdot 2 \cdot 3} = \frac{1}{2}$$

$\leftarrow \cos B \\ \quad = \dfrac{AB^2 + BC^2 - CA^2}{2AB \cdot BC}$

$0° < B < 180°$ であるから　　$B = \boxed{オカ}60°$ …… ①

さらに，正弦定理により　　$\dfrac{AC}{\sin B} = 2R_1$

ゆえに　　$R_1 = \dfrac{AC}{2\sin 60°} = \dfrac{\sqrt{7}}{\sqrt{3}} = \dfrac{\sqrt{\boxed{キク}21}}{\boxed{ケ}3}$ …… ②

① と $\angle ABD = 30°$ から，線分 BD は $\angle ABC$ を 2 等分する。

よって

$$AD : DC = AB : BC$$

すなわち

$$AD : (\sqrt{7} - AD) = 2 : 3$$

ゆえに

$$3AD = 2(\sqrt{7} - AD)$$

したがって　　$AD = \dfrac{\boxed{コ}2\sqrt{\boxed{サ}7}}{\boxed{シ}5}$

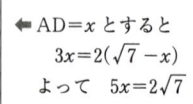

$\leftarrow AD = x$ とすると \
$\quad 3x = 2(\sqrt{7} - x) \\ \quad$ よって　$5x = 2\sqrt{7}$

このとき，△ABD において，正弦定理により

$$\frac{AD}{\sin\angle ABD}=2R_2$$

ゆえに　$R_2=\frac{AD}{2\sin 30^\circ}=\frac{2\sqrt{7}}{5}$　…… ③

②，③ から　$\frac{R_1}{R_2}=\frac{\sqrt{21}}{3}\div\frac{2\sqrt{7}}{5}=\frac{\sqrt{21}}{3}\cdot\frac{5}{2\sqrt{7}}$

$$=\frac{^{ス}\mathbf{5}\sqrt{^{セ}\mathbf{3}}}{^{ソ}\mathbf{6}}$$

26　△ABC において，余弦定理により

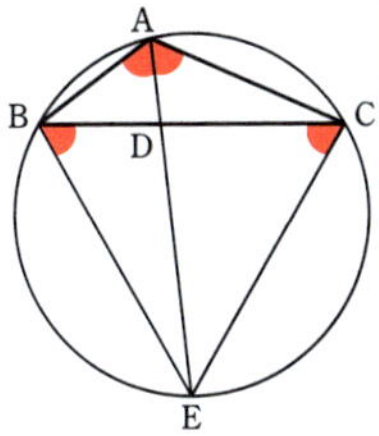

$$\cos\angle CAB=\frac{3^2+2^2-(\sqrt{19})^2}{2\cdot3\cdot2}$$

$$=\frac{-6}{12}=-\frac{1}{2}$$

← $\cos\angle CAB=\frac{CA^2+AB^2-BC^2}{2CA\cdot AB}$

ゆえに　$\angle CAB=^{アイウ}\mathbf{120}^\circ$

AD は ∠CAB の二等分線であるから

$$BD:CD=AB:AC=2:3$$

よって　$BD=\frac{2}{5}BC=\frac{^{エ}\mathbf{2}\sqrt{^{オカ}\mathbf{19}}}{^{キ}\mathbf{5}}$

$$CD=\frac{3}{5}BC=\frac{^{ク}\mathbf{3}\sqrt{^{ケコ}\mathbf{19}}}{^{サ}\mathbf{5}}$$

四角形 ABEC は円に内接するから

$$\angle BEC+\angle CAB=180^\circ$$

← **CHART** 対角の和が 180°

ゆえに　$\angle BEC=180^\circ-120^\circ$

$$=^{シス}\mathbf{60}^\circ$$

また，円周角の定理により

$$\angle EBC=\angle EAC=60^\circ,$$

$$\angle ECB=\angle EAB=60^\circ$$

← 同じ弧に対する円周角は等しい。

よって，△BEC は正三角形であるから

$$BE=\sqrt{^{セソ}\mathbf{19}}$$

△BED において，余弦定理により

$$DE^2=\left(\frac{2\sqrt{19}}{5}\right)^2+(\sqrt{19})^2-2\cdot\frac{2\sqrt{19}}{5}\cdot\sqrt{19}\cdot\frac{1}{2}$$

$$=\frac{361}{25}$$

← $DE^2=BD^2+BE^2-2BD\cdot BE\cos 60^\circ$

DE>0 であるから

$$DE=\sqrt{\frac{361}{25}}=\frac{^{タチ}\mathbf{19}}{^{ツ}\mathbf{5}}$$

第3章

△BED の外接円の半径を R とすると，正弦定理により

$$\frac{\text{DE}}{\sin 60°}=2R$$

ゆえに　　$\text{O}'\text{B}=R=\dfrac{\text{DE}}{2\sin 60°}$

$$=\frac{\overset{テト}{\boxed{19}}\sqrt{\overset{ナ}{\boxed{3}}}}{\underset{ニヌ}{\boxed{15}}}$$

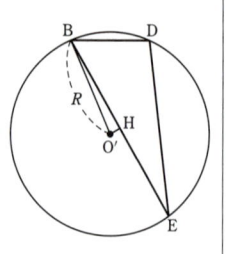

O' から辺 BE に垂線 OH を引くと

$$\text{BH}=\frac{1}{2}\text{BE}=\frac{\sqrt{19}}{2},$$

$$\text{O}'\text{H}^2=\text{O}'\text{B}^2-\text{BH}^2$$

$$=\left(\frac{19\sqrt{3}}{15}\right)^2-\left(\frac{\sqrt{19}}{2}\right)^2=\frac{19}{300}$$

⟸ 三平方の定理。

$\text{O}'\text{H}>0$ であるから　　$\text{O}'\text{H}=\sqrt{\dfrac{19}{300}}=\dfrac{\sqrt{57}}{30}$

よって　　$\tan\angle\text{EBO}'=\dfrac{\text{O}'\text{H}}{\text{BH}}=\dfrac{\sqrt{57}}{30}\div\dfrac{\sqrt{19}}{2}$

$$=\frac{\sqrt{\overset{ネ}{\boxed{3}}}}{\underset{ノハ}{\boxed{15}}}$$

15日目 正弦定理・余弦定理 (2)

27　四角形 ABCD は円に内接しているから

$$\angle\text{ADC}=180°-\angle\text{ABC}$$

よって

$$\cos\angle\text{ADC}$$
$$=\cos(180°-\angle\text{ABC})$$
$$=-\cos\angle\text{ABC}=\frac{\overset{アイ}{\boxed{-5}}}{\underset{ウ}{\boxed{8}}}$$

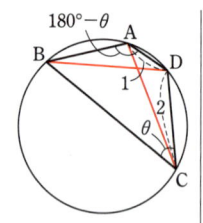

⟸ CHART
対角の和が $180°$

⟸ $\cos(180°-\theta)=-\cos\theta$

⟸ △ADC に着目。

⟸ $\text{AC}^2=\text{AD}^2+\text{CD}^2$
$\quad-2\text{AD}\cdot\text{CD}\cos\angle\text{ADC}$

△ADC において，余弦定理により

$$\text{AC}^2=1^2+2^2-2\cdot1\cdot2\cdot\left(-\frac{5}{8}\right)=\frac{15}{2}$$

$\text{AC}>0$ であるから　　$\text{AC}=\sqrt{\dfrac{15}{2}}=\dfrac{\sqrt{\overset{エオ}{\boxed{30}}}}{\underset{カ}{\boxed{2}}}$

$\text{AB}=x\ (x>0)$ とすると，条件から　　$\text{BC}=2x$

$\triangle$ABC において，余弦定理により

$$\frac{15}{2}=x^2+(2x)^2-2\cdot x\cdot 2x\cdot\frac{5}{8}$$

よって　　　$x^2=3$

$x>0$ であるから　　　　$x=\text{AB}=\sqrt{^{キ}3}$

また，$x=\sqrt{3}$ のとき　　　$\text{BC}=2\sqrt{3}$

ここで，$\angle\text{BCD}=\theta$ とすると，四角形 ABCD は円に内接しているから

$$\angle\text{BAD}=180^\circ-\angle\text{BCD}=180^\circ-\theta$$

$\triangle$ABD において，余弦定理により

$$\begin{aligned}\text{BD}^2&=\text{AB}^2+\text{AD}^2-2\text{AB}\cdot\text{AD}\cos\angle\text{BAD}\\&=(\sqrt{3})^2+1^2-2\cdot\sqrt{3}\cdot 1\cdot\cos(180^\circ-\theta)\\&=4+2\sqrt{3}\cos\theta\quad\cdots\cdots\text{①}\end{aligned}$$

$\triangle$BCD において，余弦定理により

$$\begin{aligned}\text{BD}^2&=\text{BC}^2+\text{CD}^2-2\text{BC}\cdot\text{CD}\cos\angle\text{BCD}\\&=(2\sqrt{3})^2+2^2-2\cdot 2\sqrt{3}\cdot 2\cos\theta\\&=16-8\sqrt{3}\cos\theta\quad\cdots\cdots\text{②}\end{aligned}$$

よって，①，② から

$$4+2\sqrt{3}\cos\theta=16-8\sqrt{3}\cos\theta$$

ゆえに　　$\cos\theta=\dfrac{2\sqrt{3}}{5}$

このとき，② から　　$\text{BD}^2=16-8\sqrt{3}\cdot\dfrac{2\sqrt{3}}{5}=\dfrac{32}{5}$

$\text{BD}>0$ であるから　　$\text{BD}=\sqrt{\dfrac{32}{5}}=\dfrac{4}{5}\sqrt{^{クケ}10}$

← $\triangle$ABC に着目。

← $\text{AC}^2=\text{AB}^2+\text{BC}^2$
　$-2\text{AB}\cdot\text{BC}\cos\angle\text{ABC}$

← **CHART**
　対角の和が 180°

← 対角線の長さを余弦定理で 2 通りに表す。

← $\cos(180^\circ-\theta)=-\cos\theta$

 第 **3** 章

$\mathbf{N_{OTE}}$　トレミーの定理により，

$\text{AB}\cdot\text{CD}+\text{AD}\cdot\text{BC}=\text{AC}\cdot\text{BD}$ であるから

$$\sqrt{3}\cdot 2+1\cdot 2\sqrt{3}=\frac{\sqrt{30}}{2}\cdot\text{BD}$$

よって　　$\text{BD}=\dfrac{4}{5}\sqrt{^{クケ}10}$

← トレミーの定理
円に内接する四角形 ABCD について
$\mathbf{AB\cdot CD+AD\cdot BC=AC\cdot BD}$

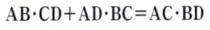

28　$\triangle$ABC において，余弦定理により

$$\cos\angle\text{CAB}=\frac{3^2+1^2-(\sqrt{7})^2}{2\cdot 3\cdot 1}=\frac{3}{2\cdot 3}=\frac{1}{2}$$

よって　　$\angle\text{CAB}=^{ア イ}60^\circ$

← $\cos\angle\text{CAB}$
$=\dfrac{\text{AB}^2+\text{CA}^2-\text{BC}^2}{2\text{AB}\cdot\text{CA}}$

また，線分 AD は ∠CAB の二等分線であるから

$$BD : CD = AB : CA$$
$$= 3 : 1$$

よって 　　$BD = \dfrac{3}{4}BC = \dfrac{^{ウ}3\sqrt{^{エ}7}}{^{オ}4}$

$$CD = \dfrac{1}{4}BC = \dfrac{\sqrt{^{カ}7}}{^{キ}4}$$

△ABC の外接円 O について，$\overset{\frown}{BE}$
に対する円周角により

$$∠DAB = ∠DCE$$

また，$\overset{\frown}{CE}$ に対する円周角により

$$∠DAC = ∠DBE$$

∠DAB = ∠DAC から

$$∠DAB = ∠DBE$$

以上から，∠DAB と等しい角は 　　∠DBE，∠DCE
すなわち 　　$^{ク，ケ}⓪，③$

さらに，△BEC は二等辺三角形であり 　　∠CBE = 30°

$$\cos 30° = \dfrac{\dfrac{1}{2}BC}{BE} \text{ から}$$

$$BE = \dfrac{BC}{2\cos 30°} = \dfrac{\sqrt{7}}{2 \cdot \dfrac{\sqrt{3}}{2}}$$

$$= \dfrac{\sqrt{7}}{\sqrt{3}} = \dfrac{\sqrt{^{コサ}21}}{^{シ}3}$$

∠BOE は ∠BAE に対する中心角で
あるから

$$∠BOE = 60°$$

よって，△OBE は正三角形である。
また，右の図から

$$OB = 2O'B\cos 30° = \sqrt{3}\,O'B$$

したがって，円 O と円 O′ の面積の比は

$$π \cdot OB^2 : π \cdot O'B^2 = 3π \cdot O'B^2 : π \cdot O'B^2$$
$$= {}^{ス}3 : 1$$

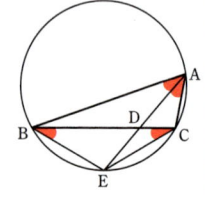

← 同じ弧に対する円周角は
　等しい。

← ∠BCE = ∠CBE

← 分母の有理化。

← OB = OE

29 $\triangle$AEF, $\triangle$AEH において,三平方の定理により

$$EF=\sqrt{AF^2-AE^2}=\sqrt{8^2-(\sqrt{10})^2}$$
$$=\sqrt{54}=3\sqrt{6}$$
$$EH=\sqrt{AH^2-AE^2}=\sqrt{10^2-(\sqrt{10})^2}$$
$$=\sqrt{90}=3\sqrt{10}$$

← $\triangle$AEF, $\triangle$AEH を取り出す。

よって,$\triangle$EFH において,三平方の定理により

$$FH=\sqrt{EF^2+EH^2}=\sqrt{(3\sqrt{6})^2+(3\sqrt{10})^2}$$
$$=3\sqrt{16}={}^{アイ}\mathbf{12}$$

← $\triangle$EFH を取り出す。

$\triangle$AFH において,余弦定理により

$$\cos\angle FAH=\frac{8^2+10^2-12^2}{2\cdot8\cdot10}$$
$$=\frac{{}^{ウ}\mathbf{1}}{{}^{エ}\mathbf{8}}$$

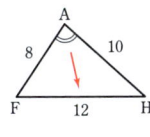

← $\triangle$AFH を取り出す。

← $\cos\angle FAH$
$=\dfrac{AF^2+AH^2-FH^2}{2AF\cdot AH}$

$\sin\angle FAH>0$ であるから

$$\sin\angle FAH=\sqrt{1-\cos^2\angle FAH}$$
$$=\sqrt{1-\left(\frac{1}{8}\right)^2}=\frac{3\sqrt{7}}{8}$$

← $\sin^2\theta+\cos^2\theta=1$
直角三角形を利用しても
よい。

ゆえに $\quad\triangle AFH=\dfrac{1}{2}\cdot8\cdot10\cdot\dfrac{3\sqrt{7}}{8}={}^{オカ}\mathbf{15}\sqrt{{}^{キ}\mathbf{7}}$

← $\dfrac{1}{2}AF\cdot AH\sin\angle FAH$

四面体 AFHE の体積を V とすると

$$V=\frac{1}{3}\triangle EFH\times AE$$
$$=\frac{1}{3}\cdot\left(\frac{1}{2}EF\cdot EH\right)\cdot AE$$
$$=\frac{1}{6}\cdot3\sqrt{6}\cdot3\sqrt{10}\cdot\sqrt{10}=15\sqrt{6}$$

← $\dfrac{1}{3}\times$(底面積)$\times$(高さ)

また,この四面体の体積を,$\triangle$AFH を底面として考える。
点 E から $\triangle$AFH に下ろした垂線の長さを l とすると

$$V=\frac{1}{3}\triangle AFH\times l=\frac{1}{3}\cdot15\sqrt{7}\,l=5\sqrt{7}\,l$$

← **垂線の長さ l を高さと考える。体積は同じ。**

← $\dfrac{1}{3}\times$(底面積)$\times$(高さ)

よって $\quad15\sqrt{6}=5\sqrt{7}\,l$

ゆえに $\quad l=\dfrac{3\sqrt{6}}{\sqrt{7}}=\dfrac{{}^{ク}\mathbf{3}\sqrt{{}^{ケコ}\mathbf{42}}}{{}^{サ}\mathbf{7}}$

30 点 D は正三角形 OAB の辺 AB
の中点であるから

$$\angle \text{ODA} = 90°$$

また $\qquad \angle \text{OAD} = 60°$

よって $\qquad \text{OD} = \sqrt{3}\ \text{AD} = {}^{\text{ア}}\mathbf{2}\sqrt{{}^{\text{イ}}\mathbf{3}}$

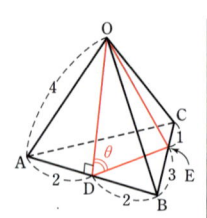

△COE において，余弦定理により

$$\text{OE}^2 = 4^2 + 1^2 - 2 \cdot 4 \cdot 1 \cos 60°$$
$$= 16 + 1 - 4 = 13$$

◀ △COE を取り出す。

OE > 0 であるから $\qquad \text{OE} = \sqrt{{}^{\text{ウエ}}\mathbf{13}}$

△BDE において，余弦定理により

$$\text{DE}^2 = 2^2 + 3^2 - 2 \cdot 2 \cdot 3 \cos 60°$$
$$= 4 + 9 - 6 = 7$$

◀ △BDE を取り出す。

DE > 0 であるから $\qquad \text{DE} = \sqrt{{}^{\text{オ}}\mathbf{7}}$

よって，△ODE において，余弦定理により

$$\cos\theta = \frac{(2\sqrt{3})^2 + (\sqrt{7})^2 - (\sqrt{13})^2}{2 \cdot 2\sqrt{3} \cdot \sqrt{7}}$$

$$= \frac{6}{4\sqrt{21}} = \frac{\sqrt{{}^{\text{カキ}}\mathbf{21}}}{{}^{\text{クケ}}\mathbf{14}}$$

◀ △ODE を取り出す。

◀ $\dfrac{3}{2\sqrt{21}} = \dfrac{3\sqrt{21}}{2 \cdot 21}$

$\cos\theta > 0$ であるから $\qquad \sin\theta > 0$

ゆえに $\qquad \sin\theta = \sqrt{1 - \left(\dfrac{\sqrt{21}}{14}\right)^2} = \dfrac{\sqrt{175}}{14} = \dfrac{5\sqrt{7}}{14}$

よって $\qquad \triangle \text{ODE} = \dfrac{1}{2} \cdot 2\sqrt{3} \cdot \sqrt{7}\ \sin\theta$

◀ $\triangle \text{ODE} = \dfrac{1}{2} \text{OD} \cdot \text{DE} \sin\theta$

$$= \sqrt{3} \cdot \sqrt{7} \cdot \frac{5\sqrt{7}}{14} = \frac{{}^{\text{コ}}\mathbf{5}\sqrt{{}^{\text{サ}}\mathbf{3}}}{{}^{\text{シ}}\mathbf{2}}$$

点 E から線分 OD に垂線 EH を下ろ
すと $\qquad \text{EH} = \text{DE} \sin\theta$

$$= \sqrt{7} \cdot \frac{5}{2\sqrt{7}} = \frac{5}{2}$$

1 回転してできる立体は，半径が EH
の円を底面とする円錐を 2 つ合わせた
ものである。

よって，その体積は

$$\frac{1}{3}\pi \cdot \text{EH}^2 \cdot \text{OH} + \frac{1}{3}\pi \cdot \text{EH}^2 \cdot \text{DH}$$

◀ $\dfrac{1}{3} \times (\text{底面積}) \times (\text{高さ})$

$$= \frac{1}{3}\pi \cdot \left(\frac{5}{2}\right)^2 \cdot (\text{OH} + \text{DH})$$

$$= \frac{25}{12}\pi \cdot \text{OD} = \frac{{}^{\text{スセ}}\mathbf{25}\sqrt{{}^{\text{ソ}}\mathbf{3}}}{{}^{\text{タ}}\mathbf{6}}\pi$$

17 日目 データの分析 (1)

31 (1) 平均値は

$$\frac{1}{15}(7+3+0+1+4+1+7+6+5+6+6+2+4+6+5)$$

$$=\frac{63}{15}={}^{\text{ア}}4.{}^{\text{イ}}2\,(\text{点})$$

← $\bar{x}=\dfrac{1}{n}(x_1+x_2+\cdots+x_n)$

データを，値が小さい方から順に並べると

0, 1, 1, 2, 3, 4, 4, 5, 5, 6, 6, 6, 6, 7, 7

← データは奇数個ある。

よって，中央値は ${}^{\text{ウ}}5.{}^{\text{エ}}0\,(\text{点})$

最頻値は ${}^{\text{オ}}6\,(\text{点})$

← 最も個数の多い値。

(2) データを小さい順に並べると

4, 5, 8, 8, 10, 12, 13, 15, 15, 18, 22, 23, 25

よって，最大値は 25

最小値は 4

第1四分位数 Q_1 は $\dfrac{8+8}{2}=8$

← Q_1 は下組の中央値。

第2四分位数 Q_2 は 13

← Q_2 は全体の中央値。

第3四分位数 Q_3 は $\dfrac{18+22}{2}=20$

← Q_3 は上組の中央値。

以上を表す箱ひげ図は ${}^{\text{カ}}③$

また，四分位偏差は $\dfrac{Q_3-Q_1}{2}=\dfrac{20-8}{2}={}^{\text{キ}}6.{}^{\text{ク}}0$

← 四分位偏差 $\dfrac{Q_3-Q_1}{2}$

(3) 平均値は $\dfrac{1}{5}(6+8+10+9+6)=\dfrac{39}{5}=7.8$

← $\bar{x}=\dfrac{1}{n}(x_1+x_2+\cdots+x_n)$

データの各値の2乗の平均値は

$$\frac{1}{5}(6^2+8^2+10^2+9^2+6^2)=\frac{317}{5}=63.4$$

よって，分散は $63.4-7.8^2=63.4-60.84$

$$={}^{\text{ケ}}2.{}^{\text{コサ}}56$$

← $s^2=\overline{x^2}-(\bar{x})^2$

標準偏差は $\sqrt{2.56}={}^{\text{シ}}1.{}^{\text{スセ}}60$

〔別解〕 分散の求め方

$$\frac{1}{5}\{(6-7.8)^2+(8-7.8)^2+(10-7.8)^2+(9-7.8)^2+(6-7.8)^2\}$$

← $s^2=\dfrac{1}{n}\{(x_1-\bar{x})^2$
$+\cdots+(x_n-\bar{x})^2\}$

$$=\frac{12.8}{5}={}^{\text{ケ}}2.{}^{\text{コサ}}56$$

32 (1) 人数は 10 人であるから，小さい方から 5 番目と 6 番目の得点の平均値が中央値 M となる。

A 以外のものを小さい順に並べると

    40，42，50，54，57，67，69，71，80

[1] A ≧ 67 のとき

5 番目の得点は 57 点，6 番目の得点は 67 点であるから，中央値 M は

$$M = \frac{57+67}{2} = 62 \,(点)$$

[2] A ≦ 54 のとき

5 番目の得点は 54 点，6 番目の得点は 57 点であるから，中央値 M は

$$M = \frac{54+57}{2} = 55.5 \,(点)$$

[3] 55 ≦ A ≦ 66 のとき，5 番目，6 番目の得点は A 点か 57 点のいずれかであるから，中央値 M は

$$M = \frac{A+57}{2} \,(点)$$

この値は，A の値によってすべて異なる。　　　　　　　　　　　　◀62，55.5 とも異なる。

[1]〜[3] から，中央値 M は，

$$2+(66-55+1) = {}^{アイ}\mathbf{14} \,(通り)$$

の値がありうる。

平均値が 59.0 点であるから

$$\frac{1}{10}(54+67+A+71+80+50+57+40+42+69) = 59.0$$

$\qquad\qquad\qquad\qquad\qquad\qquad\qquad$ ◀ $\dfrac{データの総和}{データの大きさ}$

これを解いて　　A = ${}^{ウエ}\mathbf{60}$ (点)

55 ≦ A ≦ 66 であるから，中央値 M は　　　　　　　　　　　　◀[3] の場合。

$$\frac{60+57}{2} = {}^{オカ}\mathbf{58}.{}^{キ}\mathbf{5} \,(点)$$

(2) 2 名が 2 点ずつ下がり，2 名が 2 点ずつ上がったから，得点の合計は変わらない。

よって，変更後の平均値は，変更前と一致する。(${}^{ク}①$)

また，得点の高い 2 名の得点が下がり，得点の低い 2 名の得点が上がったから，これら 4 人の得点は平均値に近づく。　　◀平均値からの偏差の 2 乗

よって，変更後の分散は，変更前より減少する。(${}^{ケ}⓪$)　　　　　の値は減少する。

データの分析 (3)

33 (1) 男子の国語の点数を a（点），男子の数学の点数を b（点）とする。

変量 b の平均点 $\overline{b}$ は

$$\overline{b}=\frac{1}{5}(34+32+31+30+23)={}^{アイ}\mathbf{30}$$

$\leftarrow$ データの総和
データの大きさ

よって，b の分散は

$$\frac{1}{5}\{(34-30)^2+(32-30)^2+(31-30)^2+(30-30)^2+(23-30)^2\}$$

$$=\frac{1}{5}(16+4+1+0+49)=\frac{70}{5}={}^{ウエ}\mathbf{14}$$

$\leftarrow$ 偏差の 2 乗の総和
データの大きさ

$a,\ b$ についてまとめると，次のようになる。

$\leftarrow$ 相関係数を求めるために，必要なものを表にまとめる。

a	b	$a-\overline{a}$	$b-\overline{b}$	$(a-\overline{a})(b-\overline{b})$
45	34	10	4	40
37	32	2	2	4
39	31	4	1	4
31	30	-4	0	0
23	23	-12	-7	84
				計 132

a と b の共分散は　　$\dfrac{132}{5}=26.4$

ゆえに，相関係数は

$$\frac{26.4}{\sqrt{56}\times\sqrt{14}}=\frac{26.4}{28}=0.942\cdots\cdots$$

$$\fallingdotseq {}^{オ}\mathbf{0.}{}^{カキ}\mathbf{94}$$

$\leftarrow$ 相関係数
$=\dfrac{a\ と\ b\ の共分散}{\sqrt{a\ の分散}\times\sqrt{b\ の分散}}$

(2) 正しい散布図は　　${}^{ク}④$

更に，この散布図から，x と y の間には強い正の相関があることが読みとれる。

したがって，r の範囲として正しいものは　　${}^{ケ}③$

20日目 場合の数と確率

34 (1) 順列の総数は

$$7! = {}_7P_7 = 7 \cdot 6 \cdot 5 \cdot 4 \cdot 3 \cdot 2 \cdot 1$$

$$= {}^{アイウエ}\mathbf{5040}\,(通り)$$

← $n! = {}_nP_n$

男子 3 人が隣り合う並び方は男子 3 人を 1 人と考えると，並び方は 5! 通り。

← 隣り合うものを 1 つと考え，その中の順列も考える。

また，男子 3 人の並び方が 3! 通りあるから

$$5! \times 3! = 5 \cdot 4 \cdot 3 \cdot 2 \cdot 1 \times 3 \cdot 2 \cdot 1$$

$$= {}^{オカキ}\mathbf{720}\,(通り)$$

男女が交互に並ぶのは「女男女男女男女」の場合であるから

← 男1, 男2, 男3　女1, 女2, 女3, 女4 → 女1, 男1, 女2, 男2, 女3, 男3, 女4

$$3! \times 4! = 3 \cdot 2 \cdot 1 \times 4 \cdot 3 \cdot 2 \cdot 1$$

$$= {}^{クケコ}\mathbf{144}\,(通り)$$

(2) 1 ～ 8 の円順列であるから

$$(8-1)! = {}^{サシスセ}\mathbf{5040}\,(通り)$$

← 円順列 $(n-1)!$

← **CHART**
条件処理は先に行う

1 と 8 が点対称な位置にあるとき，

1 と 8 を固定し，図の $a \sim f$ の位置に 2 ～ 7 を並べる。

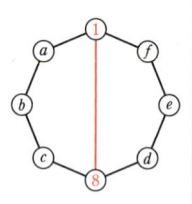

よって　$6! = {}^{ソタチ}\mathbf{720}\,(通り)$

← 順列。

1 と 8 が隣り合うとき，1 と 8 を 1 つのものと考えると，

$$(7-1)!\,通り。$$

← 隣り合うものを 1 つと考え，その中での順列も考える。

また，1 と 8 の並べ方が 2! 通りあるから

$$(7-1)! \times 2! = 720 \cdot 2$$

$$= {}^{ツテトナ}\mathbf{1440}\,(通り)$$

(3) 合計 9 人の中から 3 人を選ぶ組合せであるから

$$_9C_3 = \frac{9 \cdot 8 \cdot 7}{3 \cdot 2 \cdot 1} = {}^{ニヌ}\mathbf{84}\,(通り)$$

← n 個から r 個取る組合せ
$$_nC_r = \frac{n(n-1)\cdots(n-r+1)}{r(r-1)\cdots 1}$$

また，男子 5 人から 4 人，女子 4 人から 2 人をそれぞれ選ぶ組合せであるから

$$_5C_4 \times {}_4C_2 = {}_5C_1 \times {}_4C_2 = 5 \times \frac{4 \cdot 3}{2 \cdot 1}$$

← $_nC_r = {}_nC_{n-r}$

$$= {}^{ネノ}\mathbf{30}\,(通り)$$

次に，男子を 4 人以上含む 6 人は，(男，女) の数が (4, 2)，(5, 1) の場合がある。

← 求める選び方は 2 つのパターンの選び方の和。

(4, 2) の場合　　30 通り

$(5, 1)$ の場合，上と同様に考えて
$$_5\mathrm{C}_5 \times {}_4\mathrm{C}_1 = 1 \times 4 = 4 \,(通り)$$
よって，求める選び方は
$$30 + 4 = {}^{ハヒ}\mathbf{34} \,(通り)$$

(4) 偶数の目が出るという事象を A，3 の倍数の目が出るという事象を B とすると
$$A = \{2,\ 4,\ 6\},\ B = \{3,\ 6\}$$
よって $\quad A \cap B = \{6\}$

← 偶数かつ 3 の倍数の目が出るという事象。

ゆえに $\quad P(A) = \dfrac{3}{6},\ P(B) = \dfrac{2}{6},\ P(A \cap B) = \dfrac{1}{6}$

したがって
$$P(A \cup B) = \frac{3}{6} + \frac{2}{6} - \frac{1}{6} = \frac{4}{6} = {}^{フ}\frac{\mathbf{2}}{\mathbf{3}}$$

← $P(A \cup B)$
$\quad = P(A) + P(B)$
$\qquad\qquad - P(A \cap B)$

(5) 10 本のくじから 3 本引く組合せは $\qquad {}_{10}\mathrm{C}_3$ 通り
このうち，当たりくじを 3 本引く場合の数は $\qquad {}_3\mathrm{C}_3$ 通り
よって，当たりくじが 3 本である確率は
$$\frac{{}_3\mathrm{C}_3}{{}_{10}\mathrm{C}_3} = \frac{3 \cdot 2 \cdot 1}{10 \cdot 9 \cdot 8} = \frac{{}^{ホ}\mathbf{1}}{{}^{マミム}\mathbf{120}}$$

当たりくじを 1 本引く場合の数は $\qquad {}_3\mathrm{C}_1 \times {}_{10}\mathrm{C}_2$ 通り
よって，当たりくじが 1 本である確率は
$$\frac{{}_3\mathrm{C}_1 \times {}_7\mathrm{C}_2}{{}_{10}\mathrm{C}_3} = \frac{3 \times 21}{120} = \frac{{}^{メモ}\mathbf{21}}{{}^{ヤユ}\mathbf{40}}$$

21 日目 場 合 の 数 (1)

35 (1) 4 桁の整数において，千の位は 0 以外の数字であるから，その選び方は 5 通り
百の位，十の位，一の位は 6 種類の数字のどれでもよいから，その選び方は 6^3 通り
よって，4 桁の整数は
$$5 \times 6^3 = 1080 \,(個)$$
3 桁の整数において，百の位は 0 以外の数字であるから，その選び方は 5 通り
十の位，一の位は 6 種類の数字のどれでもよいから，その選び方は 6^2 通り
よって，3 桁の整数は
$$5 \times 6^2 = 180 \,(個)$$

← 千の位が 0 だと 4 桁の整数は作れない。

← 百　十　一
6 通り　6 通り　6 通り

2桁の整数において，十の位は0以外の数字であるから，その選び方は　5通り

一の位は6種類の数字のどれでもよいから，その選び方は
$$6\text{通り}$$

よって，2桁の整数は
$$5\times6=30\,(\text{個})$$

1桁の正の整数は　5個

ゆえに，求める個数は
$$1080+180+30+5={}^{\text{アイウエ}}\mathbf{1295}\,(\text{個})$$

←0は正の整数ではない。

〔別解〕　各位の4つの数字に，0から5までの数字を用いて4桁以下の整数を作ると
$$6^4=1296\,(\text{個})$$

そのうち，0000の場合を除くと，求める正の整数は全部で
$$6^4-1={}^{\text{アイウエ}}\mathbf{1295}\,(\text{個})$$

←例えば
0154…3桁の整数154
0015…2桁の整数15
0004…1桁の整数4
と考える。

(2)　2つの部屋を仮にA，Bとする。

空の部屋があってもよいものとして，9人をA，Bの部屋に入れる方法は
$$2^9=512\,(\text{通り})$$

一方の部屋が空になる場合を除いて
$$512-2=510\,(\text{通り})$$

最後に，A，Bの区別をなくして，求める場合の数は
$$510\div2={}^{\text{オカキ}}\mathbf{255}\,(\text{通り})$$

←異なる2個から重複を許して9個取り出して並べる順列の総数と同じ。

36　4人と6人の2つの組に分けるには，4人の組に入る生徒を決めれば，残りの6人が6人の組になるから
$${}_{10}\mathrm{C}_4=\frac{10\cdot9\cdot8\cdot7}{4\cdot3\cdot2\cdot1}={}^{\text{アイウ}}\mathbf{210}\,(\text{通り})$$

←人数が **異なる**
──→入る人を順に決める。

また，5人と3人と2人の3つの組に分けるには，5人の組に入る生徒を決め，残りの5人から3人の組に入る生徒を決めれば，残りの2人が2人の組になるから
$${}_{10}\mathrm{C}_5\times{}_5\mathrm{C}_3=\frac{10\cdot9\cdot8\cdot7\cdot6}{5\cdot4\cdot3\cdot2\cdot1}\times\frac{5\cdot4}{2\cdot1}$$
$$=252\times10$$
$$={}^{\text{エオカキ}}\mathbf{2520}\,(\text{通り})$$

←人数が **異なる**
──→入る人を順に決める。

←${}_5\mathrm{C}_3={}_5\mathrm{C}_2$

さらに，3人ずつの組 A，B と 4 人の組 C の 3 組に分ける方法は，同様に，3人，3人と決めていけばよいから

$$_{10}C_3 \times {}_7C_3 = \frac{10 \cdot 9 \cdot 8}{3 \cdot 2 \cdot 1} \times \frac{7 \cdot 6 \cdot 5}{3 \cdot 2 \cdot 1}$$
$$= 120 \times 35$$
$$= {}^{クケコサ}\mathbf{4200}\,(通り)$$

3人，3人，4人の3組に分けるには，上の 4200 通りで 3人ずつの組の区別をなくせばよい。

組の区別をなくすと，同じものが 2! 通り存在するから

$$4200 \div 2! = {}^{シスセソ}\mathbf{2100}\,(通り)$$

人数が 同じ で組に 名前 がある —— 入る人を順に決める。

人数が 同じ で組に 名前 がない —— 区別がない。後で区別をなくす。3人の組 A，B の区別をなくすから，2! で割る。

22日目 場合の数 (2)

37 10 枚のカードを左から右へ 1 列に並べる並べ方は

$$\frac{10!}{4!3!2!1!} = \frac{10 \cdot 9 \cdot 8 \cdot 7 \cdot 6 \cdot 5}{3 \cdot 2 \cdot 1 \cdot 2 \cdot 1}$$
$$= {}^{アイウエオ}\mathbf{12600}\,(通り)$$

分母の 1! は書かなくてもよい。

左から 3 枚の色がすべて同じものは，その 3 枚の色が赤色か青色の場合がある。

黄色と白色のカードはともに 3 枚未満であるから，除外できる。

[1] 左から 3 枚の色が赤のとき

残り 7 枚は，赤 1 枚，青 3 枚，黄 2 枚，白 1 枚を並べる。

[2] 左から 3 枚の色が青のとき

残り 7 枚は，赤 4 枚，黄 2 枚，白 1 枚を並べる。

[1]，[2] から，左から 3 枚の色がすべて同じものの並べ方の総数は

$$\frac{7!}{1!3!2!1!} + \frac{7!}{4!2!1!} = \frac{7 \cdot 6 \cdot 5 \cdot 4}{2 \cdot 1} + \frac{7 \cdot 6 \cdot 5}{2 \cdot 1}$$
$$= 420 + 105$$
$$= {}^{カキク}\mathbf{525}\,(通り)$$

和の法則。

〔別解〕 10 枚のカードを左から右へ 1 列に並べる並べ方は

$$_{10}C_4 \times {}_6C_3 \times {}_3C_2 \times {}_1C_1 = \frac{10 \cdot 9 \cdot 8 \cdot 7}{4 \cdot 3 \cdot 2 \cdot 1} \times \frac{6 \cdot 5 \cdot 4}{3 \cdot 2 \cdot 1} \times 3 \times 1$$
$$= {}^{アイウエオ}\mathbf{12600}\,(通り)$$

${}_3C_2 = {}_3C_1 = 3$

左から 3 枚の色がすべて同じものの並べ方は

$$_7C_1 \times {}_6C_3 \times {}_3C_2 \times {}_1C_1 + {}_7C_4 \times {}_3C_2 \times {}_1C_1$$
$$= 7 \times \frac{6 \cdot 5 \cdot 4}{3 \cdot 2 \cdot 1} \times 3 \times 1 + \frac{7 \cdot 6 \cdot 5}{3 \cdot 2 \cdot 1} \times 3 \times 1$$
$$= 420 + 105 = {}^{カキク}\mathbf{525}\,(通り)$$

第 **5** 章

第 5 章　場合の数と確率　　37

38 図のように，点 B′，B″，C，D，E を定める。

(1) P 地点から A 地点に達する最短

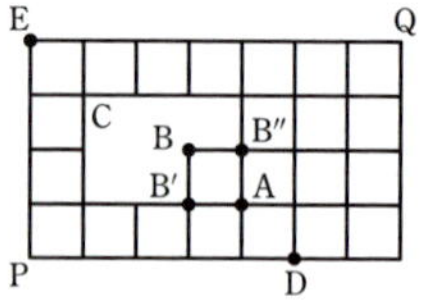

経路は　$\dfrac{5!}{4!1!}=5$（通り）

⬅P → A，A → Q に分け
て考える。

A 地点から Q 地点に達する最短経

路は　$\dfrac{6!}{3!3!}=20$（通り）

よって，P 地点から，A 地点を通り，Q 地点に達する最短経
路は

$$5\times20={}^{\text{アイウ}}\mathbf{100}\text{（通り）}$$

⬅積の法則。

(2) P 地点から B′ 地点に達する最短経路は

⬅P → B′，B′ → B，B → B″，
B″ → Q に分けて考える。

$$\dfrac{4!}{3!1!}=4\text{（通り）}$$

B′ 地点から B 地点，B 地点から B″ 地点に達する最短経路は
それぞれ　1 通り

B″ 地点から Q 地点に達する最短経路は

$$\dfrac{5!}{3!2!}=10\text{（通り）}$$

よって，P 地点から，B 地点を通り，Q 地点に達する最短経
路は

$$4\times1\times1\times10={}^{\text{エオ}}\mathbf{40}\text{（通り）}$$

⬅積の法則。

(3) P 地点から，C 地点を通り，Q 地点に達する最短経路は

⬅P → C，C → Q

$$\dfrac{4!}{1!3!}\times\dfrac{7!}{6!1!}=28\text{（通り）}$$

P 地点から，D 地点を通り，Q 地点に達する最短経路は

⬅P → D，D → Q

$$1\times\dfrac{6!}{2!4!}=15\text{（通り）}$$

P 地点から，E 地点を通り，Q 地点に達する最短経路は
　　　1 通り

⬅P → E，E → Q

ゆえに，P 地点から Q 地点に達する最短経路は全部で

$$100+40+28+15+1={}^{\text{カキク}}\mathbf{184}\text{（通り）}$$

⬅和の法則。

39 すべての場合の数は　　6^3 通り　　　　　　　← 重複順列 n^r

(1)　1, 2, 3 の目が1回ずつ出るのは，出る目の順序を考えて

$$3!＝6（通り）$$

← 分母が順列であるから，分子も順列で考える。1, 2, 3 の順列の数は 3!

よって，求める確率は　　$\dfrac{6}{6^3}＝\dfrac{\text{ア}1}{\text{イウ}36}$

また，目の和が6になる組合せは，

$$(1, 1, 4), (1, 2, 3), (2, 2, 2)$$

← まず，目の組合せを考え，それぞれの組合せについて順列を考える。

の3通りある。

$(1, 1, 4)$ の順列の総数は　　$\dfrac{3!}{2!1!}＝3（通り）$

← 同じものを含む順列。

$(1, 2, 3)$ の順列の総数は　　6通り

$(2, 2, 2)$ の順列の総数は　　1通り

ゆえに，目の和が6となる順列の総数は

$$3＋6＋1＝10（通り）$$

← 各パターンの和。

よって，求める確率は　　$\dfrac{10}{6^3}＝\dfrac{\text{エ}5}{\text{オカキ}108}$

← $\dfrac{\text{事象が起こる場合の数}}{\text{すべての場合の数}}$

(2)　1回目に5の目が出る確率は　　$\dfrac{1}{6}$

また，(1)から目の和が6かつ1回目に5の目が出ることはないから，2つの事象は排反である。

← $(1, 1, 4), (1, 2, 3), (2, 2, 2)$ に5は含まれない。

ゆえに，求める確率は　　$\dfrac{5}{108}＋\dfrac{1}{6}＝\dfrac{\text{クケ}23}{\text{コサシ}108}$

← A, B が排反のとき $P(A \cup B)＝P(A)＋P(B)$

第 5 章

NOTE　目の和が6になる場合を，樹形図を用いて考えると，次のようになる。

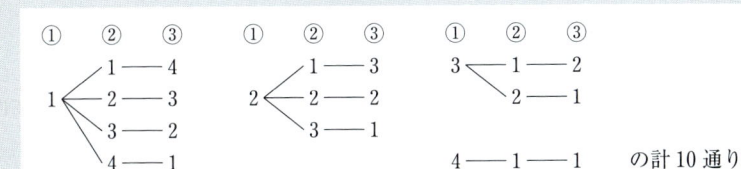

計算式を用いるのが苦手な人は，樹形図を利用しよう。樹形図は，もれなく，重複なく数え上げるのに有効である。

40 (1) Aの合計得点が6点となるには，6点の玉と0点の玉，または2回とも3点の玉を取り出す場合がある。 ←2パターンある。

6点の玉と0点の玉を取り出す場合は

$$1回目：6点の玉，2回目：0点の玉$$
$$1回目：0点の玉，2回目：6点の玉$$

の2通りあり，ともに同じ確率であるから，求める確率は

$$\frac{2}{6}\times\frac{3}{6}\times2+\frac{1}{6}\times\frac{1}{6}=\frac{^{\text{アイ}}13}{^{\text{ウエ}}36}$$

←2つのパターンの**和**。
それぞれの確率は各確率の**積**。

(2) Bの合計得点が6点となるには，(1)と同様に，6点の玉と0点の玉，または2回とも3点の玉を取り出す場合があるから，その確率は

$$\frac{1}{6}\times\frac{2}{6}\times2+\frac{3}{6}\times\frac{3}{6}=\frac{13}{36}$$

←2つのパターンの**和**。
それぞれの確率は各確率の**積**。

(1)から，Aが6点となる確率は $\frac{13}{36}$ であるから，求める確率は

$$\frac{13}{36}\times\frac{13}{36}=\frac{^{\text{オカキ}}169}{1296}$$

←各確率の**積**。

24日目 確　率 (2)

41 5回目に3度目の偶数が出るには，

<u>4回目までで偶数2回，奇数2回出ていて，
5回目で偶数が出ればよい。</u>

←5回目は特別扱い。

よって，その確率は

$$_4\mathrm{C}_2\left(\frac{1}{2}\right)^2\left(\frac{1}{2}\right)^2\times\frac{1}{2}=\frac{4\cdot3}{2\cdot1}\cdot\frac{1}{2^5}=\frac{^{\text{ア}}3}{^{\text{イウ}}16}$$

←$_n\mathrm{C}_r p^r(1-p)^{n-r}$

6回以内で試行が終了するには，4回で終了，5回で終了，6回で終了の場合がある。

←3つのパターンがある。

4回で終了するには，4回連続で偶数が出ればよいから，その確率は

$$\left(\frac{1}{2}\right)^4=\frac{1}{16}$$

5回で終了するには，

<u>4回目までで偶数3回，奇数1回出ていて，
5回目で偶数が出ればよい。</u>

←5回目は特別扱い。

よって，その確率は

$$_4\mathrm{C}_3\left(\frac{1}{2}\right)^3\left(\frac{1}{2}\right)^1\times\frac{1}{2}=4\cdot\frac{1}{2^5}=\frac{1}{8}$$

←$_n\mathrm{C}_r p^r(1-p)^{n-r}$

6回で終了するには,

> 5回目までで偶数3回, 奇数2回出ていて,
> 6回目で偶数が出ればよい。

← 6回目は特別扱い。

よって, その確率は

$$_5C_3\left(\frac{1}{2}\right)^3\left(\frac{1}{2}\right)^2\times\frac{1}{2}=10\cdot\frac{1}{2^6}=\frac{5}{32}$$

← $_nC_r\,p^r(1-p)^{n-r}$

ゆえに, 求める確率は

$$\frac{1}{16}+\frac{1}{8}+\frac{5}{32}=\frac{\text{エオ}11}{\text{カキ}32}$$

← 3つのパターンの **和**。

また, 6回で終了し, 6回のうちちょうど1回が1の目であるには, 5回目までで偶数が3回, 1が1回, 3, 5のいずれかが1回出ていて, 6回目で偶数が出ればよい。

1 〜 3回目に偶数が出て, 4回目に1, 5回目に3, 5のいずれかが出る確率は

$$\left(\frac{1}{2}\right)^3\times\frac{1}{6}\times\frac{2}{6}$$

← 各確率の積。

この順序を入れ替えることを考える。

各試行の結果の並び方は

$$\frac{5!}{3!1!1!}=20\,(\text{通り})$$

← 同じものを含む順列。

よって, 偶数3回, 1が1回, 3, 5のいずれかが1回出る確率は

$$20\times\left(\frac{1}{2}\right)^3\times\frac{1}{6}\times\frac{2}{6}=\frac{5}{36}$$

ゆえに, 求める確率は

$$\frac{5}{36}\times\frac{1}{2}=\frac{\text{ク}5}{\text{ケコ}72}$$

42 1回目の玉が黒玉である事象を A, 2回目の玉が黒玉である事象を B とする。

2回目の玉が黒玉であるような取り出し方は, 次の2つの場合がある。

[1] 1回目に黒玉, 2回目に黒玉が出る場合

確率は $P(A\cap B)=\dfrac{3}{7}\times\dfrac{2}{6}=\dfrac{6}{42}$

[2] 1回目に白玉, 2回目に黒玉が出る場合

確率は $P(\overline{A}\cap B)=\dfrac{4}{7}\times\dfrac{3}{6}=\dfrac{12}{42}$

よって $P(B)=\dfrac{6}{42}+\dfrac{12}{42}=\dfrac{18}{42}=\dfrac{\text{ア}3}{\text{イ}7}$

また, 2回目の玉が黒玉であるとき, 1回目の玉が黒玉である条件付き確率は

$$P_B(A)=\frac{P(B\cap A)}{P(B)}=\frac{6}{42}\div\frac{3}{7}=\frac{\text{ウ}1}{\text{エ}3}$$

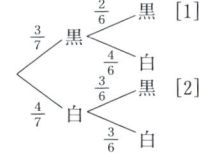

← 1回目 2回目

← $P(A\cap B)=P(A)P_A(B)$

← $P(\overline{A}\cap B)=P(\overline{A})P_{\overline{A}}(B)$

← $P(B\cap A)=P(A\cap B)$

43 (1) △ABC は二等辺三角形で

あるから　　AM⊥BC

よって，△ABM において，三平方

の定理により

$$AM^2 = 5^2 - 3^2 = 16$$

AM＞0 であるから　　AM＝^{ア}**4**

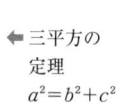

G は △ABC の重心であるから　　AG：GM＝2：1

ゆえに　　GM＝$4 \cdot \dfrac{1}{2+1} = \dfrac{^{イ}4}{^{ウ}3}$

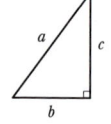

← 三平方の
定理
$a^2 = b^2 + c^2$

AB：AM：BM＝5：4：3

← 重心は中線を 2：1 に内
分する。

(2) 線分 AD は ∠A の二等分線で

あるから

AB：AC＝BD：DC

すなわち

BD：DC＝3：4

よって　　BD＝$4 \cdot \dfrac{3}{3+4} = \dfrac{^{エオ}12}{^{カ}7}$

また，I は △ABC の内心であるから，線分 BI は ∠B の二等

分線である。

ゆえに，△BAD において　　BA：BD＝AI：ID

よって　　AI：ID＝$6 : \dfrac{12}{7} = {}^{キ}7 : {}^{ク}2$

← 内心は内角の二等分線の
交点。

(3) O は △ABC の外心であるから

OA＝OB＝OC

よって，△OAB，△OAC は二等

辺三角形であるから

∠OAB＝∠OBA＝45°

∠OAC＝∠OCA＝20°

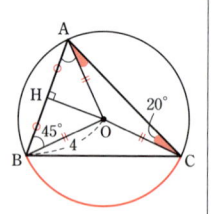

ゆえに　　∠BAC＝∠OAB＋∠OAC＝^{ケコ}**65**°

また，円周角の定理により

∠BOC＝2∠BAC＝^{サシス}**130**°

ここで，△OBH において

∠OHB＝90°，　∠OBH＝45°

したがって　　BH＝$4 \cdot \dfrac{1}{\sqrt{2}} = {}^{セ}2\sqrt{{}^{ソ}2}$

← 外心は外接円の中心。
外接円をかいて考える。
OA，OB，OC は外接円
の半径。

← 二等辺三角形の底角は等
しい。

← (中心角)＝2(円周角)

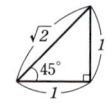

O は △ABC の外心であるから，OH は辺 AB の垂直二等分線である。

◀ 外心は各辺の垂直二等分線の交点。

よって　　$AB = 2BH = {}^{タ}4\sqrt{{}^{チ}2}$

〔別解〕（**サシス**）

△OAB において

$$\angle AOB = 180° - (45° + 45°) = 90°$$

◀ 三角形の内角の和は $180°$

△OAC において　　$\angle AOC = 180° - (20° + 20°) = 140°$

ゆえに　　$\angle BOC = 360° - (90° + 140°) = {}^{サシス}130°$

◀ $\angle AOB + \angle AOC + \angle BOC = 360°$

26 日目　平 面 図 形 (2)

44　△BQA と直線 PC について，

メネラウスの定理により

$$\frac{2}{1} \cdot \frac{AC}{CQ} \cdot \frac{1}{3} = 1$$

◀ $\dfrac{BP}{PA} \cdot \dfrac{AC}{CQ} \cdot \dfrac{QO}{OB} = 1$

すなわち　$\dfrac{AC}{CQ} = \dfrac{3}{2}$

よって　　$AC : CQ = 3 : 2$

ゆえに　　$AQ : QC = (AC - CQ) : CQ = 1 : {}^{ア}2$

また，△ABC について，チェバの定理により

$$\frac{1}{2} \cdot \frac{BR}{RC} \cdot \frac{2}{1} = 1 \quad すなわち \quad \frac{BR}{RC} = 1$$

◀ $\dfrac{AP}{PB} \cdot \dfrac{BR}{RC} \cdot \dfrac{CQ}{QA} = 1$

よって　　$BR : RC = {}^{イ}1 : 1$

また　　　$\triangle ABC : \triangle ABQ = AC : AQ$

$$= 3 : 1$$

◀ 高さが等しいから底辺の比。△ABC と △OAQ は直接比べにくいので，△ABQ を間にはさんで考える。

ゆえに　　$\triangle ABQ = \dfrac{1}{3}\triangle ABC = \dfrac{S}{3}$

また　　　$\triangle ABQ : \triangle AOQ$

$$= BQ : OQ = 4 : 1$$

◀ 高さが等しいから底辺の比。

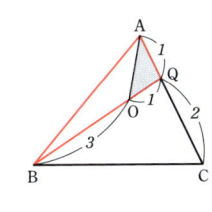

よって　　$\triangle AOQ = \dfrac{1}{4}\triangle ABQ$

ゆえに　　$\triangle AOQ = \dfrac{1}{4} \cdot \dfrac{S}{3} = \dfrac{S}{{}^{ウエ}12}$

> **N**OTE　チェバの定理，メネラウスの定理は，ベクトルの問題で利用すると便利なことがある。

第

6

章

45 E, G はそれぞれ △ABD の
辺 AD, AB の中点であるから,
中点連結定理により

$$GE /\!/ B^{ア}\mathbf{D}$$

同位角は等しいから

$$\angle AEG = \angle A^{イウ}\mathbf{DB} \quad\cdots\cdots\ ①$$

また, F, G はそれぞれ △BCA の辺 BC, BA の中点である
から, 中点連結定理により

$$GF /\!/ AC$$

同位角は等しいから $\angle BFG = \angle B^{エオ}\mathbf{CA} \quad\cdots\cdots\ ②$

円周角の定理により $\angle ADB = \angle ACB$

これと ①, ② から

$$\angle AEG = \angle ADB = \angle ACB = \angle BFG$$

すなわち $\angle AEG = \angle BFG$

ゆえに $\angle P^{カ}\mathbf{EQ} = \angle PFQ$

よって, 円周角の定理の逆により,
4 点 E, F, P, Q は同一円周上に
ある。

したがって $\angle PQF = \angle D^{キク}\mathbf{EF}$

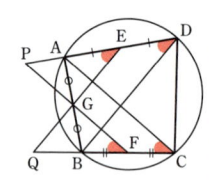

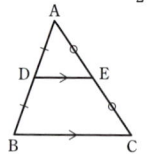

◆ **中点連結定理**
図において, D, E がそ
れぞれ辺 AB, AC の中
点のとき

$$DE /\!/ BC, \quad DE = \frac{1}{2}BC$$

◆ $\overset{\frown}{AB}$ に対する円周角。

◆ 円周角の定理の逆。

◆ 対角の外角に等しい。

NOTE この問題において, (カ) がどうしても埋まらないときは, 以下のように考えて
もよい。

$\angle P\boxed{\text{カ}}Q = \angle PFQ$ は ①, ② と円周角の定理から導かれるが, それを無視
して, 次の行の「4 点 E, F, P, Q は同一円周上にある」に注目する。4 点が
同一円周上にあることは「事実」なのだから, 4 点を通る円をかいてみること
により, $\angle P^{カ}EQ = \angle PFQ$ (円周角) であることがわかる。

このように, 誘導形式の問題 (特に証明の問題) では結果がわかっていること
がほとんどであるから, 結果を利用して逆に考えることもできる。

そのためにも「何を証明しようとしているのか」をつかむことが重要である。

46 (1) CQ=CP であるから

$$CQ=6$$

また，内心 I は内接円の中心であ
るから　　∠IPB=90°

よって，△IPB において，三平方の
定理により

$$BP^2=BI^2-IP^2$$
$$=(4\sqrt{5})^2-4^2=64$$

BP>0 であるから　　BP=8

よって，BR=BP=8 であるから

$$AR=AB-BR=7$$

したがって　　AC=AQ+CQ=AR+CQ
$$=7+6={}^{アイ}\mathbf{13}$$

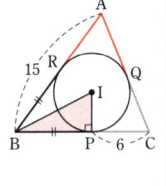

← 2本の接線の長さは等し
い。

← 接線は，接点における半
径に垂直。

← 三平方の定理
$$a^2=b^2+c^2$$

← AQ=AR

(2)　ℓ は円の接線であるから

$$\alpha=\angle ACB$$

ここで，△ABC において

$$\angle ACB=180°-(\angle CAB+\angle ABC)$$
$$=180°-(47°+96°)=37°$$

よって　　$\alpha=\angle ACB={}^{ウエ}\mathbf{37}°$

また，四角形 ABCD は円に内接するから

$$\angle BCD+\angle BAD=180°$$

ゆえに　　$(\angle ACB+\beta)+(\angle BAC+\angle DAC)=180°$

よって　　$37°+\beta+47°+48°=180°$

ゆえに　　$\beta={}^{オカ}\mathbf{48}°$

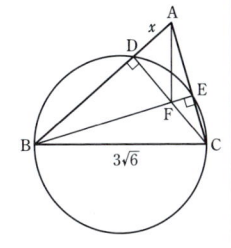

← 接弦定理。

← 三角形の内角の和は180°

← **CHART**
対角の和が180°

47 (1)　BC は円の直径であるから

$$\angle BDC=\angle BEC=90°$$

△BCD において

$$CD^2=BC^2-BD^2$$
$$=(3\sqrt{6})^2-(7-x)^2$$
$$={}^{ア}\mathbf{5}+{}^{イウ}\mathbf{14}x-x^2$$

△ACD において

$$CD^2=AC^2-AD^2$$
$$=5^2-x^2={}^{エオ}\mathbf{25}-x^2$$

← 三平方の定理により，
CD^2 を 2 通りの方法で
表す。

第
6
章

ゆえに　　$5+14x-x^2=25-x^2$

よって　　$x=\dfrac{10}{7}$　すなわち　　$AD=\dfrac{{}^{カキ}10}{{}^{ク}7}$

方べきの定理により　　　$AD\cdot AB=AE\cdot AC$

すなわち　$\dfrac{10}{7}\cdot 7=AE\cdot 5$　　　　ゆえに　　　$AE={}^{ケ}2$

よって　　$BE=\sqrt{AB^2-AE^2}=\sqrt{7^2-2^2}$
$$=\sqrt{45}={}^{コ}3\sqrt{{}^{サ}5}$$

(2)　$\angle ADF=\angle AEF={}^{シス}90°$
であるから，四角形 ADFE は円
に内接する。
この円について，方べきの定理に
より

$BF\cdot BE=BD\cdot BA$

$BD=AB-AD=7-\dfrac{10}{7}=\dfrac{{}^{セソ}39}{{}^{タ}7}$ であるから

$$BF\cdot 3\sqrt{5}=\dfrac{39}{7}\cdot 7$$

よって　　$BF=\dfrac{{}^{チツ}13\sqrt{{}^{テ}5}}{{}^{ト}5}$

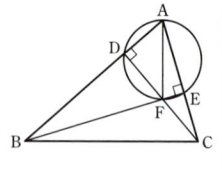

← CHART

対角の和が 180°

28 日目 空 間 図 形

48　右の図から
　　頂点は ${}^{アイ}12$ 個，
　　辺の数は ${}^{ウエ}18$ 本，
　　面の数は ${}^{オ}8$ 個
である。
図のように点をとると，
辺 AB と平行な辺は，
　　辺 GH，辺 ED，辺 KJ の　${}^{カ}3$ 本
辺 AB と垂直な辺は，
　　辺 AG，辺 BH，辺 CI，辺 DJ，辺 EK，辺 FL の
　　${}^{キ}6$ 本
辺 AB とねじれの位置にある辺は，
　　辺 HI，辺 IJ，辺 KL，辺 LG，辺 CI，辺 DJ，
　　辺 EK，辺 FL の　${}^{ク}8$ 本

← $12-18+8=2$ が成り立つ。

← 平行 ── 同じ平面上にあって交わらない。

← 垂直 ── なす角が直角。同じ平面上になくてもよい。

← ねじれの位置 ── 同じ平面上にない。

49 右の図から，立体 P は正八面体になる。

よって　　$^{ア}①$

図のように点をとると，四角形 ABCD は正方形であり，AC$=a$

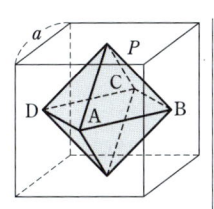

であるから　　AB$=\dfrac{a}{\sqrt{2}}$

⟸断面図を考える。
$$AC : AB = \sqrt{2} : 1$$

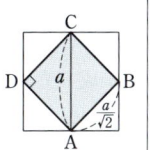

正八面体の辺は全部で，$^{イウ}\mathbf{12}$ 本であるから，P のすべての辺の長さの和は
$$\dfrac{a}{\sqrt{2}} \times 12 = {}^{エ}\mathbf{6}\sqrt{{}^{オ}\mathbf{2}}\,a$$

P の各面は，1 辺が $\dfrac{a}{\sqrt{2}}$ の正三角形であるから，表面積は
$$\left\{\dfrac{1}{2} \cdot \left(\dfrac{a}{\sqrt{2}}\right)^2 \sin 60°\right\} \times 8 = \sqrt{{}^{カ}\mathbf{3}}\,a^2$$

⟸三角形の面積
$$S = \dfrac{1}{2} bc \sin A$$

体積は，底面が 1 辺 $\dfrac{a}{\sqrt{2}}$ の正方形，高さが $\dfrac{a}{2}$ の正四角錐の体積の 2 倍であるから
$$\left\{\dfrac{1}{3} \cdot \left(\dfrac{a}{\sqrt{2}}\right)^2 \cdot \dfrac{a}{2}\right\} \times 2 = \dfrac{{}^{キ}\mathbf{1}}{{}^{ク}\mathbf{6}}\,a^3$$

⟸錐体の体積
$$\dfrac{1}{3} \times (底面積) \times (高さ)$$

29 日目 整数の性質 (1)

50 (1)　$63 = {}^{ア}\mathbf{3}^2 \times {}^{イ}\mathbf{7}$,
　　　　　$378 = 2 \times {}^{ウ}\mathbf{3}^3 \times {}^{エ}\mathbf{7}$

```
3)63      2)378
3)21      3)189
  7       3) 63
          3) 21
             7
```

(2)　x と 63 の最小公倍数が 378 であるから
　　　　　$gx'y' = {}^{オカキ}\mathbf{378}$

⟸$l = ga'b'$

$gy' = 63$ であるから　　$63x' = 378$
よって　　$x' = {}^{ク}\mathbf{6}$
また，y' は 63 の正の約数であるから
　　　　　$y' = 1,\ 3,\ 7,\ 9,\ 21,\ 63$
このうち，$x' = 6$ と互いに素であるものは　　$y' = 1,\ {}^{ケ}\mathbf{7}$
$y' = 1$ のとき　$g = 63$　　　このとき　$x = 63 \times 6 = 378$
$y' = 7$ のとき　$g = 9$　　　このとき　$x = 9 \times 6 = 54$
したがって，x の値は $^{コサ}\mathbf{54}$，378 である。

⟸$6 = 2 \times 3$ であるから，63 の約数のうち，素因数 3 を含まないもの。

第 **7** 章

51 $f(1)=3$, $f(2)=4$ である。

(1) $3^3=27=5\times5+2$ であるから $f(3)={}^{\text{ア}}2$

$3^4=81=5\times16+1$ であるから $f(4)={}^{\text{イ}}1$

$3^5=243=5\times48+3$ であるから $f(5)=3$

$3^6=729=5\times145+4$ であるから $f(6)=4$

3^n を 5 で割った余りは 3, 4, 2, 1, 3, 4, 2, 1, …… と周期 4 で 3, 4, 2, 1 を繰り返す。

よって，$f(n+k)=f(n)$ が成り立つような正の整数 k の最小値は $k={}^{\text{ウ}}4$

← $f(1)$, $f(2)$, $f(3)$, …… を計算すると，$f(n)$ の規則性が見えてくる。

(2) 3^p+1 が 5 で割り切れるのは，$f(p)=4$ のときである。

$f(p)=4$ となる 1 桁の正の整数 p は $p=2$, 6

ゆえに，3^p+1 が 5 で割り切れる p の値は ${}^{\text{エ}}2$ 個ある。

← $f(p)+1=5$ は 5 で割り切れる。

(3) 3^p+3^q が 5 で割り切れるのは，$f(p)+f(q)=5$ のときである。

[1] $(f(p),\ f(q))=(1,\ 4)$ のとき

$p=4$, 8 であり，$q=2$, 6 であるから

$2\times2=4$ (組)

← $f(4)=f(8)=1$
$f(2)=f(6)=4$

[2] $(f(p),\ f(q))=(2,\ 3)$ のとき

$p=3$, 7 であり，$q=1$, 5, 9 であるから

$2\times3=6$ (組)

← $f(3)=f(7)=2$
$f(1)=f(5)=f(9)=3$

[3] $(f(p),\ f(q))=(3,\ 2)$ のとき

$p=1$, 5, 9 であり，$q=3$, 7 であるから

$3\times2=6$ (組)

← [2] と同様。

[4] $(f(p),\ f(q))=(4,\ 1)$ のとき

$p=2$, 6 であり，$q=4$, 8 であるから

$2\times2=4$ (組)

← [1] と同様。

[1]～[4] から $4+6+6+4={}^{\text{オカ}}20$ (組)

30 日目 整数の性質 (2)

52 (1) $8 \cdot 2 - 3 \cdot 5 = 1$ …… ② であるから，x，y がともに
1桁の自然数となるのは　　$x = {}^{\text{ア}}2$，$y = {}^{\text{イ}}5$

①－② から　　$8(x-2) = 3(y-5)$

8 と 3 は互いに素であるから

$$x = {}^{\text{ウ}}3k+2,\quad y = {}^{\text{エ}}8k+5 \ (k \text{ は整数})$$

← 展開して整理すると
$8x-3y=1$

(2)　$-7x^2+y^2+2 = m^2$ に $x=3k+2$，$y=8k+5$ を代入すると

$$-7(3k+2)^2+(8k+5)^2+2 = m^2$$

整理して　$k^2-4k-m^2=1$

ゆえに　　$(k-2)^2-m^2=5$

よって　　$(k-{}^{\text{オ}}2+m)(k-2-m) = {}^{\text{カ}}5$ …… ③

m は自然数であるから

$$k-2+m > k-2-m$$

ゆえに，③ から

$$(k-2+m,\ k-2-m) = (-1,\ -5),\ (5,\ 1)$$

よって　　$(k+m,\ k-m) = (1,\ -3),\ (7,\ 3)$

$k+m=1$，$k-m=-3$ から　　$k=-1$，$m=2$

$k+m=7$，$k-m=3$ から　　　$k=5$，$m=2$

したがって　　$N = {}^{\text{キ}}2$

また，$x=3k+2$ より，k の値が大きければ x の値も大きくな
るから，x の値が最大となるのは $k=5$ のときである。

ゆえに　　$(x,\ y) = ({}^{\text{クケ}}17,\ {}^{\text{コサ}}45)$

← ( )( )=(整数) の形
にもち込む

← 不等式で範囲を絞り込む。

第7章

53 N は 7 進法で $abc_{(7)}$ と表されるから

$$N = a\cdot 7^2 + b\cdot 7^1 + c\cdot 7^0$$
$$= {}^{\mathcal{アイ}}\mathbf{49}a + {}^{\mathcal{ウ}}\mathbf{7}b + c \quad \cdots\cdots ①$$

← 7 進法 ⟶ 10 進法

また，$3N$ は 7 進法で $cba_{(7)}$ と表されるから

$$3N = c\cdot 7^2 + b\cdot 7^1 + a\cdot 7^0$$
$$= {}^{\mathcal{エオ}}\mathbf{49}c + {}^{\mathcal{カ}}\mathbf{7}b + a \quad \cdots\cdots ②$$

①，② から　　$3(49a+7b+c) = 49c+7b+a$

← ①×3＝②

よって　　　$146a + 14b = 46c$

ゆえに　　${}^{\mathcal{キク}}\mathbf{73}a + {}^{\mathcal{ケ}}\mathbf{7}b = {}^{\mathcal{コサ}}\mathbf{23}c \quad \cdots\cdots ③$

ここで，$c \leqq 6$ であるから，③ より

$$73a + 7b \leqq 23 \times 6$$

← 範囲を絞り込む。

よって　　　$73a + 7b \leqq 138$

$1 \leqq a \leqq 6$ であるから　　$a = {}^{\mathcal{シ}}\mathbf{1}$

← $a \neq 0$

③ に $a=1$ を代入すると　　$73 + 7b = 23c \quad \cdots\cdots ④$

$0 \leqq b \leqq 6$ であるから

$$73 + 7\times 0 \leqq 23c \leqq 73 + 7\times 6$$

← 範囲を絞り込む。

よって　　$\dfrac{73}{23} \leqq c \leqq 5$

← $\dfrac{73}{23} = 3.1\cdots\cdots$

ゆえに　　$c = 4$　または　$c = 5$

[1]　$c = 4$ のとき

　④ から　　$73 + 7b = 92$　　　　よって　　$b = \dfrac{19}{7}$

　b は自然数であるから適さない。

[2]　$c = 5$ のとき

　④ から　　$73 + 7b = 115$　　　　よって　　$b = 6$

　これは問題に適している。

[1]，[2] から　　$b = {}^{\mathcal{ス}}\mathbf{6}$，$c = {}^{\mathcal{セ}}\mathbf{5}$

54 (1) 放物線 $y=2x^2-4x-1$ を，x 軸方向に -2，y 軸方向に 5 だけ平行移動した放物線の方程式は

$$y-5=2(x+2)^2-4(x+2)-1$$

すなわち $\quad y={}^{\mathcal{P}}2x^2+{}^{\mathcal{イ}}4x+{}^{\mathcal{ウ}}4$

(2) 操作 P，Q，R を行う前の $y=f(x)$ のグラフの頂点の座標を (a, b) とすると，各操作後の頂点の座標は次のようになる。

操作 P の後 $\quad (a+1,\ b+1)$

操作 Q の後 $\quad (a,\ -b)$

操作 R の後 $\quad (-a,\ b)$

また $\quad y=x^2+2x+4=(x+1)^2+3$

$\qquad y=-x^2+4x-8=-(x-2)^2-4$

よって，最初の操作を開始する前の放物線の頂点の座標は

$$(-1,\ 3)$$

すべての操作後の放物線の頂点の座標は

$$(2,\ -4)$$

操作 P，Q，R を 1 回ずつ行って，点 $(-1,\ 3)$ が点 $(2,\ -4)$ に移動するのは，次の順番で操作した場合に限られる。

操作 R 操作 P 操作 Q
$$(-1,\ 3) \ \longrightarrow \ (1,\ 3) \ \longrightarrow \ (2,\ 4) \ \longrightarrow \ (2,\ -4)$$

ゆえに $\quad {}^{\mathcal{エ}}④$

← 曲線 $y=f(x)$ を x 軸方向に p，y 軸方向に q だけ平行移動した曲線の方程式は $\quad y-q=f(x-p)$

← $f(x)$ の x^2 の係数の符号を変えるのは，操作 R の 1 回のみであるから，放物線が下に凸か，上に凸かについては考えず，頂点の移動のみを考える。

← R→P→Q の順に操作を行ったとき，$f(x)$ は次のように変化する。
$\quad x^2+2x+4$
$\qquad ↓$操作 R
$\quad (-x)^2+2(-x)+4$
$\quad =x^2-2x+4$
$\qquad ↓$操作 P
$\quad (x-1)^2-2(x-1)+4+1$
$\quad =x^2-4x+8$
$\qquad ↓$操作 Q
$\quad -(x^2-4x+8)$
$\quad =-x^2+4x-8$

NOTE

・曲線 $y=f(x)$ の移動

$\quad x$ 軸方向に p，y 軸方向に q だけ平行移動 $\quad \longrightarrow \quad y-q=f(x-p)$

$\quad x$ 軸に関して対称移動 $\quad \longrightarrow \quad y=-f(x)$

$\quad y$ 軸に関して対称移動 $\quad \longrightarrow \quad y=f(-x)$

・放物線の移動は，頂点の座標に着目すると考えやすい場合がある。

・(2) について，操作 P を最初に行うと，頂点 $(-1,\ 3)$ は y 軸上の点 $(0,\ 4)$ に移動する。よって，この後，操作 Q，R をどのような順番で行っても頂点は座標軸上にあるから，操作 P を最初に行う選択肢⓪，①は除かれる。他の選択肢②，③，⑤による頂点の移動は次のようになり，いずれも不適である。

$\quad$② $\quad (-1,\ 3) \longrightarrow (-1,\ -3) \longrightarrow (0,\ -2) \longrightarrow (0,\ -2)$

$\quad$③ $\quad (-1,\ 3) \longrightarrow (-1,\ -3) \longrightarrow (1,\ -3) \longrightarrow (2,\ -2)$

$\quad$⑤ $\quad (-1,\ 3) \longrightarrow (1,\ 3) \longrightarrow (1,\ -3) \longrightarrow (2,\ -2)$

(3) $-x^2+x>0$ から
$$x(x-1)<0$$
ゆえに $\quad 0<x<1$
よって $\quad ^{オ}②$

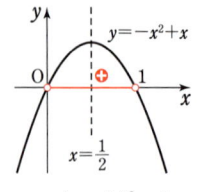
$$\Leftarrow y=-\left(x-\dfrac{1}{2}\right)^2+\dfrac{1}{4}$$

次に，放物線 $y=-x^2+x$ の軸は
$$直線 \ x=\dfrac{1}{2}$$
であり，操作 P を n 回行った後の放物線 $y=f(x)$ の軸は
$$直線 \ x=n+\dfrac{1}{2}$$
となる。

ゆえに，$f(x)>0$ を満たす整数 x がちょうど 4 個となるとき，その整数 x は次の図から
$$x=n-1, \ n, \ n+1, \ n+2$$
の 4 個である。

$\Leftarrow$ 放物線は軸に関して対称であることを利用。

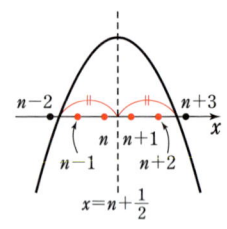

グラフがこのようになるのは，
$$f(n-2)\leqq 0, \ f(n-1)>0$$
が同時に成り立つときである。

操作 P を n 回行うと
$$f(x)=-(x-n)^2+(x-n)+n$$
となるから
$\quad f(n-2)\leqq 0$ より $\quad -(-2)^2-2+n\leqq 0 \quad$ すなわち $\quad n\leqq 6$
$\quad f(n-1)>0$ より $\quad -(-1)^2-1+n>0 \quad$ すなわち $\quad n>2$
ゆえに $\quad 2<n\leqq 6$

$\Leftarrow f(n-2)\leqq 0$ かつ $f(n-1)>0$ が成り立つとき，$f(n+3)\leqq 0$ かつ $f(n+2)>0$ も成り立つ。

したがって，不等式 $f(x)>0$ を満たす整数 x がちょうど 4 個となるような自然数 n は全部で $^{カ}4$ 個あり，そのうち最大の自然数 n は $n=^{キ}6$ である。

〔別解〕 （カ），（キ）
操作 P を n 回行うと
$$f(x)=-(x-n)^2+(x-n)+n$$
$$=-x^2+(2n+1)x-n^2$$
となるから，$f(x)>0$ とすると

[注意]
$f(n-2)=f(n+3)=0$ のときも，$f(x)>0$ を満たす整数 x はちょうど 4 個である。

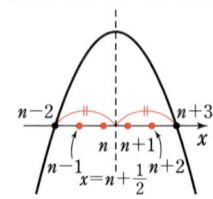

$$x^2-(2n+1)x+n^2<0 \quad \cdots\cdots \text{①}$$

$x^2-(2n+1)x+n^2=0$ を解くと

$$x=\frac{2n+1\pm\sqrt{4n+1}}{2}$$

$\alpha=\dfrac{2n+1-\sqrt{4n+1}}{2}$, $\beta=\dfrac{2n+1+\sqrt{4n+1}}{2}$ とすると，① の

解は $\qquad \alpha<x<\beta \quad \cdots\cdots \text{②}$

ここで $\qquad \beta-\alpha=\sqrt{4n+1}$

② の範囲に含まれる整数 x がちょうど 4 個となるための必要条件は $\qquad 3<\sqrt{4n+1}\leqq5$

よって $\qquad 3^2<4n+1\leqq5^2$

ゆえに $\qquad 2<n\leqq6$

n は自然数であるから $\qquad 3\leqq n\leqq6$

$n=3$ のとき

$\quad \alpha=\dfrac{7-\sqrt{13}}{2}$, $\beta=\dfrac{7+\sqrt{13}}{2}$ であるから ② を満たす整数 x

は $x=2$, 3, 4, 5 であり，確かに 4 個である。

$n=4$ のとき

$\quad \alpha=\dfrac{9-\sqrt{17}}{2}$, $\beta=\dfrac{9+\sqrt{17}}{2}$ であるから ② を満たす整数 x

は $x=3$, 4, 5, 6 であり，確かに 4 個である。

$n=5$ のとき

$\quad \alpha=\dfrac{11-\sqrt{21}}{2}$, $\beta=\dfrac{11+\sqrt{21}}{2}$ であるから ② を満たす整数

x は $x=4$, 5, 6, 7 であり，確かに 4 個である。

$n=6$ のとき

$\quad \alpha=4$, $\beta=9$ であるから ② を満たす整数 x は $x=5$, 6, 7,

8 であり，確かに 4 個である。

したがって，不等式 $f(x)>0$ を満たす整数 x がちょうど 4 個となるような自然数 n は全部で $^\text{カ}$**4** 個あり，そのうち最大の自然数 n は $n=$$^\text{キ}$**6** である。

⬅ 2 次不等式 $f(x)>0$ の解を直接求め，その範囲に整数がちょうど 4 個含まれる条件を考える。この方針では，計算が煩雑である。

第 8 章

⬅ 十分条件について確認。

⬅ $3<\sqrt{13}<4$ から

$\dfrac{3}{2}<\dfrac{7-\sqrt{13}}{2}<2,$

$5<\dfrac{7+\sqrt{13}}{2}<\dfrac{11}{2}$

⬅ $4<\sqrt{17}<5$ から

$2<\dfrac{9-\sqrt{17}}{2}<\dfrac{5}{2},$

$\dfrac{13}{2}<\dfrac{9+\sqrt{17}}{2}<7$

⬅ $4<\sqrt{21}<5$ から

$3<\dfrac{11-\sqrt{21}}{2}<\dfrac{7}{2},$

$\dfrac{15}{2}<\dfrac{11+\sqrt{21}}{2}<8$

55 (1) 図1において，3点 D，E，F が一直線上にあること
とは，

$$\angle PED + \angle PEF = 180° \cdots\cdots (*) \quad (^{ア}⑦)$$

が成り立つことと同値である。

ここで，

$$\angle BDP = \angle BEP = 90°$$

であるから，円周角の定理の逆より，

四角形 PEDB は円に内接する。

よって，円に内接する四角形の性質

から，

$$\angle PED + \angle PBD = 180°$$
$$\cdots\cdots ① \quad (^{イ}⓪)$$

が成り立つ。

よって，

$$\angle PBD = \angle PEF$$

が成り立つことを示すことができれば，これを ① に代入す
ることにより(*)を証明できる。

(2) 四角形 PFCE において

$$\angle PEC = \angle PFC = 90°$$

よって，

$$\angle PEC + \angle PFC = 180°$$

であるから，四角形 PFCE は円に
内接する。$(^{ウ}①)$

ゆえに，円周角の定理から

$$\angle PEF = \angle PCF \cdots\cdots ②$$
$$(^{エ}③)$$

また，四角形 PCAB は円に内接す
る $(^{オ}⓪)$ から，円に内接する四角
形の性質より

$$\angle PBD = \angle PCF \cdots\cdots ③$$

②，③ から

$$\angle PBD = \angle PEF$$

これを ① に代入すると

$$\angle PED + \angle PEF = 180°$$

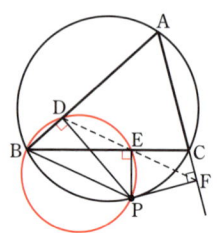

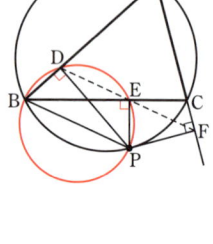

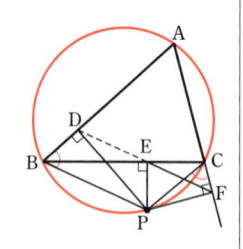

← 円に内接する四角形の性質
・対角の和が180°
・内角と，その対角の外
　角は等しい。

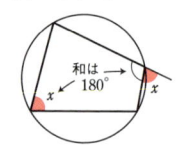

よって，(＊)が成り立つことが示された。

ゆえに，図1において，3点 D，E，F は一直線上にある。

(3)　線分 AP が △ABC の外接円の直
　　径であるとき
$$\angle PBA = \angle PCA = 90°$$
よって，∠PDA＝90°であるから，
点 D は点 B（ᵏ①）と一致する。
また，∠PFA＝90°であるから，点
F は点 C（ᵏ②）と一致する。

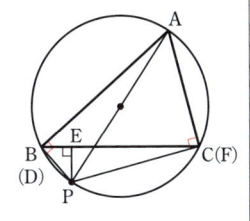

したがって，3点 D，E，F はすべて直線 BC 上にあるから，
この3点は一直線上にある。

← 半円の弧に対する円周角
　は直角である。

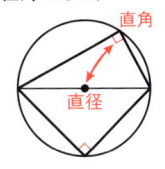

Ⓝote　**4点 A，B，C，D が同一円周上にある条件**　（角はすべて一例）

　　① 　∠BAD＋∠BCD＝180°　（外角が等しくてもよい）

　　② 　A，D が直線 BC について同じ側にあって

　　　　∠BAC＝∠BDC　（円周角の定理の逆）

　　③ 　直線 AB と直線 CD の交点 P について

　　　　PA・PB＝PD・PC　（方べきの定理の逆）

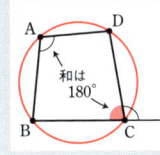 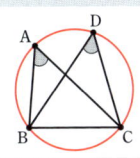 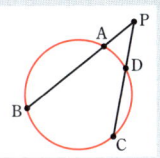

33 日目 データの分析

56 (1) 365 日分のデータがあるので, 第 1 四分位数は小さい方から 91 番目と 92 番目の値の平均値, 第 3 四分位数は大きい方から 91 番目と 92 番目の値の平均値である。

ヒストグラムより, 東京のデータの第 1 四分位数は 5℃ 以上 10℃ 未満の階級に入っているから, 東京のデータの箱ひげ図は X である。

また, 都市 A のデータの第 3 四分位数は 25℃ 以上 30℃ 未満の階級に入っているから, 都市 A のデータの箱ひげ図は Z である。

さらに, 都市 B のデータの第 1 四分位数は 10℃ 以上 15℃ 未満の階級に入り, 第 3 四分位数は 20℃ 以上 25℃ 未満の階級に入っているから, 都市 B のデータの箱ひげ図は Y である。

以上から　ア ①

(2) ⓪　図 2 から, 東京のデータの最小値は 0℃ で, 都市 A のデータの最小値は 0℃ より大きい。よって, 誤り。

① 　図 2 から, 東京のデータの第 1 四分位数は 5℃ 以上 10℃ 未満であるが, 都市 B のデータの第 1 四分位数は 10℃ 以上 15℃ 未満である。よって, 正しい。

② 　図 2 から, 都市 B のデータの最小値は 0℃ より大きく, 最大値は 30℃ である。よって都市 B のデータの範囲は 30℃ より小さいから, 誤り。

③ 　図 2 から, 東京, 都市 A のデータの四分位範囲はともに 10℃ より大きく 15℃ より小さいから, 2 つの四分位範囲の差は 5℃ より小さい。
よって, 誤り。

④ 　図 2 から, 東京のデータの第 1 四分位数は 5℃ 以上 10℃ 未満の階級に入っているが, 図 1 からその階級の度数は最大ではない。よって, 誤り。

⑤ 　図 2 から, 都市 B のデータの中央値は 15℃ 以上 20℃ 未満の階級に入っており, 図 1 からその階級の度数は最大である。よって, 正しい。

以上から　　イ ①, ウ ⑤　（または イ ⑤, ウ ①）

365
91 91 91 91
○…○○…○ ○…○○…○
2つの　　2つの
平均値　中央値　平均値
第1四分位数　第3四分位数

← 第 1 四分位数は, ヒストグラムの左端から順に各階級の度数（高さ）を足していき, 91, 92 番目がどの階級に含まれるかを調べる。例えば, 東京のデータのヒストグラムで, 0℃ 以上 5℃ 未満は約 38 日, 5℃ 以上 10℃ 未満は約 59 日あり
38＋59＞92
また, 第 3 四分位数は, 右端の階級から足していく。

← （範囲）
＝（最大値）－（最小値）

← （四分位範囲）
＝（第 3 四分位数）
　－（第 1 四分位数）

(3) ⓪ 8月の平均気温と降水量の散布図から，降水量が多い年は平均気温が低くなる傾向があることが読み取れる。
よって，正しいと判断できる。

① 1月の平均気温と降水量の散布図から，平均気温と降水量の相関はほとんどないことが読み取れる。
よって，正しいと判断できる。

② 散布図を見ても，データが年ごとにどう変化していくかはわからないから，データが「年々増加」していることは読み取れない。
よって，正しいとは判断できない。

③ 1月の日照時間は最小の年でも 150 時間以上ある。8月の日照時間が最小の年は 100 時間以下であるから，この年は1月より8月の方が日照時間が少ない。
よって，正しいと判断できる。

④ 8月の降水量と日照時間の散布図から，日照時間が最小の年の降水量は 200 mm 未満であるが，降水量が 200 mm を超える年は6年あるので，上位5位には入っていない。
よって，正しいとは判断できない。

以上から　ᴱ②，ᴼ④　（または ᴱ④，ᴼ②）

Nₒₜₑ　同じデータであっても，どのようなことを読み取りたいかによって図表を使い分けることが大切である。

・**ヒストグラム** …… 各階級の度数の違いを見るのに適している。

・**箱ひげ図** …… 最大値・第3四分位数・中央値・第1四分位数・最小値をまとめたものであるから，データの大まかな分布を見ることや，複数のデータの分布を比較するのに適している。

・**散布図** …… 2つのデータの相関を見るのに適している。

・**折れ線グラフ** …… 年ごとなどのデータの変化や最大値・最小値を見るのに適している。

← 散布図において，点の分布は右下がりの傾向がある。相関係数を計算すると，−0.5422

← 散布図における点の分布に，右下がりや右上がりの傾向がない。相関係数を計算すると，−0.0266

← 8月の平均気温と日照時間の散布図から正の相関があることは読み取れるが，これを「年々増加」と勘違いしないように。

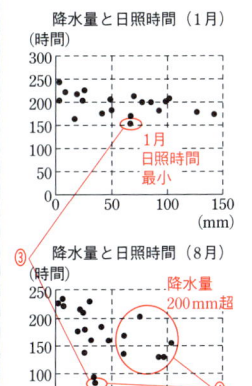

降水量と日照時間（1月）

降水量と日照時間（8月）

34 日目 場合の数と確率

57 (1) 学年全員の集合を全体集合 U とし，その部分集合を

A：質問1で「はい」に○をつけた人全体の集合

B：質問2で「はい」に○をつけた人全体の集合

とすると，条件から

$$n(U)=400, \ n(A)=280, \ n(B)=150, \ n(\overline{A}\cap\overline{B})=30$$

よって，質問1，2の少なくとも一方で「はい」に○をつけた人の人数は

$$\begin{aligned}n(A\cup B)&=n(U)-n(\overline{A\cup B})\\&=n(U)-n(\overline{A}\cap\overline{B})\\&=400-30={}^{アイウ}\mathbf{370}\,(人)\end{aligned}$$

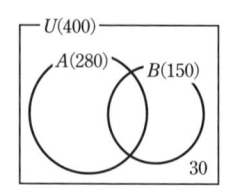

← ド・モルガンの法則
$$\overline{A\cup B}=\overline{A}\cap\overline{B}$$
$$\overline{A\cap B}=\overline{A}\cup\overline{B}$$

質問1，2の両方で「はい」に○をつけた人の人数は，

$n(A\cup B)=n(A)+n(B)-n(A\cap B)$ から

$$\begin{aligned}n(A\cap B)&=n(A)+n(B)-n(A\cup B)\\&=280+150-370={}^{エオ}\mathbf{60}\,(人)\end{aligned}$$

(2) (1)から，各集合の人数は右の図のようになる。

⓪ 学年全体のうち，テスト前の勉強に教科書を使わない人の割合は

$$\frac{n(U)-n(A)}{n(U)}=\frac{400-280}{400}=\frac{120}{400}<\frac{200}{400}=\frac{1}{2}$$

よって，正しくない。

① 学年全体のうち，テスト前の勉強に教科書も参考書も使わない人の割合は

$$\frac{n(\overline{A}\cap\overline{B})}{n(U)}=\frac{30}{400}=\frac{3}{40}<\frac{3}{10}$$

よって，正しくない。

② テスト前の勉強に教科書を使う人のうち，参考書も使う人の割合は

$$\frac{n(A\cap B)}{n(A)}=\frac{60}{280}=\frac{3}{14}<\frac{3}{10}$$

よって，正しくない。

③ テスト前の勉強に参考書を使う人のうち，教科書も使う人の割合は

$$\frac{n(A\cap B)}{n(B)}=\frac{60}{150}=\frac{4}{10}>\frac{3}{10}$$

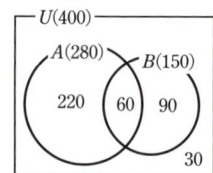

$n(A\cap B)=60$ から
$$\begin{aligned}n(A\cap\overline{B})&=280-60\\&=220\end{aligned}$$
$$\begin{aligned}n(\overline{A}\cap B)&=150-60\\&=90\end{aligned}$$

よって，正しい。

④ テスト前の勉強に教科書または参考書を使う人のうち，両方を使う人の割合は
$$\frac{n(A \cap B)}{n(A \cup B)} = \frac{60}{370} = \frac{6}{37} < \frac{6}{20} = \frac{3}{10}$$
よって，正しくない。

以上から ^{カ}③

(3) 成績が上位 100 位以内の人全体の集合を X とすると，条件から
$$n(X)=100, \quad n(X \cap A)=64,$$
$$n(X \cap B)=78, \quad n(X \cap (\overline{A} \cap \overline{B}))=16$$
よって，成績が上位 100 位以内の人の中から無作為に 1 人を選ぶとき，その人が教科書を使っている確率は
$$\frac{n(X \cap A)}{n(X)} = \frac{64}{100} = \frac{{}^{キク}16}{{}^{ケコ}25}$$

また，参考書を使っていない人の中から無作為に 1 人を選ぶとき，その人の成績が上位 100 位以内である確率は
$$\frac{n(\overline{B} \cap X)}{n(\overline{B})} = \frac{n(X)-n(B \cap X)}{n(U)-n(B)}$$
$$= \frac{100-78}{400-150} = \frac{{}^{サシ}11}{{}^{スセソ}125}$$

成績が上位 100 位以内の人の中から無作為に 1 人を選ぶとき，その人が教科書と参考書の両方を使っている確率は
$$\frac{n(X \cap (A \cap B))}{n(X)}$$

ここで，右の図のように各集合の人数を a, b, c とすると，条件から
$$a+b=64 \quad \cdots\cdots ①,$$
$$b+c=78 \quad \cdots\cdots ②,$$
$$a+b+c+16=100 \quad \cdots\cdots ③$$

②，③ から $a=6$

① から $b=58$

② から $c=20$

したがって
$$\frac{n(X \cap (A \cap B))}{n(X)} = \frac{b}{n(X)}$$
$$= \frac{58}{100} = \frac{{}^{タチ}29}{{}^{ツテ}50}$$

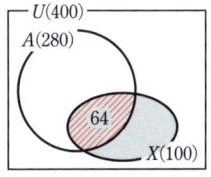

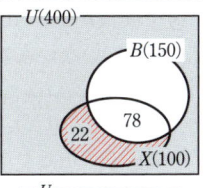

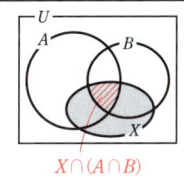

$X \cap (A \cap B)$

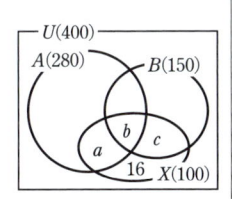

◆ 本問では，a, b, c 以外の部分の人数は求めなくてもよい。

(4) ⓪ 教科書を使っている人のうち，成績が上位 100 位以内である人の割合は
$$\frac{n(A \cap X)}{n(A)} = \frac{a+b}{280} = \frac{64}{280} < \frac{140}{280} = \frac{1}{2}$$
よって，正しくない。

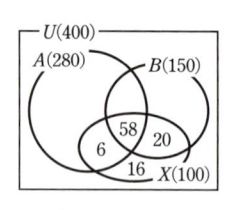

① 成績が上位 100 位以内の人のうち，参考書を使っている人の割合は
$$\frac{n(X \cap B)}{n(X)} = \frac{b+c}{100} = \frac{78}{100} > \frac{50}{100} = \frac{1}{2}$$
よって，正しい。

② 教科書も参考書も使っていない人のうち，成績が上位 100 位以内である人の割合は
$$\frac{n((\overline{A} \cap \overline{B}) \cap X)}{n(\overline{A} \cap \overline{B})} = \frac{16}{30} > \frac{15}{30} = \frac{1}{2}$$
よって，正しい。

← $n(\overline{A} \cap \overline{B})=30$ は問題文で与えられた条件。

③ 成績が上位 100 位以内の人のうち，教科書も参考書も使っていない人の割合は
$$\frac{n(X \cap (\overline{A} \cap \overline{B}))}{n(X)} = \frac{16}{100} < \frac{50}{100} = \frac{1}{2}$$
よって，正しくない。

以上から　　ト①，ナ②　（または ト②，ナ①）

35 日目　整数の性質

58 (1) $m=6$, $n=5$ のとき
点 P は 6 秒ごとに，点 Q は 5 秒ごとに点 O にくる。
よって，点 P，Q が点 O で次に出会うのが出発してから t 秒後であるとすると，t は 6 と 5 の最小公倍数に等しい。
ゆえに，^{アイ}**30** 秒後である。

← m と n が互いに素であるとき，m と n の最小公倍数は mn

(2) $m=6$, $n=4$ のとき
点 P は 6 秒ごとに，点 Q は 4 秒ごとに点 O にくる。
6 と 4 の最小公倍数は 12 であるから，点 P，Q が点 O で次に出会うのは ^{ウエ}**12** 秒後である。

← $6=2 \cdot 3$, $4=2 \cdot 2$ から 6 と 4 の最小公倍数は $2 \cdot 3 \cdot 2 = 12$

(3) 点 P は m 秒ごとに，点 Q は n 秒ごとに点 O にくるから，点 P，Q が点 O で次に出会うのが 18 秒後となるのは，m と n の最小公倍数が 18 となるときである。
m と n の最大公約数を g とすると

$$m = gm', \quad n = gn'$$
$$(m' \text{ と } n' \text{ は互いに素な自然数, } m' > n')$$

と表すことができる。

m と n の最小公倍数が 18 であるから

$$gm'n' = 18$$

が成り立つ。

よって，m'，n' も 18 の正の約数である。

このことと，m' と n' は互いに素で $m' > n'$ であることに注意して m'，n' の組を求めると

$$(m', n') = (2, 1), \ (3, 1), \ (6, 1), \ (9, 1), \ (18, 1),$$
$$(3, 2), \ (9, 2)$$

m'，n' の各組について，g の値，および m，n の組を求めると，次のようになる。

(m', n')	(2,1)	(3,1)	(6,1)	(9,1)	(18,1)	(3,2)	(9,2)
g	9	6	3	2	1	3	1
(m, n)	(18,9)	(18,6)	(18,3)	(18,2)	(18,1)	(9,6)	(9,2)

このうち，$n \geqq 3$ を満たすものは

$$(m, n) = (18, 9), \ (18, 6), \ (18, 3), \ (9, 6)$$

よって，条件を満たす自然数の組 (m, n) は ᵒ**4** 組ある。

(4) 点 P が点 O の位置にくるのが k 回目となるのは

(ᶜ**9**k−ᵏ**1**) 秒後，点 Q が点 O の位置にくるのが l 回目となるのは (ᵏ**6**l−ᵏ**4**) 秒後である。

よって，点 P，Q が点 O で出会うのは，$9k-1 = 6l-4$ が成り立つときである。

ゆえに $\qquad 3k = 2l - 1 \quad \cdots\cdots ①$

ここで，$\quad 3 \cdot 1 = 2 \cdot 2 - 1 \ \cdots\cdots ②$ であるから，①−② より

$$3(k-1) = 2(l-2)$$

3 と 2 は互いに素であるから，p を整数として

$$k - 1 = 2p, \quad l - 2 = 3p$$

と表すことができる。

よって $\qquad (k, l) = (2p+1, \ 3p+2)$

k，l は自然数であるから $\qquad p \geqq 0$

点 P，Q が点 O で初めて出会うのは，p が最小のとき，すなわち，$p = 0$ のときである。

このとき，$(k, l) = (ᶜ**1**, \ ˢ**2**)$ である。

また，点 P，Q が点 O で出会うのがちょうど 10 回目となるのは，$p = 9$ のときである。

このとき，$(k, l) = (ˢ**19**, \ ˢ**29**)$ である。

◆2つの整数 a，b の最大公約数が1であるとき，a，b は **互いに素** であるという。

◆$m = gm'$，$n = gn'$（m' と n' は互いに素）であるとき，m と n の最小公倍数は $gm'n'$

◆18 の正の約数は 1，2，3，6，9，18

◆例えば，$m' = 2$，$n' = 1$ のとき $\quad g \cdot 2 \cdot 1 = 18$ よって $\quad g = 9$
$m = gm' = 9 \cdot 2 = 18$
$n = gn' = 9 \cdot 1 = 9$

◆k 回目が $(9k-1)$ 秒後と表される理由は「NOTE」($p.63$) を参照。

◆$2l-1$ が 3 の倍数になるような l の値として $l = 2$ が考えられる。

◆p は整数で，
$2p+1 \geqq 1$ かつ
$3p+2 \geqq 1$
から $\quad p \geqq 0$

◆$p = 0：1$ 回目
$p = 1：2$ 回目
$\qquad \cdots\cdots$
$p = 9：10$ 回目

(5) 点 P が点 A_i $(i=1, 2, \cdots\cdots, 8)$，点 Q が点 B_j $(j=1, 2, \cdots\cdots, 5)$ からそれぞれ出発するとき，点 P が点 O の位置にくるのが k 回目となるのは $(9k-i)$ 秒後，点 Q が点 O の位置にくるのが l 回目となるのは $(6l-j)$ 秒後である。

◀ まず一般の場合について調べる。

よって，$9k-i=6l-j$ とすると
$$3k=2l+\frac{i-j}{3} \quad\cdots\cdots ③$$

◀ k 回目が $(9k-i)$ 秒後と表される理由は「NOTE」を参照。

③ を満たす自然数の組 (k, l) が存在するとき，2 点 P，Q は点 O で出会い，自然数の組 (k, l) が存在しないとき，2 点 P，Q は点 O で出会わない。

(i) ③ で $i=3$，$j=3$ とすると
$$3k=2l \quad\cdots\cdots ④$$
$(k, l)=(2, 3)$ は ④ を満たすから，2 点 P，Q は点 O で出会うことがある。

よって，正しい。(^{タ}⓪)

(ii) ③ で $i=4$，$j=2$ とすると
$$3k=2l+\frac{2}{3} \quad\cdots\cdots ⑤$$
⑤ を満たす自然数の組 (k, l) は存在しないから，2 点 P，Q は点 O で出会うことはない。

よって，正しい。(^{チ}⓪)

◀ $3k$ は整数であるが，$2l+\dfrac{2}{3}$ は整数でないから，⑤ を満たす (k, l) は存在しない。

(iii), (iv) ③ で $i=2$ とすると
$$3k=2l+\frac{2-j}{3} \quad\cdots\cdots ⑥$$

$j=2$ のとき，⑥ は $\quad 3k=2l \quad\cdots\cdots ⑦$
$(k, l)=(2, 3)$ は ⑦ を満たすから，2 点 P，Q は点 O で出会うことがある。

よって，正しくない。(^{ツ}①)

◀ $j=5$ でもよい。

$j=1$ のとき，⑥ は $\quad 3k=2l+\dfrac{1}{3} \quad\cdots\cdots ⑧$

⑧ を満たす自然数の組 (k, l) は存在しないから，2 点 P，Q は点 O で出会うことはない。

よって，正しくない。(^{テ}①)

◀ $j=3$，4 でもよい。

NOTE

点 P が，点 A_i $(i=1, 2, \cdots, m-1)$ を出発してから，k 回目に点 O にくるまでの時間は $(mk-i)$ 秒と表すことができる。その理由について考えてみよう。

まず，点 A_i から点 O までの道のりは，$m-i$ であるから，1 回目に点 O にくるのは，$(m-i)$ 秒後である。1 周の道のりは m であるから，1 回目に点 O にきた後，点 P は m 秒ごとに点 O にくる。よって，k 回目に点 O にくるのは　$(m-i)+m(k-1)=mk-i$　秒後である。

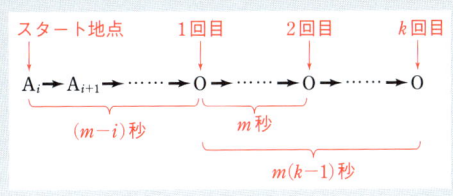

発行所

数研出版株式会社

本書の一部または全部を許可なく複写・複製することおよび本書の解説書，問題集ならびにこれに類するものを無断で作成することを禁じます。

〒101-0052　東京都千代田区神田小川町2丁目3番地3

〔振替〕00140-4-118431

〒604-0861　京都市中京区烏丸通竹屋町上る大倉町205番地

〔電話〕代表　(075)231-0161

ホームページ　https://www.chart.co.jp

印刷　株式会社　加藤文明社

乱丁本・落丁本はお取り替えします。　　　　200601

10613A